James Rebanks wurde 1974 auf einer Farm im englischen Lake District geboren, die seine Familie seit über sechshundert Jahren bewirtschaftet. Er studierte Geschichte in Oxford, bevor er die Farm von seinem Vater übernahm. Sein erstes Buch, *Mein Leben als Schäfer*, wurde zum internationalen Bestseller. Sein zweites Buch *Unser kleiner Hof in den Hügeln* (erstmals auf Deutsch unter dem Titel *Mein englisches Bauernleben*) wurde vielfach ausgezeichnet, u.a. als Sunday Times Nature Book of the Year 2020 und mit dem Wainwright Prize for Nature Writing 2021. Einblicke in sein Leben gibt James Rebanks auf X und Instagram (@herdyshepherd1).

James Rebanks, *Unser kleiner Hof in den Hügeln* in der Presse:

»Ein Wunder von einem Buch, kämpferisch, zärtlich und schön. Es ist zutiefst persönlich, aber auch von globaler Bedeutung, und seine Seiten sind so voller Liebe und Sorge, dass ich mehr als einmal beim Lesen geweint habe... Es ist sowohl eine ernüchternde, dringende Lektüre als auch eine zutiefst inspirierende, hoffnungsvolle.«
Helen Macdonald, Autorin von »H wie Habicht«

»Ein Buch voller Liebe: für den Großvater, seine Kinder und für das Tal im Lake District, in dem er als Bauer lebt und arbeitet.« *Evening Standard*

»Bemerkenswert ... Ein brillantes, schönes Buch ... Eloquent, überzeugend und erfüllt von der Dringlichkeit, die aus Liebe erwächst.«
The Sunday Times

»Eine zu Herzen gehenden Elegie auf all das, was unserer Landschaft abhandengekommen ist, und eine mitreißende Betrachtung dessen, was wiedergewonnen werden könnte – ein Plädoyer für eine bessere Zukunft.« *Financial Times*

Außerdem von James Rebanks lieferbar:

Mein Leben als Schäfer
Insel am Rand der Welt

www.penguin-verlag.de

James Rebanks

Unser kleiner Hof in den Hügeln

Aus dem Englischen von Maria Andreas

PENGUIN VERLAG

Die Originalausgabe erschien 2020
unter dem Titel *English Pastoral. An Inheritance*
bei Allen Lane.
Die deutsche Erstausgabe erschien 2021
unter dem Titel *Mein englisches Bauernleben*
im Penguin Verlag.

FSC
www.fsc.org
MIX
Papier | Fördert
gute Waldnutzung
FSC® C014496

Penguin Random House Verlagsgruppe FSC® N001967

1. Auflage

Neumarkter Straße 28, 81673 München
produktsicherheit@penguinrandomhouse.de
(Vorstehende Angaben sind zugleich
Pflichtinformationen nach GPSR.)

Redaktion: Gerhard Seidl
Umschlaggestaltung und -illustration: Sabine Kwauka
unter Verwendung von shutterstock-Motiven
© shutterstock/David Hughes (Landschaft)
© shutterstock/Samantha Cozzi (Kühe)
Satz: GGP Media GmbH, Pößneck
Druck und Bindung: GGP Media GmbH, Pößneck
Printed in Germany 2025
ISBN 978-3-328-11045-3
www.penguin-verlag.de

Für Helen mit all meiner Liebe

Inhalt

Der Pflug und die Möwen

Die Lachmöwen fliegen hinter uns her, als folgten sie dem Kielwasser eines Fischerboots. Der Himmel ist voller geflügelter Silhouetten, die kreischend die Schnäbel aufreißen. Weiße Kotstrahlen spritzen wie Milch auf den Ackerboden. Ich fahre auf dem Traktor mit, hinter meinen Großvater geklemmt. Mein Hintern tut mir weh, weil ich auf Werkzeug sitze, auf Rollgabelschlüsseln, Mutternschlüsseln, einem Satz Steckschlüssel. Wir pflügen ein fünf Hektar großes Feld hoch oben auf einem Kalksteinplateau, das leicht zum Eden Valley hin abfällt, einem breiten Tal weiter im Süden. Das Land wird durch silberhelle Trockenmauern in lange, rechteckige Felder geteilt. Ich fühle mich wie auf dem Dach der Welt, über uns nur noch die Wolken. Die Vögel steigen und sinken in hungrigen, taumelnden Wellen. Die höchsten schweben über dem Feld wie Papierdrachen an langen, unsichtbaren Schnüren. Manche halten sich flügelschlagend ein, zwei Meter hinter dem Traktor in der Luft, knapp oberhalb des Pflugs, andere gleiten so dicht vorbei, dass ich sie fast berühren könnte, ihre spähenden Augen, ihre runzligen gelben Beine. Einer Möwe hängt ein Bein herunter, krumm und verkrüppelt. In der Ferne ragen die blaugrauen, »Fells« genannten Berge und Hügel des

Lakeland auf wie riesige schlafende Drachen, deren Rückgrat scharfe Konturen in den Himmel zeichnet.

Die sechs Pflugscharen schneiden die Erde in Bänder, die glänzenden Stahlbleche heben und drehen sie und kehren das Unterste zuoberst. Das dunkle, lehmige, feucht glänzende Innere des Erdbodens kommt ans Licht, das Gras kippt nach unten. Die Reihen ziehen sich über das Feld wie Wellen, die über einen riesigen braunen Ozean rollen. Die frischesten Furchen sind dunkler, die älteren blasser, sie werden beim Trocknen heller und krümeliger. Immer mehr Möwen treffen ein, angezogen vom Rattern des Pflugs, das der Wind in alle Richtungen trägt. Zielstrebig kommen sie über Felder und Wälder geflogen, auf schnurgerader, wie mit dem Lineal gezogener Flugbahn. Beim Anblick des frisch aufgebrochenen Bodens kreischen sie aufgeregt durcheinander.

Wenn wir bergauf pflügen, muss der Motor des Traktors hart arbeiten, und der Auspuff spuckt ölig schwarze Rauchwolken aus. Der Geruch von Diesel und Erde dringt mir in die Nase. Mein Großvater wendet auf dem Acker hin und her und hat dabei immer ein Auge auf die Furchen. Damit sie gerade und sauber verlaufen, orientiert er sich an zwei markanten Punkten in der Landschaft, der erste eine alte Kiefer, der zweite eine Mauerlücke auf einem fernen Hügel. Granddad erzählt mir von einem jungen Bauern, der einmal als zweiten Orientierungspunkt einen weißen Fleck auf einem gegenüberliegenden Hang angesteuert hatte, aber am Ende waren die Furchen schief und krumm, weil sich der weiße Fleck als hin und her laufende Kuh entpuppte. Den Pflug hinten behält mein Großvater ebenfalls im Blick, ob er auch richtig arbeitet. So sitzt er seitlich verdreht, die Aufmerksamkeit halb nach vorn, halb nach hinten gerichtet, die Nackenmuskeln angespannt.

Möwen stoßen auf den jungfräulichen Ackerboden herab und schnappen sich aus der gelockerten Erde einen Wurm. Rasch fliegen sie wieder auf, schießen mit wildem Flügelschlagen davon und schlingen ihre Beute in sicherer Entfernung hinunter, bevor andere sie ihnen entreißen können. Bis der Leckerbissen im Magen landet, sind sie schon hundert Meter oder weiter hinter den Pflug zurückgefallen. Dann steigen sie erneut in die Höhe und segeln das Feld entlang bis zum Pflug, und das Ganze beginnt von vorn, immer wieder. Weiter hinten trippeln die Saatkrähen über das Feld, manche mischen sich sogar auf ihren schwarzen Schwingen unter das weiße Möwengewirbel.

Der Pflug ächzt auf, als Metall über Kalkstein scharrt. Der Traktor kämpft plötzlich gegen Widerstand an, der Motor quält sich, als hätte jemand einen Anker ausgeworfen, Metall schleift, Stein bricht, der Pflug hebt sich ein wenig und macht einen kleinen Satz nach vorn. Hinten taucht, vom Pflug nach oben gezerrt, eine Steinplatte auf. Die größten Felsstücke bleiben meist wie Eisberge in der Erde, nur ihre zerkratzte Oberseite oder ein abgebrochener Splitter zeigen sich zwischen den Furchen. Die Ackerkrume auf dieser kargen Farm ist dünn, deshalb passiert so etwas immer wieder.

Die Dunkelheit schleicht sich an, die Schatten werden länger. Die Möwen ziehen in riesigen V-Formationen zu ihren Schlafplätzen, was mich an die Bombergeschwader in Kriegsfilmen erinnert. Die Hügel beben und flimmern im Blau, das immer dunkler wird. Das Land ist gepflügt, die Arbeit getan. Wir tuckern nach Hause. Die beiden Scheinwerfer des Traktors bahnen einen halogengelben Tunnel durch die Äste, die sich über dem Sträßchen zu einem Bogen schließen. Kaninchen flitzen vor dem Traktor vorbei in die Böschung. Ich gähne auf meinem

Sitz. Fette weiße Sterne funkeln am blauschwarzen Himmel. Als wir durch das kleine Dorf fahren, leuchten in den Häusern Lampen und Fernseher, und wir sehen Leute in ihrer Küche umhergehen oder im Wohnzimmer bequem im Sessel sitzen.

~

Jede Reise beginnt irgendwo, und hier hat die meine begonnen. Ich saß hinten auf dem Traktor, mein Großvater vor mir, und zum ersten Mal in meinem Leben dachte ich darüber nach, wer wir waren, was dieses Feld war und welchen Zusammenhang es zwischen Möwen und Pflug gab. Ich war ein Junge, der die letzten Tage der traditionellen Landwirtschaft erlebte. Ich wusste nicht, was alles auf uns zukommen würde oder warum, und manches erreichte unsere Felder erst nach jahrelanger Verzögerung, aber ich spürte, dieser Tag könnte es wert sein, dass ich ihn im Gedächtnis behielt.

Dieses Buch erzählt eine Geschichte über jene alte bäuerliche Welt und was aus ihr geworden ist. Es ist die Geschichte einer globalen Revolution, wie sie sich auf den Feldern und Wiesen der beiden kleinen Höfe meiner Familie abgespielt hat: auf dem Pachthof meines Vaters im Eden Valley, den wir vor nahezu zwei Jahrzehnten verlassen haben, und auf der kleinen Fell-Farm meines Großvaters, gelegen in den Hügeln des Lake District, wo ich heute lebe und arbeite. Diese Geschichte beschreibt ohne alle Beschönigungen, wie in meiner Kindheit Landwirtschaft betrieben wurde und wie sie sich verändert hat. Es geht darin um Bauern wie uns, Zehntausende im ganzen Land und auf der ganzen Welt; es geht darum, aus welchen Gründen wir unsere Arbeitsweise umgestellt haben – und wie manche von uns heute versuchen, alles wieder in Ordnung zu bringen. Die letzten vierzig Jahre auf dem Land waren ein einziger Umsturz, der alles zerschlagen hat, was hier jahrtausendelang gelebt worden war. Ein radikales, schlecht durchdachtes Experiment, das da mit unserem Land durchgeführt wurde.

Ich habe diese Jahre durchlebt. Ich war Zeuge.

NOSTALGIE

Aber bevor wir ein Feld, ein unbekanntes, durchpflügen,
müssen zuerst wir um Wetter und Wind uns sorgsam
bekümmern,
wie sie sich wandeln, müssen die heimische Art der
Bestellung
kennen lernen und sehn, was der Boden uns bringt,
was er verweigert.

Vergil, Georgica

Am schwierigsten ist es, das zu sehen, was tatsächlich da ist.

J. A. Baker, The Peregrine (Der Wanderfalke)

Eine gesunde Agrarkultur gedeiht nur auf der Basis von Vertrautheit und kann nur bei Menschen entstehen, die eine enge Bindung zu dem Land haben. So wächst und bewahrt sich ein menschliches Verständnis für den Erdboden, das durch keinen noch so großen technologischen Aufwand zufriedenstellend ersetzt werden kann.

Wendell Berry, »The Agricultural Crisis as a Crisis of Culture«

Wir saßen stumm im Warteraum der Kanzlei, hockten wie nervöse Krähen unbequem auf den harten Stühlen. An den Wänden hingen steife Porträts der Kanzleigründer, die streng auf uns herabblickten. Neben uns saß eine schon leicht ergraute Mutter mit ihrer Tochter. Die beiden unterhielten sich flüsternd. Dann wurden sie von einem Mann im Nadelstreifenanzug die Treppe hoch gewiesen. Diese muffigen Büroräume, die gut in einen Dickens-Roman gepasst hätten, lagen in unserer nächsten Kleinstadt gleich neben der Sandsteinkirche. Generationen ländlicher Familien, die hier zur Klärung juristischer Angelegenheiten durch die Tür getreten waren, hatten mit ihren Sonntagsschuhen die Stufen abgewetzt.

Meine Familie wurde 1420 erstmals urkundlich erwähnt, anlässlich eines Rechtsstreits mit einem Aristokraten, der in der Nachbargemeinde ansässig war. Es ging um Landbesitz. Heute waren wir bei diesen Anwälten, die seit mindestens drei Generationen die Rechtsgeschäfte unseres Hofs führten, um uns das Testament meines Vaters in allen Einzelheiten verlesen zu lassen.

Der Anwalt meines Großvaters wurde einfach »Charles« genannt. So hieß es beim Auftreten von Problemen, die auch nur im Entferntesten mit juristischen Dingen zu tun haben könnten: »Wir sollten in dieser Sache lieber Charles fragen.« In Marktstädtchen wie dem unseren hatte es lange eine kleine Mittelschicht aus Experten gegeben, die sich mit den Belangen der Bauern und anderer befassten, die vom Land lebten.

Eine junge Frau, die hier anscheinend zur Sekretärin ausgebildet wurde, bot mir eine Tasse Kaffee an. Eine ältere Frau hatte sie mit einem Ellbogenstups und Geflüster dazu aufgefordert, mich zu fragen, aber es stellte sich schnell heraus, dass sie nicht wusste, wie die Kaffeemaschine zu bedienen war. Die junge Frau wollte in der neuen Stelle sichtlich ihr Bestes geben, musste sich aber erst noch zurechtfinden. Mit zitternden Händen hantierte sie mit den Tassen. »Ich gehöre nicht zu den feinen Leuten, die Kaffee trinken«, murmelte sie verlegen. Die ältere Frau schob sie sanft, aber bestimmt zur Seite und machte den Kaffee selbst. Da zog sich die junge Frau hinter die Theke zurück, mit einem Blick, als würde sie am liebsten davonlaufen. Ich kenne diesen Blick. Bis ich Mitte zwanzig war, bekam ich Schweißausbrüche, wenn ich mit »feinen Leuten« reden musste – allen, die irgendwie nach Mittelschicht oder nach »Studierten« aussahen. Neben ihnen kam ich mir klein vor und wurde oft mürrisch und schweigsam. Sie waren im Besitz aller Wörter. Sie wussten über alles Bescheid, ich nicht.

Kaum war der Kaffee serviert, wurden wir von der älteren Frau höflich über den Gang in einen Raum geführt, in dem ein großer Lacktisch stand, umgeben von gepolsterten Lederstühlen. Durch das Fenster blickte man auf ein Schieferdach, auf dem zwei graue Tauben ihre Trippeltänze tanzten. Hinter uns trat eine Frau herein und ging an meiner Mutter vorbei; im Arm trug sie einen Stapel alter, prall gefüllter Mappen, zusammengehalten mit Schnüren und Bändern. Sie stellte sich vor und erklärte, dies seien die Urkunden für unser Land. Die Bänder wurden aufgeknotet, und die Mappen quollen auseinander wie ein dicker Bauch beim Lösen des Gürtels. Es juckte mich in den Fingern, die Papiere zu öffnen, dieses dicke Bündel voller unerzählter Geschichten, sie in die Hand zu nehmen. Aber offenbar war das nicht üblich, denn die Anwältin ging gleich zu den juristischen Fragen über, deretwegen wir gekommen waren, und die Urkunden blieben lose ausgebreitet, aber zusammengefaltet auf dem Tisch liegen. Sie sprach, aber ihre Worte rauschten an mir vorbei. Sie bemerkte, dass ich abgelenkt war, und hielt inne. Da fragte ich, ob ich mir die Urkunden ansehen dürfe. Sie bejahte, schob mir einige hin und erklärte ein paar Dinge dazu. Dann legte sie uns die ersten zwei, drei Dokumente in die Hände und schlug sie an ihren steifen Falten auseinander. Sie klappten auf wie riesige Pappschmetterlinge, die ihre Flügel entfalten.

Diese Blätter enthielten, was einer schriftlich festgehaltenen Geschichte unseres Landes am nächsten kommt – etwas anderes gibt es nicht. Die aufgeschlagenen Seiten waren über und über mit einer fast nicht entzifferbaren, aber gestochen scharfen Handschrift beschrieben, dazu kamen mit Pastellfarben getönte Skizzen der Felder und Wiesen. Jedes Blatt begann mit einer riesigen, altertümlichen Initiale, und im Anschluss waberte unzugängliche Juristensprache über die Seite. Unten klebten Siegel aus burgunderrotem Wachs, umrahmt von krakeligen Unterschriften. Während sich meine Augen an das Dokument und die Feldskizzen gewöhnten, öffnete sich mir eine halb vertraute Welt von Feldnamen und markanten Landschaftszügen – Bäume, Bäche, Sträßchen, Felder –, eine Art Blaupause aus Tinte und Papier der realen Landschaft aus Wiesen, Felsen, Ackerboden, Wald und wiederkehrenden Naturräumen, die ich kannte. Eingezeichnet waren auch historische Denkmäler, zum Beispiel archäologische Funde, die ich noch nie gesehen hatte; sie hatten alle den Beinamen »keltisch«.

In diesen Bündeln stand die Geschichte der Besitzverhältnisse eines jeden Stück Landes, jede Transaktion war im Detail darin festgehalten, und das über Jahrhunderte hinweg. Das letzte Mal waren diese Urkunden für meinen Vater oder Großvater zur Einsicht hervorgeholt worden, und davor für die Leute, die vor uns das Land bewirtschaftet hatten, denn die übrige Zeit lagerten die Dokumente, geschützt vor unseren schmutzigen Händen, in Archiven. Sie wurden nur zurate gezogen, wenn es Streitigkeiten über einen Grenzverlauf oder Besitzverhältnisse gab oder wenn jemand starb. Die Feldnamen erregten meine Aufmerksamkeit:

Greenmire (Grüner Sumpf)
Little Greenmire (Kleiner grüner Sumpf)
Smithy Brow (Schmiedkuppe)
High Stoney Beck (Hoher steiniger Bach)
Clovenstone (Kleefels)
Cloven Stone Rigg (Kleefelskamm)
Browfield (Kuppenfeld)
Wood Garth (Waldgarten)
Long Field (Langes Feld)

Irgendwo enthielt dieses Urkundenbündel auch die notarielle Abwicklung des Erwerbs von vierzig Hektar in den frühen Sechzigerjahren durch meinen Großvater. An einem Sonntagnachmittag hatte er meinen Vater, damals ein schlaksiger Teenager, und seinen Schwager Jack, der das Land besser kannte als er selbst, zu einem Ausflug mitgenommen, bei dem er ihnen

»etwas zeigen« wollte. Er fuhr zu dieser kleinen, heruntergekommenen, schlecht eingezäunten, verstreuten Ansammlung von Wiesen und Feldern, die in diesen Urkunden erwähnt waren; zusammen ergaben sie eine »Fell Farm«, einen Hof in den Fells, den Bergen des Lake District. Dort erklärte er ihnen, er werde das Geld bei der Bank leihen und die Farm als Sommerweide für sein Vieh und seine Schafe kaufen. Sie kostete 14000 Pfund. Es gab auch Urkunden über die zwanzig Hektar, die mein Vater und meine Mutter inmitten dieser Landstücke einem weiteren Bauern abkauften, der seinen Hof aufgab. So wurde aus dem Flickwerk der »Fell Farm« ein Ganzes. Später, in den Neunzigerjahren, kamen noch weitere sechzehn Morgen dazu, als angrenzendes Land verkauft wurde. Bald würden in diese Archive auch die Urkunden über die vierzehn Morgen eingereiht, die meine Frau und ich an der Straße hinter unserem Haus in den Wochen nach dem Tod meines Vaters kauften, weil sie so dicht bei unserem Hof lagen und für unsere Schafe und Rinder nützlich wären.

Diese Dokumente zeigten, wie Land immer wieder von einer Familie zur nächsten überging, und machten mir bewusst, dass ein landwirtschaftlicher Betrieb keine feste Größe ist, sondern sich oft mit jeder Generation verändert, wenn Familien Land kaufen, pachten oder verkaufen. Die Geschichte des Landes verlief genauso ungeordnet und kompliziert wie die Geschichte der meisten Familien. Die Bindung der Menschen an ihr Land erneuert sich mit jeder Generation, die den Hof weiterführt und Arbeit hineinsteckt. Sie kann auch verloren gehen. Während die Anwältin redete, wurde mir klar, dass die Zukunft meiner Familie in dieser ländlichen Ecke Nordenglands von meinem Geschick abhing, durch die Nutzung unseres Landes (und durch alles, was mir sonst noch einfiel) genug zu verdienen, um unsere Rechnungen zu bezahlen, unsere Schulden zu bedienen und unseren Lebensunterhalt zu bestreiten. Ich hatte auf unserem Hof gearbeitet und für eine Schafherde gesorgt, seit ich ein Teenager war, aber ab jetzt war alles anders. Als wir die ausgetretenen Sandsteinstufen der Kanzlei wieder hinunterstiegen, tat ich es in dem Bewusstsein, dass ich jetzt »der Bauer« war.

~

Die Monate nach dem Tod meines Vaters waren die härtesten meines Lebens. Ich hatte immer der Bauer sein wollen, der Kapitän des Schiffs, der das Steuer in der Hand hielt, aber als es so weit war, spürte ich nur eine innere Leere. Die Welt erschien mir in einem öden Grau. Jenseits unseres kleinen Tals schienen die Leute überall den Verstand verloren zu haben, wählten Idioten und taten in ihrem Furor seltsame Dinge. Durch England zogen sich tiefe Gräben, die Einheit war zerbrochen. In diesen Monaten hatte ich plötzlich das Gefühl, ich hätte mich verirrt. Mir war, als wäre ich immer hinter anderen hergelaufen und hätte mich, wenn es schwierig wurde, mit ihnen ausgetauscht und von ihnen beruhigen lassen. Dann waren sie verschwunden. Der Hof war ein einsamer Ort geworden und wurde ärmer, wenn er nicht geteilt wurde. Und mit jedem Jahr, das verging, wurden die Bauern weniger, schrumpften zu einer verschwindend kleinen und zunehmend machtlosen Minderheit. Unsere Welt fühlte sich immer brüchiger an und könnte jetzt tatsächlich in Scherben gehen.

~

Laut UN übersiedeln monatlich fünf Millionen Menschen aus ländlichen Gemeinden in Städte, die größte Migration in der Geschichte der Menschheit. In Großbritannien, der »ersten Industrienation«, hat sich der größte Teil dieser Migrationsbewegung schon vor zwei, drei Generationen abgespielt. Deshalb ist unsere Gesellschaft weltweit am wenigstens agrarisch geprägt. Die Mehrheit der Bevölkerung lebt jetzt in größeren und kleineren Städten, und wir denken kaum ernsthaft über die realen Gegebenheiten in der Landwirtschaft nach, unserer entscheidenden Schnittstelle zur Natur.

Und doch hängen wir alle immer noch ganz konkret an der Nabelschnur, die uns mit dem Land verbindet. Unsere gesamte Zivilisation ist auf die Überschusserträge der Landwirtschaft angewiesen, die die meisten von uns davon befreien, unsere eigenen Nahrungsmittel anzubauen, sodass wir uns anderen Dingen zuwenden können. Wir sind nicht mehr die Sklaven, die in den »Höllenfabriken« des Industriezeitalters schufteten, aber Millionen von uns sind immer noch gegen ihren Willen in den seelenlosen Konzernen, die diese Fabriken ablösten, an den Schreibtisch gekettet. Dabei tun wir, als würden wir zwar seit ein, zwei Generationen unseren Lebensunterhalt mal kurz in der Stadt verdienen, aber bald nach Hause aufs Land zurückkehren. Kaum etwas liegt uns so am Herzen wie unsere geliebten Landschaften oder »die Natur«, wie wir immer wieder erklären, nichts ist langlebiger als der Traum, wieder zum ländlichen Idyll kleiner Dörfer mit Bauernhöfen und strohgedeckten Cottages zurückzufinden, wo kleine Felder von geißblattduftenden Hecken umsäumt sind.

Englands Landschaften gelten als grün und lieblich, aber in Wirklichkeit waren sie niemals nur grün und lieblich, sondern ein Ort, wo das Leben kein Zuckerschlecken war und fast jeder

Fleck Erde genutzt wurde. Trotzdem war dort vieles gut. Heute können wir uns der Wahrheit nicht verschließen, dass sich die Landschaft, die uns ernährt, verändert hat. Sie ist völlig anders als noch vor einer Generation. Das alte Bauernland samt der Tierwelt, die darin lebte, ist fast verschwunden; an seine Stelle trat ein industrialisiertes Agrarsystem, das an Größenordnung, Tempo und Leistung alles Bisherige in den Schatten stellt. Die neue Wirtschaftsweise ist ungeheuer produktiv und, wie wir heute wissen, ökologisch fatal. Je mehr Erkenntnisse wir darüber gewinnen, desto größer unser Unbehagen und Zorn angesichts dessen, was aus der Landwirtschaft geworden ist. Die Landwirtschaft ist die Basis unserer Kultur, und doch misstrauen wir ihr heute mehr und mehr.

Es war ein alles andere als rosiger Zeitpunkt, um einen Hof zu erben. Ich war jetzt allein für die Entscheidungen verantwortlich, wie wir das Land meiner Familie bewirtschaften sollten. In den Monaten nach dem Tod meines Vaters, fünf Jahre ist das her, packte mich die Verzweiflung. Unsere Rolle als Landwirt wurde hinterfragt und kritisiert wie nie zuvor. Alarmierende Nachrichten und Berichte über wissenschaftliche Studien zum Artenschwund auf landwirtschaftlich genutzten Flächen waren im Fernsehen und Radio an der Tagesordnung – Berichte über brandgerodete Regenwälder, vergiftete Flüsse, erodierte Böden und zahllose unfruchtbar gemachte Landschaften, jedes natürlichen Lebens beraubt. In Zeitungen und Nachrichtensendungen schlug uns Entrüstung entgegen. Es kam so weit, dass unsereiner das Gefühl hatte, er müsse sich für seine Existenz als Landwirt entschuldigen – nie hatte es so etwas gegeben. Und mit Trauer und Scham erkannte ich, dass die Vorwürfe viel Wahres enthielten. Meine neue Rolle war nicht die Heldenrolle, die ich mir in meiner Jugend vorgestellt hatte, sondern verwirrend, kompliziert und mit Zweifeln belastet. Jetzt lag es in meiner Verantwortung, unzählige Entscheidungen zu treffen, manche groß und grundlegend, andere klein, winzige Schritte von einem Tag zum nächsten, und alle würden sie dieses kleine Stück England zum Guten oder zum Schlechten beeinflussen. Ich hatte das Gefühl, dass es nun ganz stark auf mein Wissen – oder fehlendes Wissen – ankam, auf meine Werte und Überzeugungen. Und mir wurde plötzlich klar, wie eingeschränkt meine Entscheidungsmöglichkeiten waren, wie wenig ich wusste. Gleichzeitig musste ich herausfinden, wie ich unserem Land einen Ertrag abgewinnen könnte, ohne es zu ruinieren. Ich hatte ein komplexes Bündel wirtschaftlicher und ökologischer Herausforderungen geerbt – womöglich bedeutete Landwirt zu sein ja genau das.

Wenn wir uns verirren, lohnt es sich oft, umzukehren und zurückzugehen, bis wir wieder in vertrautes Gelände kommen. In meinen schmerzhaft mühsamen Anfangsmonaten wurde für mich die Wirtschaftsweise meines Großvaters zu einer solchen vertrauten Ausgangsbasis, von der aus ich weiternavigieren konnte, um zu verstehen, was in der Folge schiefgelaufen war. Ich dachte viel darüber nach, wie er sein Land bearbeitet und seine Tiere und die Natur ringsum gepflegt hatte. Versuchte, neu zu begreifen, was es bedeutete, Bauer zu sein. Kehrte in meiner Erinnerung zu jenem Apriltag vor fast vierzig Jahren zurück, als wir das Feld gepflügt hatten. Mir war noch jedes Detail lebendig im Kopf. Die Zeit vor vierzig Jahren scheint gar nicht so lange her, aber für einen modernen Landwirt kommt sie einem Rückschritt in die Dinosaurier-Ära gleich. Vielleicht würde ich auf meiner Zeitreise nur alte Fehler entdecken oder in Nostalgie verfallen. Aber ich hoffte, dass die Vergangenheit auch einige Lösungen bereithielt, einige der Antworten auf meine Frage, was für eine Art Landwirt ich werden könnte, werden musste.

~

Als ich damals auf dem Traktor saß und die Möwen beobachtete, hatte ich das Gefühl, als gehörten Granddad und die Möwen hinter seinem Pflug zu ein und demselben großen Ganzen, in dem die Möwen genauso zählten wie er. Beide hatten einen zeitlosen Anspruch an den Boden, beide gehörten in dieser Landschaft demselben Zyklus an. Sie brauchten einander. Mir wurde vielleicht zum ersten Mal so richtig klar, dass wir Bauern waren, dass dies mehr als alles andere unser Wesen ausmachte. Wir griffen für den Anbau von Nahrungsmitteln in die Natur ein, damit wir – und andere – leben konnten. Mein Großvater war in seiner Arbeit verwurzelt, war verbunden mit dem Boden, den Erntefrüchten und den Tieren, die dort lebten. Ich fand seine innige Nähe zum Land wunderbar. Vage dämmerte mir, dass viele andere Menschen nicht so lebten wie wir. Die meisten Familien, sogar die in unserem Dorf, hatten ihren engen Bezug zum Land mit einem neuen Leben fern von Feldern, Vögeln und Sternen vertauscht.

Zu Beginn jenes Frühlings hatte mein Großvater beschlossen, es sei Zeit für meine landwirtschaftliche »Ausbildung«. Er machte sich daran, mir seine Arbeitsmethoden beizubringen. Ich hatte die Kreisläufe der Landarbeit schon immer ungefähr gekannt, da ich hinter den Männern herzog, seit ich laufen konnte, aber jetzt wurde es ernst. Granddad hatte in den letzten Monaten gemerkt, dass ich drauf und dran war, dem Hof verloren zu gehen. Ich war arbeitsscheu, begann, mich im Haus zu verstecken und vor dem Fernseher zu hocken. Von einem war

Granddad überzeugt: Wenn ich jetzt nicht lernen würde, das Bauernleben zu lieben, dann würde ich wegdriften und der Landwirtschaft für immer verloren gehen. Ich war alt genug, dass er mich vom Rockzipfel der Frauen losreißen konnte, damit ich von ihm lernte und mich nützlich machte. Mit meinem Vater kam ich nicht gut klar, was auch meine Beziehung zum Hof vergiftete. Jedes Mal, wenn ich meinem Vater zu helfen versuchte, machte ich unweigerlich etwas falsch, und er schrie mich an. Ich empfand ihn als einen Grobian, dem man am besten aus dem Weg ging. Mich im Haus herumzudrücken war einfacher. Doch ich schämte mich dabei, weil ich wusste, dass ich nicht den Erwartungen entsprach und zu einer Enttäuschung für alle zu werden drohte.

~

Das Fensterglas unseres alten Bauernhauses war voller Unregelmäßigkeiten und hatte winzige Knoten wie die Borke einer Eiche; es verzerrte den Blick auf den Ahorn in unserem Garten, die Wolken und die Strommasten. Ich fand die Felder gesichtslos und langweilig. Träumte in den Tag hinein. Da brüllte mich mein Vater an, ich solle gefälligst die Stiefel anziehen und zum Helfen rauskommen, er unterhalte hier kein Ferienlager. Er erschien an der Hintertür, trug mir auf, was ich draußen zu tun hätte, und wandte sich angewidert wieder seiner Arbeit zu. Wo er seine Hand auf den Kastenschrank gestützt hatte, lief ein kackbrauner Klacks Dreck nach unten. Ich dachte nur, wer wäre jetzt schon gern draußen im Regen, wo einem die Hände abfrieren, und würde für diesen Bekloppten schuften?

~

Eines Tages hörte ich, wie mein Großvater meinen Vater anschrie, nun habe er es glücklich geschafft, dass ich schon jetzt vom Hof die Nase voll hätte – er sei zu hart mit mir umgesprungen. Granddad war immer noch der Patriarch, der über jeden Fußbreit unseres Landes herrschte. Er entfernte sich selten von den Feldern und Wiesen, und ich merkte bald, dass es mehr Spaß machte, mit ihm zu arbeiten, am besten auf seiner Fell-Farm, als zu Hause für meinen Vater den Knecht zu spielen.

Äußerlich machte Granddad nicht viel her. Er trug jeden Tag denselben braunen Anzug. Seine Kopfhaut unter der flachen Mütze war weiß, sein schütteres Haar quer darübergekämmt. Bei seinem Platz am Tisch stand eine Tasse mit Zahnstochern, mit denen er in seinem Gebiss herumpulte. Er war anscheinend nie richtig jung gewesen; auf dem ältesten Foto, das wir von ihm hatten, sah er mehr oder weniger genauso aus wie jetzt, nur magerer, als er mit einem preisgekrönten Shorthornbullen vor der Burg in unserer Kleinstadt posierte. Mir war egal, wie er aussah. Ich ergriff jede Chance, mit dem alten Mann zusammenzusein, der unglaubliche Geschichten erzählte und immer das zu tun schien, worauf er gerade Lust hatte. In jenem Jahr nahm er sich vor, mir alles über unsere Felder und Wiesen und den Jahreslauf auf unserem Hof zu erzählen. Den Anfang machte er mit dem Pflügen des Gerstenfelds. Er war der Meinung, dass er in mir eine tiefe Liebe zur Landarbeit wecken könne und dazu nur ein wenig Zeit mit mir verbringen müsse. Und er hatte recht, denn genau so geschah es in jenem Jahr. Fast vierzig Jahre später wurde dieses Jahr auf neue Weise wichtig, denn ich hatte damals unzählige Erinnerungen an eine bäuerliche Welt abgespeichert, die bald danach verschwand. Die Zeit mit meinem Großvater wurde zu einer Rettungsleine für mich, ein Licht im Dunkeln.

Meine landwirtschaftliche Ausbildung in jenem Jahr war bruchstückhaft und wurde mir wie Puzzleteile verabreicht, die nicht immer ein Ganzes bildeten. Diese Bruchstücke fügten sich nur langsam zu einer klaren Vorstellung von dieser Welt und ihren Werten zusammen. Ich lernte die alten Wirtschaftsweisen gerade noch rechtzeitig kennen, weil sie in unserem Umkreis bereits auszusterben begannen, sogar in unserer eigenen Familie. Ich hatte Onkel und Cousins mit schönen Höfen im Tiefland fünfzehn Meilen entfernt, und ihre Traktoren, Maschinen und großen Gebäude zeigten mir ebenso wie ihre kaum verhohlene Verachtung für unser altmodisches Wirtschaften, dass sich die Welt für sie schon geändert hatte.

~

Granddad saß in seinem Land Rover im Hof, neben unserer Hintertür, ließ den Motor aufheulen und hupte. Mum forderte mich auf, mal einen Zahn zuzulegen, sonst würde er ohne mich fahren. Vor Hast stolperte ich beim Versuch, meine Gummistiefel anzuziehen und zur Tür hinauszuschlüpfen, über die eigenen Füße. Meine Aufgabe war es heute, Granddad die Tore aufzumachen. Er grummelte etwas von Schlafmütze, und schon ratterten wir das Sträßchen entlang. Einen Moment später hielt er am Tor der Long Meadow, und ich sprang hinaus und öffnete es fix. (Er selbst stieg nur bei den schwersten Toren aus oder solchen, die mit Stacheldraht verschlossen waren.) Er fuhr durch, und ich machte das Tor hinter ihm wieder zu.

Einige der Weiden waren voller Schafe und junger Lämmer. Sorgfältig vergewisserte er sich, dass die Lämmer von ihren Müttern gut versorgt wurden und gediehen. Er wusste vom bloßen Hinsehen, welche Lämmer zu welchen Mutterschafen gehörten, und konnte sagen, wenn eines fehlte oder der falschen Mutter folgte. Dann fuhren wir bei seinen Jungstieren vorbei, die gerade zum Grasen aus ihren Winterscheunen gelassen worden waren. Diese jungen Rinder waren aufgekratzt, hoben die Köpfe und brachen in Galopp aus, schnaubend wie aufgescheuchte Gnus. Granddad meinte, denen gehe es gut, kein Grund, sie zu belästigen. Weiter unten hoppelten drei ausgebüxte Lämmer die Straße entlang, blökten nach ihren Müttern und versuchten, durch die Hecke zurückzuschlüpfen. Für solche Fälle hatte Granddad einen Eimer mit Eisenklammern, einen Hammer und eine Rolle Draht im Kofferraum. Er schickte seinen Schäferhund Ben los, um die Lämmer zurück auf die Weide zu treiben, und flickte die Zäune. Wir ließen die Herde durch ein Tor auf eine neue Weide. Er sagte, die Schafe seien schon ein bisschen »abgestanden« und mein Vater hätte sie längst umsetzen sollen. Schafe sollten die Kirchenglocken nicht zweimal auf derselben Wiese läuten hören, sagte er, was bedeutete, dass sie schon zu lange dort gegrast hatten.

Dann parkte er den Land Rover, und wir gingen über eine sandige, mit Ginster bewachsene Böschung, um weitere unserer Wiesen zu inspizieren. Ich versuchte, mit ihm mitzuhalten, wie ich auch versuchte, genauso lange zu pinkeln wie er, wenn er seine Blase entleerte (was mir aber nicht gelang, denn er pisste wie ein altes Pferd, einfach ewig). Beim Gehen schabte das Gras bei jedem Schritt an seinen Stiefeln, ein Geräusch, als würde es mit der Sense gemäht. Er trug alte braune Lederstiefel, die an der Spitze nach oben gebogen waren wie Clogs und gelbe Schnürsenkel hatten; meine Großmutter polierte sie mit Lederfett. Auf halbem Weg zu den Kühen blieb er stehen, um das größere Panorama des Tals in sich aufzunehmen und aus den verschiedenen Grün- und Brauntönen, dem Patchwork unterschiedlicher Beweidungsphasen und den anderen Höfen Informationen zu sammeln. So wusste er genau, womit jeder im Tal gerade beschäftigt war. Beim Weitergehen erklärte er mir, dass jede Ackerfrucht, jede Nutztierart ihren eigenen Jahreszyklus von Geburt oder Aussaat, Wachstum, Pflege und Fütterung oder Düngung, Ernte oder Schlachtung und Verkauf hatte. Es dauerte weitere zehn, fünfzehn Jahre, bis ich den Fachbegriff für seine Art des Wirtschaftens kennenlernte: Er führte einen Mischbetrieb mit Fruchtfolgen oder Felderwirtschaft. Mein Großvater selbst brauchte keine Bezeichnung dafür, denn das war einfach der Ablauf der Dinge, an den sich jeder hielt, den er kannte.

~

Als wir den Rundgang über unser Land machten, spielten sich – für mich verwirrend – in den Feldern und Wiesen ringsum unterschiedliche Dinge ab. Es gab vier, fünf Heuwiesen, ein paar Wiesen für Silage und zwei, drei Gerstenfelder einschließlich des Felds, das wir gerade gepflügt hatten. Wo die Hügel in flaches Gelände ausliefen, lag ein Feld mit frisch gesätem Hafer, der für die Pferde angebaut wurde, außerdem ein Feld mit Steckrüben für die Schafe und ein paar Erdhöcker mit Kartoffeln für uns selbst. Weiter weg lag ein Feld mit Erbsen und Bohnen für Ganzpflanzensilage, eine weitere Quelle von Winterfutter fürs Vieh. Als wäre das nicht genug, hatte mein Großvater (wenn auch widerwillig, aber für das Glück meiner Großmutter unerlässlich) einen Gemüsegarten mit Reihen von Kohl, Salat, Möhren und Zwiebeln angelegt. Fluchend und murrend rammte er jeden Frühling die Mistgabel in die steinige Erde. Bis vor Kurzem hatte er auf den Wiesen und in den Scheunen noch mehr Tiere gehalten: eine Herde Milchkühe, eine weitere Herde Fleischrinder, drei Rassen Schafe, dazu Schweine, Pferde und Hühner für die Eierproduktion. Für Weihnachten hatte er Enten und Puten aufgezogen und gemästet. In meinen Augen beherrschte mein Großvater das bäuerliche Handwerk in einer für mich unüberschaubaren Vielfalt.

Eines Tages erklärte er mir, ich solle mich von dem Ganzen nicht durcheinanderbringen lassen, das Grundmuster sei einfach. »Der Hof tanzt um den Pflug herum«, sagte er. Anschließend würden noch andere Geräte eingesetzt, aber der Pflug sei der König. Um etwas anzubauen, müsse er den Boden pflügen oder »ackern«, damit darauf gesät werden könne; die Stoppeln der letzten Ernte wurden dabei untergepflügt, damit sie nicht weiterwuchsen. Der Pflug war der Schlüssel zur »Verbesserung« seines Pachthofs, und das seit den Dreißiger- und Vierzigerjahren, als er als junger Mann noch mit einem Pferd gepflügt hatte und in seinen Nagelschuhen die Furchen entlanggestapft war.

Die Bodenbearbeitung zu Fuß und mit einem Pferd hatte ihm anscheinend eine andere Sicht der Dinge vermittelt, als spätere Generationen sie erwerben konnten, die alles nur von einem PS-starken Traktor aus sahen. Mein Großvater kannte seine Wiesen und Felder, als wären sie Verlängerungen seines Körpers. Er hatte gespürt, wie der Pflug bebte, wenn er über Felsgestein schrammte, hatte es in seinen Händen und durch die Stiefelsohlen hindurch gespürt. Wenn er zu Fuß hinter einem Pferd herging, waren Gras, Erde und Würmer ganz nah, er sah, hörte, roch und berührte sie. Nichts lag zwischen ihm und der Natur, mit der er arbeitete. Die Arbeit war oft hart, lang und vielleicht manchmal auch langweilig, aber ich hörte von ihm nie ein Wort, dass er auch nur eine Minute davon bereute.

Ich lief und fuhr mit ihm durch die Jahreszeiten, beobachtete alles und hörte ihm zu. In den Achtzigerjahren, im England von Margaret Thatcher, war ich ein Junge auf einem Traktor, dem sein Großvater Geschichten aus den Dreißigerjahren erzählte (oder Geschichten aus den 1890er-Jahren, die wiederum sein Großvater ihm erzählt hatte). In jenen Geschichten wimmelte es noch von Pferden. Sie besaßen für mich einen besonderen Zauber, denn sowohl die Pferde als auch die Menschen gab es längst nicht mehr. Die Sonne begann in der Welt meines Großvaters unterzugehen. Er durchlebte die letzten Tage ihrer Glanzzeit.

~

Wir folgten der alten Trockenmauer, die vom Hof auf die Wiesen führte. Die Mauer hob und senkte sich mit dem Gelände, den Hügeln und steileren Hängen, die sich aus den Talauen erhoben. Vor uns flogen Wiesenpieper auf, stiegen hoch in die Luft und ließen sich ein Stück weiter weg auf den Pfosten nieder, an denen oben auf der Mauer der Draht befestigt war, der die Schafe am Ausbrechen hindern sollte. Die Rufe der Mutterschafe und Lämmer tönten durch das Tal. Mein Großvater blieb stehen und hielt mit einer übertriebenen Geste die Hand ans Ohr, um dem Kuckuck zu lauschen, der in den Bergwäldern rief. Ich nickte. Leise machte er das Holztor der Steinscheune auf. Eine alte schwarze Aberdeen-Anguskuh sollte jetzt kalben. Er hatte sie am vorigen Abend in die Scheune geführt, damit er helfen könnte, wenn es Schwierigkeiten gab.

Wir spähten durch das zerbrochene Fenster. Ein pechschwarzes Kalb lag in dem Licht, das durch das Scheunentor hereinströmte. Mein Großvater schlich leise hinein, und ich folgte ihm, blieb aber am Tor stehen. Die Zitzen der Kuh glänzten und waren weich, ein Zeichen, dass das Kalb schon getrunken hatte. Sein lockiges Fell glänzte vom Speichel der Mutterkuh, die es abgeleckt hatte. Der alte Mann redete beruhigend auf die Kuh ein, die erst angriffslustig den Kopf senkte, sich dann aber entspannte und zuließ, dass er sie am Hinterteil kratzte. Er zog behutsam an der Nachgeburt, die sich löste und als nasser Klumpen auf den Scheunenboden fiel. Er hob sie mit der Mistgabel auf und warf sie in die Brennnesseln, die bei der Scheunenmauer aus blauen Schiefersteinen und Kalkmörtel wuchsen. Dann schob er die Hand unter das Kalb, sagte, es sei ein Stierkalb, und erhob sich wieder. Die Mutterkuh, die am Wiederkäuen war, beobachtete ihn unablässig mit ihren großen, feuchten Augen. Er winkte mir zu, und ich begriff, dass ich das Tor öffnen solle. Die Kuh trottete durch, das Kalb stakste auf wackligen Beinen hinterher; sie gingen über die Wiese zum Rest der Herde. Alle paar Schritte blieb die Mutterkuh stehen, bis ihr Sohn sie eingeholt hatte. Wir sahen ihnen nach; die Kuh ging in Richtung Bach, um zu trinken, und rupfte unterwegs Grasbüschel ab. Einige der anderen Kühe kamen herbei, um das Kalb zu begutachten und die Mutter mit einem Stups von Nase zu Nase zu begrüßen. Der Rest der Herde graste auf der anderen Seite der Weide. Die Tiere schlugen beim Fressen mit dem Schwanz; einige hatten sich hingelegt, ihre Kälbchen neben sich, und zuckten mit Schwanz und Ohren, um sich der Fliegen zu erwehren, die sich in dichten, schwarz und grün schimmernden Trauben auf ihre Flanken und Augen setzten. Ein älteres Kalb stupste beim Trinken immer wieder sanft gegen das Euter seiner Mutter, Milchschaum im Gesicht. Ein anderes Kalb stahl Milch, indem es sich von hinten an eine Kuh heranmachte, während diese vor sich hin träumte. Granddad wandte sich zu mir und sagte: »So ein frecher Lümmel, klaut Milch von den ganzen alten Mädels, wenn sie nicht hingucken, kein Wunder, dass er so dick und fett ist.«

~

Die Uhr schien in Gegenwart meines Großvaters langsamer zu ticken. Es war ihm wichtig, sich Zeit für seine Tiere zu nehmen und sie sorgfältig zu beobachten. Oft lehnte er sich über ein Tor und schaute seine Kühe oder Schafe einfach an, eine Ewigkeit lang, wie mir schien. So konnte er entdecken, wenn sie sich anders verhielten, weil etwas nicht stimmte, wenn sie brünstig wurden oder wenn das Kalben oder Lammen unmittelbar bevorstand. Er war der Meinung, dass nur Idioten herumhetzten, ein guter Landwirt aber sei geduldig und benutze seine Augen und Ohren, seine Nase und seinen Tastsinn. Sein Ziel war es, die Dinge gut zu machen, und nicht, sie schnell oder mit dem geringsten Aufwand zu erledigen. Er nannte mich seinen »kleinen Junker«; den Grund dafür verstand ich erst viel später – ich war sein Projekt, sein Lehrling, der künftige Landherr. Eine Woche, nachdem wir das Gerstenfeld gepflügt hatten, kehrten wir zurück, »Steine klauben«. Mein Großvater sprach es nicht direkt aus, aber ich begreife heute, dass dieses Feld mein Klassenzimmer sein sollte, der Ort, an dem ich alle Stadien des Pflanzenwachstums kennenlernen würde.

~

Die Furchen waren getrocknet und unter Wind und Sonne krümelig geworden. Ich bekam die Order, mit dem Traktor im niedrigsten Gang das Feld abzufahren. Ich rumpelte dahin, kroch wie eine Schnecke die Furchen entlang. Mein Sitz federte immer stärker, je schwerer das Gewicht hinten wurde, Stein um Stein. Mein Großvater und John, ein o-beiniger Landarbeiter mit schwarzen, mit Brillantine zurückgekämmten Haaren und blauer Baumwollhose, gingen hinter mir her und warfen Steine in die metallene Transportkiste, die auf der Rückseite des Traktors an den hydraulischen Armen aufgehängt war. Die faustgroßen Steine, die die Männer warfen, beschrieben einen Bogen durch die Luft und landeten scheppernd in der Kiste, mancher zerbarst beim Aufprall. Als ich mir langsam Sorgen machte, ich würde in die Mauer am Ende des Felds krachen, kletterte Granddad auf den Traktor, schob mich beiseite und übernahm das Steuer. Er fuhr die Steine davon, um sie in Mulden im Feld zu kippen, in Ausfahrten oder auf unbefestigte Straßen, wo sie den Untergrund stabilisierten. Jeder gute Mauerstein wurde dorthin geschafft, wo er wiederverwendet werden konnte. Nichts wurde verschwendet. Steine waren ein nützliches Material.

~

Als Kind war ich eher ein Einzelgänger, unbeholfen und schnell eingeschüchtert. Andere Leute machten mich nervös, was dazu führte, dass ich mich dumm und ungeschickt anstellte. Aber bei meinem Großvater lebte ich auf. Er gab mir das Gefühl, wichtig und respektiert zu sein. Ich hätte alles getan, damit er stolz auf mich war, und als er mit meiner landwirtschaftlichen Unterweisung begann, war ich mit großer Aufmerksamkeit dabei, obwohl ich nicht ganz sicher war, ob ich wirklich Bauer werden wollte.

~

Am Tag nach dem Steineklauben mussten wir, um das Saatbett zu bereiten, die Furchen weiter zerkleinern. Die Egge bestand aus großen, von Ketten zusammengehaltenen Eisenrechen, die so breit waren wie zwei Doppelbetten; der Traktor zog sie über die Furchen. Langsam und mit Geklirr brach die Egge die Erdschollen zu einer krümeligen, glatten Fläche, Bahn für Bahn. Nach einer Weile befand Granddad, das Saatbett sei fertig, denn man konnte in dem fein gerechten Boden die Spuren der Egge sehen, Spuren wie die von Fingern, die durch trockenen Sand fahren. Mein Vater erschien oben am Feld mit einem zweiten Traktor und der Drillmaschine, einem altertümlich anmutenden Apparat, der die Saat in regelmäßigen Abständen ausbrachte und jedes einzelne Korn vier bis sechs Zentimeter in den Boden versenkte (was wir zumindest hofften, denn wenn es nicht klappte, hätten wir unsere Zeit verschwendet). Dad fuhr vorbei und machte ein fragendes Gesicht, ob bei mir alles in Ordnung sei. Ich nickte ihm zu.

Drei Generationen unserer Familie. Das Feld verschwamm im Staub, den die Traktoren aufwirbelten. Und mit jeder Bahn kam die Arbeit weiter voran.

~

Eine Woche später, an den ersten Sonnentagen, schimmerte das Feld in einem warmen Braun. Dann walzten wir den Boden, drückten die lockere Erde glatt und vergruben den Samen unter einer verdichteten Oberfläche, zum Schutz vor den Saatkrähen, die sich gern daran vergriffen hätten. Vielmehr walzte mein Großvater den Boden; ich war wieder überall, bloß nicht zu Hause bei meinem Vater, der eine Stinklaune hatte, weil ein Kalb an Durchfall gestorben war. Hinter uns holperte die riesige

Eisenrolle her, der wassergefüllte Zylinder schepperte und dröhnte jedes Mal, wenn er auf eine Unebenheit im Boden stieß. Ich ließ mich durchrütteln und träumte mit offenen Augen von dem John-Wayne-Film, den ich an diesem Vormittag gesehen hatte: In *Die Cowboys* heuert Wayne eine Bande Schuljungen für einen Viehtrieb an (weil alle Männer fort sind, vom Goldrausch erfasst). Er wird von Viehdieben ermordet, aber das ist eigentlich gar nicht so schlimm, weil in den Jungs der Kampfgeist erwacht. Sie rächen seinen Tod, indem sie die Banditen aufspüren und umbringen.

Mein Großvater machte eine Bemerkung über die Kiebitze, die um uns herumflatterten und -kurvten, wendeten, stiegen und sanken, dass ihre paddelähnlichen Flügel blitzten. Plötzlich hielt er den Traktor an, stieg langsam herunter und verfluchte seine steifen alten Beine, als sie auf den frisch bestellten Boden aufsetzten. Er schritt langsam auf einen Punkt zu, den er fixierte. Ich fragte mich, was er wohl gesehen hatte. Er bückte sich, hob etwas aus einer ausgescharrten Mulde auf und legte es in seine Mütze. Dann kletterte er wieder auf den Traktorsitz und legte mir die Mütze auf die Beine. Ich schaute auf Vogeleier herunter und nahm eines in die Hand. Es war warm und gesprenkelt und sah genauso aus wie die »Meereskiesel«-Bonbons, die man an der Strandpromenade kaufen konnte. Das seien Brachvogeleier, erklärte er mir. Die Brachvögel brüteten in diesen Feldern. Wir rumpelten weiter. Als wir von der anderen Seite zur Fundstelle zurückkehrten, nahm er die Mütze mit den Eiern, stieg wieder ab, drückte mit den Fingerknöcheln eine Art Nest in den Boden und legte die Eier wieder hinein. Ich fragte ihn, ob die Eltern zu den Eiern zurückkehren würden, und er antwortete: »Manchmal ja, manchmal nein … aber mehr können wir für sie nicht tun.«

Als wir zehn Minuten später wieder vorbeituckerten, schmiegte sich die Brachvogelmutter an den staubigen Boden, als wäre nichts gewesen, und mein Großvater grinste. An diesem Abend erzählte ich Dad stolz von Granddad und den Brachvogeleiern. Er sagte, Granddad sei ein rührseliger alter Tropf, kein Wunder, dass wir so lange mit der Arbeit gebraucht hätten.

~

Zwei Wochen vergingen, und die Gerste spitzte durch den Boden, kleine grüne Speere, die rasant dem Himmel entgegendrängten. Die Erleichterung war mit Händen zu greifen, als mein Großvater übers Feld lief, durch Hunderte schnurgerader Reihen grüner Sämlinge. Während ich in der Schule war, verstreute mein Vater Kunstdünger auf dem Feld; ich konnte ihn auf dem Boden erkennen, er sah aus wie winzige weiße Styroporkügelchen. Und mit jedem Tag tauchten die Brachvögel, Austernfischer und Kiebitze auf ihren Nestern weiter in dem ansteigenden Meer stickstoffgrüner Gerste unter.

~

Mein Großvater ging selten in die Kirche und hielt den Pfarrer für einen Idioten, aber wenn ich ihn fragte, ob die Gerste, die wir gesät hatten, auch wachsen werde, sagte er Dinge wie »da musst du beten«. Einen Acker zu bestellen war ein Glaubensakt. Es bestand die sehr reale Möglichkeit eines Fehlschlags. Vielleicht funktionierte die Drillmaschine nicht richtig. Vielleicht fraßen die Vögel die Saat. Vielleicht wäre es dieses Jahr zu nass oder zu kalt, oder eine Dürre würde die wachsende Saat vernichten. Und selbst wenn die Saat aufging, könnte sie von

Schädlingen befallen oder von Ungeziefer gefressen werden, und die ganze Arbeit wäre vergeblich gewesen. Derlei Alltagskatastrophen könnten bedeuten, dass wir für unsere Tiere im Winter kein Futter hätten.

Im Jahr zuvor hatten wir unsere Gerste feucht ernten müssen, denn das Wetter spielte nicht mit, sie konnte nicht trocknen. Auf dem Dachboden hatte sie sich erwärmt wie ein Komposthaufen, bis sie dampfte. Mitten im Winter, als die Kühe sie als Futter gebraucht hätten, war sie zusammengeklebt und schimmlig geworden. Mein Vater warf sie ihnen trotzdem vor nach dem Motto »friss oder stirb«. Aber die Kühe sahen sie nur angewidert an. Ich begann zu begreifen, warum jeder, den wir kannten, ständig über das Wetter jammerte. Wir waren seine Sklaven.

Immer hofften wir auf ein Feld mit einer gesunden, unkrautfreien, üppigen Ernte, aber die war alles andere als naturgegeben. Wenn die Feldfrüchte überhaupt so weit kamen, dann war dies der Entschlossenheit und mühevollen Arbeit des Bauern zu verdanken. Die Götter konnten uns entweder mit einer reichen Ernte belohnen oder uns auf die vielfältigste Weise ruinieren. Und wenn man sein Leben so hart verdienen musste, kam ein harter Menschenschlag dabei heraus.

~

Wir gingen über den Rain des Gerstenfelds bis zu den sandigen Böschungen, die pockennarbig von Kaninchenbauten waren. Drei, vier Wochen lag die Aussaat des Getreides nun zurück, und jetzt zeigte sich der Schaden, den die Kaninchen angerichtet hatten. Die ersten hundert Meter vor der Hecke, die den Kaninchenbauten am nächsten lagen, waren bis auf den Boden abgeknabbert. Dabei hätte die Gerste schon eine Handbreit aufragen sollen. Mein Großvater hatte John beauftragt, etwas gegen die Kaninchen zu unternehmen, sonst würde es später im Sommer keine Gerste mehr zu ernten geben. Und ich begleitete ihn, denn er war geduldig und freundlich und brachte mir vieles bei. Er wohnte mit seiner Frau Sheila in einem der Häuschen unterhalb des Gerstenfelds, die von der Gemeinde als sozialer Wohnraum vermietet wurden. Mein Dad meinte, John sei für die harte Landarbeit viel zu schade. Er war gewissenhaft und bedächtig, im Grunde ein Handwerker, dessen ganzer Stolz seine Arbeit war, wie simpel die Aufgabe auch sein mochte. Er konnte Dinge herstellen oder reparieren und verwandte große Sorgfalt darauf, Ziegel oder Steinblöcke gerade und richtig zu mauern. Er konnte aus Kettenstücken, Draht und alten Nägeln wunderbare Torschließer bauen.

Hinter Johns Haus standen bei den Kohleverschlägen zwei Käfige mit Frettchen für die Kaninchenjagd. Die Frettchen fraßen aus alten Blechdosen. Neben der Hintertür hingen steife braune Kaninchen, denen John demnächst das Fell abziehen würde. John warnte mich, ich solle ja nicht die Finger durch den Maschendraht stecken, sonst würden mich die Frettchen beißen und nicht mehr loslassen. Er griff in die Käfige, packte sie selbstsicher um die Körpermitte, setzte sie in seine Holzkiste und schloss den Deckel. Dann warf er sich den Lederriemen über die Schulter und marschierte los, durch eine Öffnung im Zaun. Ich versuchte, in seine Stiefelabdrücke zu treten, konnte aber keine ganz so großen Schritte machen und musste immer ein wenig springen. Etwa hundert Meter vor uns zog sich eine Kaninchenflut in langsamen, immer wieder stockenden Wellen in die Brennnesseln rings um die Löcher zurück.

Bei den Kaninchenbauten machte John einen Erkundungsgang um die Löcher, als versuchte er, ein Rätsel zu lösen. Er trampelte die Nesseln nieder, um die Löcher freizulegen, und deckte dann die vielen Eingänge sorgfältig und systematisch mit Netzen aus weicher weißer Schnur ab. Es sah aus, als wäre der Boden mit Spinnennetzen übersät. Jedes Netz hatte einen Kordelzug, der an einen handgeschnitzten Holzpflock geknotet war. Diesen Pflock rammte John fest in den Boden. Dann nahm er ein Frettchen aus der Kiste und schob es unter ein Netz in das Loch hinein. Er wartete. Ich wusste, dass John ein wenig nervös war, denn es konnte passieren, dass das Frettchen ein Kaninchen in einer Sackgasse einkeilte und tötete, dann würde es nicht mehr zurückkommen. Für solche Fälle hatte er einen Spaten dabei, um es wieder auszugraben. Eigentlich hatte das Frettchen nur die Aufgabe, Panik unter den Kaninchen zu verbreiten, damit sie zu den Ausgängen liefen, in die Netze hinein. John beobachtete die Netze mit Habichtsaugen. Nach etwa zwanzig Sekunden verfing sich ein fliehendes Kaninchen in einem der Netze. Es ergab sich schnell in sein Schicksal und blieb reglos liegen, mit weit aufgerissenen Augen. John nahm es in die Hände, löste rasch das Netz ab und zog den Hals und die Hinterläufe des Tieres auseinander, bis die Knorpel knackten. Das Kaninchen zitterte und erschlaffte. John warf es neben meine Füße ins Gras, wo bald jede Bewegung aufhörte, und befestigte das Netz rasch und sorgfältig wieder über dem Loch. Zwei andere Kaninchen schossen aus einem verborgenen Loch, über das er kein Netz gespannt hatte. Er fluchte. Dann gingen zwei weitere Kaninchen ins Netz und mussten dran glauben. Etwas später tauchte das Frettchen auf, wurde von John geschnappt und hing über seiner Hand, ein wildes Grinsen im Gesicht. John steckte es wieder in die Kiste, und wir kehrten über das halb verwüstete Feld nach Hause zurück, mit drei Kaninchen, die an den Hinterläufen baumelten.

~

Viele Jahre nach dieser Kaninchenjagd las ich den römischen Dichterphilosophen Vergil, und mir wurde bewusst, dass meine Familie mit ihren landwirtschaftlichen Methoden einer uralten Tradition angehörte. Vergil schrieb vor zweitausend Jahren ein kurioses Lehrgedicht, die *Georgica*, frei übersetzt mit »Landbau«, eine Art Handbuch darüber, was einen guten Bauern ausmacht. Vergil listet die bescheidenen Geräte (oder »das Arsenal«) auf, über die ein römischer Bauer verfügte: einen Pflug mit Pflugschar, eine Egge, einen Pferdekarren, einen Dreschschlitten, einen Pferdeschlitten, eine Hacke, geflochtene Hürden zum Aufstellen von Pferchen und eine Wurfschaufel. Mit diesen »Waffen« müsse der Bauer »Krieg« gegen die Erde führen. Vergils Landbauphilosophie zufolge müssen wir der Natur mithilfe unserer Klugheit und unserer Werkzeuge Ernten entreißen. Unterliegen wir in diesem Kampf, dann droht uns der Hungertod.

> Wenn du daher mit Hacken nicht stets das Unkraut beseitigst
> und mit Klappern die Vögel verscheuchst und verschattetem Acker
> Licht mit der Sichel verschaffst und Regen erflehst in Gelübden,
> starrt dein Auge umsonst auf des Nachbarn lastende Ernte,
> ach, und du schüttelst die Eiche im Wald, deinen Hunger zu stillen.

Als Kind wusste ich nichts von Vergil, hatte aber tatsächlich das Gefühl, dass der Kampf gegen die Kaninchen nur ein kleines Gefecht in einem unablässigen Krieg war. Ein Krieg, den wir führen mussten, eine Plackerei ohne Ende.

~

Wir hörten sie am Ende der Weide. Krah, krah, krah. Das Gekrächz war mir vertraut, und ich wusste, was es zu bedeuten hatte: Leichenfledderei. Als ich meinem Großvater die Weide entlang folgte, sahen wir die Vögel ein paar Felsbrocken hinauf- und hinunterhüpfen, zu einem kleinen Dornbusch, unter dem etwas lag, was wir nicht erkennen konnten. Granddad fluchte leise. Es tat ihm in der Seele weh, wenn er ein Schaf verlor. Wenn er sah, was die Krähen den toten oder sterbenden Tieren antaten. Mutter Natur sei ein »grausames altes Miststück«, meinte er. Die Krähen sahen ihn kommen, hüpften auf den Stacheldraht und flogen von dort zu einer Eiche in der Nähe, um uns zu beobachten.

Wir fanden das alte Mutterschaf auf der Seite liegen, es schlug mit den Beinen aus. Sein Euter war geschwollen; es hatte eine schon weit fortgeschrittene Mastitis. Granddad zeigte mir, wie sich die Infektion die geschwollenen Milchadern hinauf bis in den Körper ausgebreitet hatte. Es gab keine Hoffnung mehr. Ich sah das Blut im Gesicht des Mutterschafs – ein helles Rot wie von zerdrückten Erdbeeren in der weißen Wolle. Als es nicht mehr aufstehen konnte, hatten ihm die Krähen die Augen ausgehackt. Sein Lamm, einen Monat alt, sah aus einigen Metern Entfernung zu und rannte dann über die Weide davon. Granddad sagte, wir würden es morgen früh einfangen und dazu die Herde in den Pferch bringen müssen. Aber das alte Mutterschaf hatte Schmerzen und war blind. Wenn wir das Tier liegen ließen und nach Hause gingen, um ein Gewehr zu holen, würden die Krähen wiederkommen und es weiter peinigen, es würde schrecklich leiden.

Er schickte mich mit einer Handbewegung ein Stück weg, zog anschließend sein Messer heraus und schärfte es an einem Stein. Dann packte er das Schaf am Kopf und schlitzte ihm mit zwei raschen Schnitten die Kehle durch. Ich glaubte zu hören, wie er sich entschuldigte, aber so leise, dass ich mir nicht sicher sein konnte. Das Blut spritzte heraus, ein heißer, purpurroter Fluss, der aus dem offenen Hals in die Wiese floss. Das Schaf zuckte ein bisschen, strampelte mit den Beinen und tat langsam den letzten Atemzug. Es war tot. Granddad sagte, wir würden morgen früh den Kadaver holen. Bis dahin würden sich die Krähen daran gütlich tun, aber sie konnten ihm keine Schmerzen mehr zufügen. Granddad schrie sie an: *Fuck off!* Eine von ihnen flog kurz von ihrem Ast auf, als hätte sie verstanden, ließ sich aber gleich wieder nieder. Die Krähen und mein Großvater waren alte Feinde. Als die Wochen vergingen, sah ich, welchen Schaden sie unserer Arbeit zufügen konnten, und machte mir seinen Hass auf sie zu eigen.

~

Die Welt meiner Kindheit erweiterte sich nun durch zahllose Kreisläufe von Geburt, Leben und Tod. Meine Tage mit meinem Großvater vergingen damit, Tieren beim Gebären zu helfen und dafür zu sorgen, dass sie gesund blieben und genug zu fressen bekamen, um Wind und Wetter zu trotzen. Manchmal konnte mein Großvater sanft sein; ich erlebte an ihm Momente großer Zärtlichkeit und Fürsorge – wenn er ein neugeborenes Lämmchen in seinen Arm bettete, ihm vorsichtig die Magensonde über die winzige rosa Zunge den Hals hinunterschob und ihm Milch ins Bäuchlein drückte, damit es überlebte. Andere Male jedoch konnte er, wenn er es für nötig hielt, hart und fast grausam sein. Diese Härte zeigte er ohne Scham oder Unbehagen. Tod und Töten gehörten zu seinem Leben einfach dazu. Gleichzeitig hatte er strenge ethische Maßstäbe. Selbst wenn ein Tier am nächsten Tag geschlachtet werden sollte, war es heute immer noch unsere Aufgabe, alles zu tun, um es am Leben zu erhalten und bestmöglich zu versorgen. Unsere Tiere waren anständig und mit Sorgfalt zu behandeln, alles andere betrachtete Granddad als Unrecht und Schande, als Vergeudung von Leben und als Verschwendung von Zeit und Mühe. Es gab eine Zeit zu leben und eine Zeit zu sterben. Wenn er tötete, dann tat er es rasch und respektvoll, aber ohne groß Gefühle zu zeigen. Da er den Tod persönlich kannte und ihm immer wieder begegnete, hatte er eine Art Ehrfurcht vor allem Fleisch, das auf den Tisch kam. Er forderte uns auf, ja kein Fitzel übrig zu lassen, nicht einmal die Schwarte vom Speck. Er hätte nicht verstanden, dass jemand dumm oder reich genug sein konnte, um zuzulassen, dass Kaninchen eine Ernte zerstörten, oder dass jemand sich moralisch so erhaben glaubte, dass er sich fürs Töten, selbst wo notwendig, zu schade war. Granddad bewegte sich in der Natur wie ein Schauspieler auf der Bühne und kämpfte immer darum, sich zu behaupten. Nicht in der Rolle des gefallenen Engels, sondern in der des Affen, der zum Menschen aufgestiegen war.

~

Im Mai schäumten die Weißdornhecken rings um die Gerstenfelder von weißen Blüten und summten von Hummeln. Die

Schwalben jagten bei Regen unter dem Dachüberstand der Scheunen. Auf den Weiden schubberten die Jungstiere den Rücken an Baumstämmen oder standen im Laubschatten, um sich vor der Sonne zu schützen. Der Spätfrühling bedeutete viel Arbeit, aber gute Arbeit, sagte Granddad, denn diese Zeit brachte etwas hervor, im Gegensatz zur drögen, ungeliebten Plackerei im Winter, die noch vor wenigen Monaten meinen Tag bestimmt hatte. Die Mutterschafe und die Lämmer wurden gechipt, markiert, kupiert und geimpft. Mein Vater und mein Großvater hatten ein wenig Zeit zum Aufatmen, reparierten dies und das und beseitigten die Schäden des Winters.

Es kam einer jener Maitage, an denen der Wind die Schäfchenwolken zu den fernen Hügeln jagte und einen leer gefegten, tiefblauen Himmel hinterließ. Mein Vater war zu einer Auktion ziemlich weit weg gefahren, um zu sehen, »wie der Schafmarkt so ist«. Mein Großvater sagte zu mir, er müsse ein paar »Lücken ausbessern«, und ich kam mit. Als ich mit ihm an den Rändern unseres Landes entlanglief, hatte ich das Gefühl, wir seien zwei Angehörige eines alten Stammes, die die Grenzen ihres Territoriums abschritten.

Wir überquerten drei Wiesen und gingen dann am unteren Ende unserer »langen schmalen Felder« entlang. Eine Mauer war eingestürzt, dort, wo das Winterwetter oder die Schafe ein, zwei Steine gelockert und die Stelle geschwächt hatten. Einige Steine waren auf der anderen Seite die Böschung hinabgekullert. Granddad schickte mich hinunter, um sie einen nach dem anderen wieder hochzutragen. Wenn wir sie in den Heuwiesen ließen, würden sie großen Schaden an der Mähmaschine anrichten, erklärte er. Der Mäher würde mit einem Riesenlärm hochgeschleudert und durchgerüttelt, als hätte er eine Landmine verschluckt. Man musste die Steine holen, bevor das Gras zu lang wurde. Mein Großvater überlegte, wie sie am besten in die Lücke passen würden; es war wie ein Puzzle. Sorgfältig sortierte er sie, legte die Steine für die Oberkante beiseite und teilte die besten Steine zwischen die beiden Seiten der Mauer auf. Dann begann er, sie einzufügen. Er achtete darauf, dass die moos- und flechtenbedeckte Seite wieder nach außen zu liegen kam und jede Reihe oben flach war, damit er darauf weiterbauen konnte.

Zwischen den Steinen zu seinen Füßen lagen eine zerbrochene kleine Lehmpfeife und eine alte grüne Flasche, die uns verrieten, dass lange vor uns andere Männer hier an der Mauer gearbeitet hatten. Granddad erzählte mir Geschichten über seinen Großvater, wie er ein erfolgreicher Bauer wurde, über seinen Ford, Modell Tin Lizzy, und über die goldene Uhr, die er seiner Tochter geschenkt hatte, weil sie den Schafen beim Lammen half und das besser machte als alle seine Landarbeiter zusammen. Und über den Sohn seines Pachtherrn, der mal einen »richtigen Job« gelandet hatte – hier lachte er –, als Fahrer eines Betonmischers. Aber er war unterwegs ins Pub eingekehrt und in schlechte Gesellschaft geraten, und als er Stunden später besoffen wieder herauskam, war der Beton hinten zu einer festen Masse erstarrt.

Granddads Geschichten boten Lehrstoff, zu welcher Art von Leuten wir gehörten und zu welcher nicht. Er schärfte mir ein, dass wir auf unserer Seite der Mauer zu arbeiten hatten, um zu florieren. Ein Bauer war so gut oder schlecht wie sein Hof und alles, was sich dort befand. Wenn unsere Felder eine reiche Gersten-, Rüben- oder Heuernte hergäben, wenn kräftige Rinder oder Schafe in hohem, üppig grünem Gras weideten, dann würden wir als »gute Bauern« gelten. Wenn unser Land schlecht entwässert und voller Unkraut wäre, die Mauern schlecht in

Schuss, die Schafe mager und die Rinder voller Würmer, dann würden wir mehr oder weniger zu den »Versagern« gezählt.

Als er ein, zwei Stunden später die obersten Steine der Mauer einpasste, merkte ich, dass ihn etwas ablenkte. Anstatt seinen Stein hochzuheben, richtete er den Blick zu Boden, auf den struppigen Bewuchs am Rain. Ich arbeitete weiter, doch er berührte meine Hand, ich solle innehalten, und tippte dann an sein Ohr, um mir zu bedeuten, dass er etwas gehört hatte. »Was ist?«, flüsterte ich. Er legte den Finger auf die Lippen. Ein Igel streckte schnuppernd die Nase zwischen den langen, trockenen Grashalmen am Feldrand hervor. Dann trippelte er, ohne uns zu bemerken, den Rain entlang. Er hatte verblüffende Ähnlichkeiten mit einer Dame aus viktorianischen Zeiten, die den Petticoat über ihre mageren Knöchel lupfte. Er erreichte meinen Großvater, schnüffelte in aller Ruhe, kletterte dann über Granddads Stiefelspitze und setzte seinen Weg fort, bis er wieder im Gras verschwand. Ich grinste von einem Ohr zum anderen. Granddad strahlte wie ein kleiner Junge und sagte gedämpft, mit einer Kinderbuch-Vorlesestimme: »Das war Mrs Tiggy-Winkle, die ihre Wäsche nach Hause bringt.«

~

Die Welt und die Gedanken meines Großvaters endeten im Großen und Ganzen an diesen Mauern, den Grenzen unseres Reichs. Was dahinter lag, ging andere Leute etwas an. Mit diesen Nachbarn verbanden uns Beziehungen, Verpflichtungen und gemeinsame Anstandsregeln. Zu gewissen Zeiten arbeiteten wir zusammen, aber was sie jenseits dieser Grenzen mit ihrem Land machten, war ihre Sache. Die Mauern, Hecken und Zäune waren bei unserer Wirtschaftsweise von entscheidender Bedeutung. Sie ermöglichten uns, kleine Parzellen Land auf mannigfache Art zu bewirtschaften. Wir hatten auf unserem Hof dreißig, vierzig Felder und Wiesen, viele davon sehr klein. Aber jedes Stückchen Land hatte für meinen Großvater einen bestimmten Charakter, eine Persönlichkeit fast, und eine eigene Vorgeschichte, war Teil einer Geschichtensammlung, die eine Art Epos ergab. Diese »Feldepen« lebten durch Erzählungen und durch die fortlaufende Arbeit immer wieder auf. Es war für unsere Existenz entscheidend, die Felder, ihre Launen und Ansprüche zu kennen: Sie gaben den Ausschlag, was darauf angebaut werden konnte und was nicht. Die Erträge, die manche Felder abgeworfen hatten, wurden Teil ihrer Geschichte – manche Ernten waren reicher als alles, was wir je erlebt hatten. Wir fragten uns, ob da nicht auch der Mythos am Werk war.

Granddad meinte, der sandigere Boden auf dem Feld, das er »Castlebanks« nannte, sei »hungriger« als anderer Boden und müsse mit jeder Menge gut verrottetem Mist angereichert werden. Der beste Mist stamme aus den Ställen, in denen die Jungstiere gemästet würden. Die Einstreu aus Stroh musste dann vor dem Ausbringen als Dung monatelang auf dem Misthaufen verrotten. Auf den »Bottom Banks« wuchsen wunderbare Rüben groß wie Fußbälle, denen die Sonnenwärme guttat. Das »Eight-acre-field« lieferte in trockenen Jahren reiche Ernten, aber es hatte einen Lehmboden, der bei kaltem oder nassem Wetter »schmollte«, dann hörte alles auf zu wachsen. Jedes Stück Land hatte neben seinen natürlichen Gegebenheiten auch eine Geschichte der Menschen, die auf ihm gearbeitet hatten. Granddad sprach von den Männern, die die Hecke neben dem »Quarry Field« beim aufgelassenen Steinbruch angelegt oder die Entwässerungsgräben auf dem »Railway Field« gezogen hatten, oder von den diversen Unfällen, die Männer an verschiedenen Stellen erlitten hatten. Er erzählte von den beiden Buckle-Brüdern, die auf den »Merricks« Zäune errichtet hatten. Zwischen jedem Schlag des riesigen Pfostenhammers legte der Bruder, der den Pfosten hielt, die Hand oben drauf und rüttelte ihn. Einmal war sein Bruder unkonzentriert, der Hammer sauste zur Unzeit herab und zerschmetterte dem anderen die Hand. Ich konnte mich nicht satthören an diesen Geschichten. Sie machten die Felder zur Bühne für ein Schauspiel, das mich ganz in seinen Bann schlug.

~

Mein Großvater kam mit seinem Hund und dem Schäferstock das Sträßchen entlanggelaufen; er hielt auf mich zu. Ich wartete gerade mit den anderen Jungen an der Kirche auf den Schulbus, rannte mit ihnen herum, warf Steine und kickte Kiefernzapfen. Ich wusste, dass Granddad mich beim Herumalbern gesehen hatte. Ich wollte nicht, dass er mich für einen Trottel hielt wie die anderen und sonderte mich vom Pulk ab. Vielleicht ging ich auch ein Stück zur Seite, weil ich schon ahnte, was kommen würde, und nicht wollte, dass die anderen meinen Granddad später hinter seinem Rücken auslachten. Er blieb stehen und fragte, was wir gerade in der Schule durchnähmen. Ich antwortete, wir würden etwas über die Planeten lernen. Er wisse nicht viel über die Planeten, sagte er, nur über die Sonne. Dann erzählte er mir, dass sich ihr Bogen über dem Dorf im Jahreslauf wandelte. Er stach seinen Stock in den Punkt im Südosten des Horizonts, wo sie am kürzesten Dezembertag aufging: »Da – dort kommt sie rauf.« Dann zog er mit dem Stock kleine Schleifen über seinem Kopf, um mir den Weg der Sonne an kurzen Wintertagen zu zeigen, und erklärte mir die Veränderungen ihrer Bahn durch die Jahreszeiten hindurch. Als er die Bewegungen der Sonne nachzeichnete und mit seinem Stock einen Bogen nach dem anderen in den Himmel schrieb, hatte er sich in meinen Augen in eine Art Rieseninsekt verwandelt. Er wollte mir beibringen, wie der Sonnenlauf variierte und dass das ein großes Wunder war. Er wollte, dass dieser Tag wenigstens eine nützliche Lektion enthielt, bevor ich den Rest der Zeit in der Schule verplemperte. Schließlich ließ er die Sonne hinter den Hügeln im Nordwesten untergehen. Aus meiner Sicht war mein Großvater ein Held, aber es ließ sich kaum übersehen, dass er zum Anachronismus wurde, auch wenn ich dieses Wort damals noch gar nicht kannte: ein alter Mann aus einem anderen Zeitalter, der für die meisten Menschen irrelevant wurde.

Es war fast schon unhöflich, wie sich die älteren Kinder zu ihren Schulranzen umdrehten. Sie wussten nicht recht, was sie davon halten sollten, dass dieser alte Narr da drüben seinem Enkel und allen anderen, die ihm zuhören wollten, Vorträge über den Sonnenaufgang hielt. Er sah dabei aus wie ein verrückter Samurai, der mit seinem Schwert den Himmel in Scheiben schneidet. In Zeitlupe. Auch ich war ein bisschen verunsichert, aber mir gefielen seine Ausführungen über das »Uhrwerk« des Himmels. Er kam zum Ende, klopfte seinem Hund Ben auf den Rücken, meinte, er habe keine Zeit für Geschwätz, und ermahnte mich grinsend, ich solle ja nicht frech sein, damit ich keinen Arrest bekäme und die Sommerferien verpasste. Dann ging er summend seines Wegs. Der kleine Bus kam an. Wir drängelten hinein und warfen uns auf die Sitze. Ein, zwei Minuten später hielten wir bei der Sozialsiedlung, wo weitere Kinder einstiegen. Ich konnte oben auf dem Hügel die lange graue Schlange der Laster auf der Autobahn sehen. Ein Zug mit Diesellok tuckerte, schwarzen Rauch ausstoßend, die Schienen entlang, und durch das verschmierte Fenster sah ich zu, wie die Sonne durch die Wolken brach.

~

Die Lehrer in unserer Grundschule waren freundlich und uns wohlgesonnen. Sie erlaubten es Brian, einem Bauernjungen, in seinem Schulgartenbeet Gerste zu pflanzen. Er hätschelte die Gerste, als hinge der Ruf seiner Familie davon ab. In jeder Pause sah er nach ihr und jätete Unkraut. Und er stand stolz daneben, als die Lehrerin vor den Sommerferien mit uns durch die Beete ging, vorbei an kläglichen, abgeknabberten Salatreihen, an schmalen Erdrücken mit Kartoffeln, die verwelkt und an Fäule eingegangen waren, an spilligen Möhren, die schon samten, und an traurigen, ungeliebten Flecken, wo nicht viel wuchs außer Unkraut. Aber Brians Beet stand hüfthoch, wiegte sich in der Brise, ein perfektes, unkrautfreies Minifeld silbrig-grüner Gerste.

~

Die sechs Wochen Sommerferien, die vor mir lagen, erschienen mir wie eine kleine Ewigkeit. Jeden Nachmittag wurde ich (falls ich nicht »dienstfrei« hatte und mit Freunden spielte) zu den Kühen geschickt, um sie zum Melken nach Hause zu bringen. Ich fuhr mit dem Fahrrad den Hügel hinauf. Bei den steilsten Stellen musste ich im Stehen treten und schwankte von links nach rechts, bis ich oben wieder zu Atem kam und das Rad einfach rollen lassen konnte. Der Hügel, auf dem die Kühe weideten, hieß »Burwings«, ein raues, nicht eingezäuntes Stück »Gemeinland«, das sich neben der Straße bis zum nächsten Dorf hinzog. Die Kühe standen hinter einem mobilen elektrischen Weidezaun, im Grunde nur ein dünner Draht, der von Eisenstangen einen Meter über dem Boden gehalten wurde. Die Stangen waren ungefähr mit sechs Meter Abstand in den Boden geschlagen und trugen spiralförmige, isolierende Plastikkappen. Die Kühe warteten schon, mit dem Schwanz nach Fliegen schlagend; sie hatten volle Euter und muhten zornig, weil sie die Weide verlassen und zum Stall zurückkehren wollten. Ich griff unter den rostigen Stromkasten, um den Strom im Zaun abzuschalten. Als ich nach dem Kippschalter tastete, begann meine Hand nervös zu zittern. Die Stromkabel waren schlecht angeschlossen, ihr Inneres lag bloß, und ich hatte schon oft eine gewischt bekommen. Wenn ich auch nur einen Zentimeter zu weit seitlich nach dem Schalter tastete, berührte ich einen stromführenden Draht und bekam einen heftigen Schlag. Einmal sollte der Kasten auf »Aus« geschaltet sein und war es dann doch nicht, und als ich den Draht packte, um ihn aufzuhaken, durchfuhr mich ein fürchterlicher Ruck. Manchmal pinkelte ein Schäferhund gegen einen Zaunpfosten, bekam einen Stromschlag und rannte jaulend weg, als wäre er angeschossen worden. Der Kasten war schon seit Jahren kaputt, doch damals kam niemand auf die Idee, einen neuen zu kaufen. Die Männer hielten sich an das unausgesprochene Ethos, auch mit halb kaputten Dingen zurechtzukommen oder sie zu reparieren. Das nannten wir »durchwursteln«.

Auf Burwings wuchsen lange, Horste bildende Gräser, dazwischen gab es weiße, rosa und gelbe Wildblumen, Kratzdisteln mit lila Blütenköpfen und struppiges Ginstergebüsch. Solche halb genutzten, halb wilden Flächen existierten damals in vielen Landschaften. Mein Großvater zahlte dafür Pacht, an zwei Verpächter gleichzeitig. Die Kirchenältesten waren der Ansicht, Burwings gehöre zum Grundbesitz der Pfarre und das sei schon immer so gewesen – es gehöre damit allen Kirchenältesten gemeinsam. Doch die hier ansässige Aristokratie, die auch unseren Hof besaß, erhob ebenfalls Anspruch auf das Land als Teil ihrer Güter, so sei es im Grundbuch eingetragen. Ich hatte keine Ahnung, wer recht hatte und wer nicht, doch mein Großvater, der Komplikationen immer gern vermied, fand es einfacher, beide Seiten anzuerkennen und die Pacht – die nur Symbolcharakter hatte, so gering war sie – an zwei Eigentümer zu zahlen. Wenn die Kühe eine Parzelle dieses Landes abgeweidet hatten, zog mein Großvater die Eisenstangen heraus und verlegte die Koppel auf ein anderes, noch nicht abgefressenes Stück Land, sodass sich das vorige Stück wieder erholen konnte. Auf der neuen Weide standen die Kühe oft knietief im Gras. So befand sich das ganze Gemeinland in unterschiedlichen Stadien des Wachstums, ein Flickenteppich aus verschiedenen Grüntönen. Das Stück Land, von dem ich jetzt die Kühe holte, war ziemlich abgegrast und wies einen helleren Grünton auf, mit Kuhfladen gesprenkelt. Nur der unverdauliche Ginster und das bittere Jakobskreuzkraut, dazu ein paar Disteln und Nesseln standen noch auf dem zertrampelten Boden.

~

In jenem Sommer warnte mich mein Großvater vor dem Jakobskreuzkraut. Wie alle Bauern hasste er das Zeug, das, wie er sagte, giftig für die Weidetiere sei und Rinder umbringen könne. Die gelben Blüten waren für ihn ein Symbol von Vernachlässigung. Land, auf dem dieses Kraut wuchern durfte, wurde schlecht bewirtschaftet und quasi aufgegeben. Er heuerte mich und meinen Cousin für einen »Schlag« gegen das Jakobskreuzkraut an (jeder große Plan für mich fiel ihm an einem Samstag ein). Er versprach uns zehn Pence für jede Pflanze, die wir komplett aus dem Boden zogen. Wir dürften keine Wurzeln drinlassen, schärfte er uns ein, denn dann würde die Pflanze wieder nachwachsen. Die ausgerissenen Pflanzen sollten auf einen Haufen kommen und verbrannt werden.

Wir marschierten den Hügel hinauf und rissen die Pflanzen aus, bis auf dem ganzen Gemeinland keine einzige gelbe Blüte mehr zu sehen war. Wir waren stolz, dass wir so hart gearbeitet hatten, und überzeugt, wir hätten die Erwartungen meines Großvaters bezüglich unseres Durchhaltevermögens übertroffen. Er hatte gedacht, wir würden nach einer Stunde oder so Ausreden erfinden und uns verdrücken, aber wir hatten weitergemacht, bis die Aufgabe erledigt war. Unsere Hände brannten, waren grün gefleckt und stanken noch tagelang nach der Pflanze. Wir bekamen nicht die Hunderte von Pfund, die uns sicher zugestanden hätten, sondern fünf Pfund, die wir untereinander teilen mussten. Dann ging Granddad hinaus und hob die welkenden Haufen mit der Mistgabel auf den Anhänger, um sie später zu verbrennen. Und ich wurde angewiesen, die Kühe heimzuholen.

~

Die Kühe trotteten die kurvige Straße hinunter nach Hause. Hinter ihnen erhob sich eine Wolke schwarzer Fliegen. Um sich ihrer zu erwehren, wischten die Tiere ständig mit den Schwänzen über ihr Hinterteil und versuchten auch, die Fliegen zwischen Nase und Flanken zu zerquetschen. Unterwegs klatschte grasgrüner Kot in Strahlen und Wirbeln auf den Asphalt. Die

Kuhfladen klebten wie Pfannkuchen auf der Straße und ätzten beim Trocknen die oberste Teerschicht ab. Ich steuerte mein Rad um die Fladen herum und balancierte bremsbereit auf den Pedalen, damit ich langsam genug hinter den älteren Kühen herfahren konnte. Schwalben tauchten durchs Blätterdach, aus dem Wind, und stiegen wieder hoch. Die Böschungen waren fast meterhoch mit weiß blühendem Wiesenkerbel bedeckt. Sein kräftiger Anisgeruch sammelte sich besonders in den Senken. Auf halbem Weg hügelabwärts stand ein Wäldchen, in dem einige meiner Freunde ein Versteck bauten. Es juckte mich in den Beinen, zu ihnen zu laufen und mitzuspielen, aber ich konnte die Kühe nicht allein lassen. Wir bauten uns überall auf den verwilderten, verlassenen Grundstücken des Dorfs solche Verstecke, sogar auf der Müllkippe, wo die Leute ihre alten Autoreifen, Fernseher und Matratzen wegwarfen. Wir ernteten Holzäpfel aus den Hecken und lagerten sie als »Proviant«. Wenn wir es einmal riskierten, in einen hineinzubeißen, wurde unser Mund sofort ganz pelzig, so sauer war das Obst.

~

Unten am Hügel sollten die Kühe durch ein Gatter laufen und sich in einem Pferch sammeln, doch sie bogen ab und trotteten Richtung Dorfanger. Mein Vater, der gerade im Hof zu tun hatte, sah sie und eilte mir zu Hilfe. »Die Viecher wollen uns glatt verscheißern«, brüllte er, rannte an ihnen vorbei und schwenkte ein Plastikrohr, mit dem er ihnen ein paar Hiebe verpasste. Sein Hund Lassie sprang uns bei, zwickte ein, zwei Kühe in die Knöchel und bellte sie an, bis alle im Pferch waren.

In den folgenden Jahren zogen viele Leute aus der Mittelschicht in das Dorf, das nun sauberer und ordentlicher wurde.

Kühe, die Teile des Dorfangers mit ihren Hufen aufpflügten und die Straßen verschmutzten, sorgten für Spannungen zwischen den Bauern und anderen Dorfbewohnern, aber als ich ein Kind war, wusste jeder, dass Kühe bei nassem Wetter die Streifen neben der Fahrbahn eben zu Brei trampeln und mit ihren Fladen die Straße verdrecken – das war schon immer so gewesen. In unserem Hof standen Wassertröge, und bis vor ein paar Jahren durfte jeder im Dorf, der Vieh hielt, mit seinen Tieren bei uns vorbeikommen und sie tränken.

~

Mein Vater war hart wie altes Stiefelleder, aber seine Kühe liebte er über alles. Bis Anfang der Achtzigerjahre, als ich noch sehr klein war, hatte er eine Herde von achtzig schwarz-weißen Milchkühen gehalten, Holstein-Rinder mit breitem, fleischigem Rücken und stämmigen Beinen. Das halbe Jahr, von Mai bis Oktober, grasten sie draußen auf den Weiden. In der anderen Jahreshälfte standen sie in den Ställen und Scheunen und wurden mit Heu gefüttert. Aber dann wurde Land mitten im Gebiet unserer Fell-Farm zum Kauf angeboten, und Dad musste seine geliebten Milchkühe verkaufen, um das Geld dafür zu beschaffen. (Genau auf diesem Land lebt meine Familie heute, in einer ausgebauten Scheune, in der damals nur Eulen und Spinnen hausten.) Land zwischen unseren eigenen Grundstücken kam so selten zum Verkauf, dass Dad das Gefühl hatte, er müsse unbedingt zugreifen, auch wenn er kein Geld hatte.

Nachdem er sein Leben lang nur Milch von seinen eigenen Kühen getrunken hatte, weigerte er sich, Milch aus dem Laden zu trinken, die er erbärmlich und wässrig fand. Er hielt sie für gepanscht. Magermilch oder halbfette Milch verhöhnte er als »Taubenmilch«. Deshalb behielt er eine Handvoll der älteren Kühe, die nicht viel wert waren, aber Milch »fürs Haus« gaben; auch zog er so ein paar Kälber auf. Gemolken wurde mit einer kleinen elektrischen Maschine. Die Milch, die aus diesem »Ding« kam (im Prinzip eine große Milchkanne), war dick, schaumig, warm und sahnig. Im Inneren des »Dings« klebte bald eine Schicht gelbliches Milchfett. Man konnte das Gerät nicht oft genug schrubben, um es sauber zu halten. Die Fliegen, die den Kühen von den Wiesen in den Stall folgten, landeten oft in der Milch, strampelten mit den Beinen im gelben Schaum und mussten herausgefischt werden. Wenn der Strom ausfiel, molken wir von Hand in einen Eimer. Ich liebte es, wenn der Milchstrahl mit großem Druck aus der Zitze in die warme, schaumige Milch im Eimer zischte, liebte das leise, fluffige Bohrgeräusch dabei.

Dads Lieblingskuh war eine schwarze Holstein-Kuh mit einem freundlichen Gesicht und großen, schwarzen, glasklaren Augen, die beim Wiederkäuen funkelten. Er nannte sie »Old Blackie« und beharrte darauf, dass sie »ungefähr zwanzig Jahre alt« sei – aber sie blieb immer ungefähr zwanzig Jahre alt, egal, wie viele Jahre vergingen. Sie war sanftmütig, ließ sich leicht melken und trat nie nach jemandem, egal, wer sie molk. Aus Liebe zu Old Blackie hatte Dad auch ihre beste Freundin »Snowy« behalten, obwohl sie ein »richtiges Biest« war. Einmal stieß sie mich in der Toröffnung des Stalls um, und es war lediglich Glück, dass sie mir mit ihren Hufen nicht den Brustkorb eindrückte. Als ich aufstand, war das Gesicht meines Vaters aschgrau. Er sagte, jetzt müsse er sie verkaufen oder vielleicht müsse ich lernen, »schneller aus dem Weg zu springen«. Snowy hatte einen wilden Blick, peitschte mit dem Schwanz und versuchte, mich damit zu treffen, oder schlug aus, wenn die Fliegen sie plagten. Dad sagte, ich müsse ihr zeigen, wer der Herr sei. Er lehnte sich mit seinem ganzen Gewicht gegen ihre Flanke, bis er sie fast vom Boden hob, damit sie nicht treten konnte, griff dann mit sicherer Hand unter sie und stülpte ihr die pulsierenden Melkbecher über die Zitzen. Beim jährlichen Kalben wurde Snowy sogar noch gefährlicher. Sie brüllte jeden an, der in den ersten ein, zwei Tagen ihr Kalb auch nur ansah. Mir wurde befohlen, mich von ihr fernzuhalten. Ein paar Jahre zuvor hatte sie in ihrer mütterlichen Raserei eine Hofkatze totgetrampelt, die es gewagt hatte, an ihrem neugeborenen Kalb vorbeizulaufen. Die Katze lag zerquetscht, mit hervorquellenden Augen auf dem Betonboden. Warum Dad Snowy behielt, war schwer zu begreifen, aber mein Dad war immer ein bisschen unberechenbar und machte, was ihm in den Kram passte.

~

Im Nachhinein erkenne ich, dass unser Hof voller Lebewesen und Bereiche war, die sich trotz aller Anstrengungen meines Vaters und Großvaters nicht bändigen ließen: Der Lagerplatz für alte Maschinen stand knietief in Brennnesseln; im aufgelassenen Steinbruch neben der Straße wucherte ein undurchdringliches Dornengestrüpp, wie es in den Märchen manche Burgen umgibt – hier sang der Dompfaff und zeigte sein kräftig pflaumenrotes Brustgefieder. Die verrottenden Baumstümpfe am Rand des Hofs waren nie herausgerissen worden, bröckelten vor sich hin und beherbergten zahllose Nester roter Ameisen. Die Ränder des Gemeinlands, auf dem die Kühe grasten, blieben dem Wildwuchs überlassen, und sogar die Gersten- und Haferfelder waren mit Mohn und Unkraut durchsetzt, die

Weiden voller Disteln und die Heuwiesen Ende Juni voller Wildblumen.

~

Mein Großvater durchschritt die »Long Meadow« genannte Heuwiese. Er machte mir ein Zeichen, ich solle ihm in seiner Trittspur folgen, die dunkler war, verschattet und frei von Tautropfen, die er beim Gehen bereits abgeschüttelt hatte. Es war die Ruhephase vor der Heumahd. Beim Frühstück hatte mein Vater gemeint, wir sollten jetzt mähen und das Heu unter Dach und Fach bringen wie die Nachbarn. Granddad fand das keine gute Idee, sagte aber, er werde »zusammen mit dem Jungen« nachsehen gehen. Bei der Wiese warf er seine Tweedjacke über die Mauer und zog sich oben aus bis aufs schweißfleckige Unterhemd. Seine Arme waren bis zum Ellbogen ledrig braun und darüber milchweiß, wo sein gestreiftes Baumwollhemd sie stets bedeckte (in der Schule nannten die Stadtkinder so etwas »Bauernbräune«). Er nahm die Mütze ab, und seine Haare flatterten um seine blasse Kopfhaut. Dann trat er auf die Wiese, und wie ein alter Reiher beugte er sich ein wenig nach unten und rupfte hier, rupfte da etwas heraus. Mir war klar, dass mir eine Lektion bevorstand.

Nach ein, zwei Minuten kam er mit einem auseinandergespreizten Fächer aus Gräsern zurück. Es sei Zeit, dass ich sie mit Namen kennenlernte, sagte er. Dann deutete er nacheinander auf jedes Gras und nannte die Namen. Ich wusste, dass ich mir diese Lektion zu Herzen nehmen sollte. Wiesenschwingel. Lieschgras. Rotes Straußgras. Knäuelgras. Wolliges Honiggras. Lolch. Rispengras. Ruchgras. Wiesen-Fuchsschwanz. Er erklärte mir, dass jede Pflanzenart einem guten Bauern etwas sage. Die guten Gräser und Pflanzen zeigten, dass der Boden fruchtbar und gut bewirtschaftet sei. Die schlimmsten, die »Unkräuter«, zeigten dagegen an, dass sich die Bodenbeschaffenheit verschlechtert habe, dass ihm mehr Nährstoffe geraubt als zurückgegeben worden seien. Der Wiesenschwingel hing tief gebeugt über seine rauen alten Hände herunter, die Ähre schwer, wie trunken, von winzigen haferartigen Samen. Schau dir das genau an, sagte sein Gesicht, pass auf, präg's dir ein, ein Bauer muss diese Dinge wissen. Aber ich träumte in den Tag hinein, verlor mich in den Wolken am Himmel, war mit meiner Aufmerksamkeit woanders und vergaß für viele Jahre alle diese Grasnamen.

Als wir zum Haus zurückkehrten, brummte er, das Heu sei bei Weitem noch nicht reif, er werde es nicht jetzt mähen, nur weil mein Vater keine Geduld habe. Wir würden es später mähen, wie immer. Zu Hause sagte Dad, Granddad lebe in der Vergangenheit, wir hätten nicht die Arbeitskräfte, die nötig seien, um alles so zu machen wie früher, und Silage sei sowieso ein besseres Futter für die Kühe. Er sagte, wir würden immer noch so wirtschaften wie in den verdammten Fünfzigerjahren.

~

Ich saß zusammengekauert hinten auf der Ladefläche des Land Rover, die Schäferhunde sabberten mir auf die Beine. Es war Samstag, und wir fuhren zum Hof meines Großvaters, die Lämmer entwurmen. Dad und John saßen vorn und redeten über Fußball, warfen sich aber auch kurze Bemerkungen über die Höfe und Familien zu, an denen wir vorbeifuhren.

»Das ist mal ein properer Hof.«

»Die sind großartige Viehzüchter.«

»Der wurde mit einem anderen Kerl im Bett erwischt.«

»Die Frau ist ein Goldstück.«
»Denen gehört das halbe Dorf.«
»Die haben die besten Kühe in ganz Nordengland.«
»Der weiß nicht, was arbeiten heißt.«
»Das ist vielleicht ein Dreckloch.«
»Klugscheißer. Der weiß alles besser.«

Ich war eingezwängt zwischen Jutesäcken voll Schaffutter, Zaunpfählen, Rollen mit Zaundraht, Eimern mit Hämmern und Nägeln, Geländerteilen und Kübeln mit Markierfarbe. Wir brauchten für die Strecke zwischen unseren beiden Höfen eine halbe Stunde. Bis zu diesem Sommer war die Landschaft als nichtssagendes grünes Einerlei an mir vorbeigerauscht, aber je weiter meine landwirtschaftliche Ausbildung voranschritt, desto besser konnte ich erkennen, was auf den einzelnen Feldern und Wiesen los war. Damals wusste ich es noch nicht, aber mein Leben sollte ein Spiegel jener Fahrt werden: eine Rückkehr zu den Fells, eine Reise in die »falsche« Richtung, weg von der Moderne zu einer der letzten Bauernlandschaften traditioneller Prägung.

Die erste Hälfte der Fahrt führte durch das tiefer gelegene Land rings um unsere nächste Kleinstadt, wo die Höfe immer größer und die Böden immer weiter verbessert wurden. Die landwirtschaftliche Nutzung änderte sich hin zu rasch wachsenden Herden modernen Milchviehs oder riesigen Getreidefeldern. Ich konnte den Gesprächen der Männer vorn im Pritschenwagen entnehmen, dass diese Höfe besser florierten und die Bauern reicher waren als wir, was bei uns gemischte Gefühle auslöste, halb Bewunderung, halb Groll. Ich wusste schon, dass das Land hier gut war, die fruchtbare Bodenschicht dicker und weniger uneben. Ich sah die großen Traktoren und die glänzenden Maschinen in den Scheunen und auf den Feldern. Ich sah, wie riesige Scheunen und Viehställe gebaut wurden. Nach allem, was von der Kabine des Pritschenwagens nach hinten zu mir durchdrang, veränderten diese Höfe im Talgrund komplett ihren Charakter. Ich konnte nicht alles verstehen, aber was immer mit diesen Höfen geschah, würde auch uns treffen. Meinen Vater schien das alles nervös zu machen, als wären diese Bauern die Vorreiter und wir lägen schon weit abgeschlagen hinten im Rudel. Wir würden niemals genug Geld für die ganzen Modernisierungen haben.

Am Stadtrand mit seinen grauen Gewerbegebieten, den riesigen Futtermittelwerken, der Fabrik, in der die Innereien von Hühnern verwertet wurden, und dem Autobahnanschluss bogen wir nach links ab und fuhren nach Westen zu den Lakeland Fells. Während sich die Straße nach oben wand, verließen wir das fruchtbare Land und gelangten schließlich auf das kleine Sträßchen in dem Tal, wo der Hof meines Großvaters lag, eingebettet zwischen den beiden runden Hügeln, die den Eingang zum Lake District bildeten. Wir kurvten zwischen kleinen Wiesen hindurch, die von struppigen Hecken und silbrigen Mauern eingehegt waren, und durch raue Weiden, die sich aus dem sumpfigen Talgrund bis zum Wald und zu schrofferen Bergflanken hinaufzogen. Dieses Land war wie eine Zeitkapsel, es wurde noch nach den traditionellen Methoden bewirtschaftet.

~

Als ich immer mehr Zeit mit meinem Großvater verbrachte, wurde mir bewusst, dass an seiner Fell-Farm so gut wie gar nichts »verbessert« wurde. Das Ganze war umwerfend schön, sogar die abgebrühtesten, unsentimentalsten Männer in unserer Bekanntschaft, die alle schwer arbeiteten, äußerten Bewunderung. Dieser altmodische Hof schien alle zu bezaubern. Für meinen Vater bestand das Problem darin, dass hier eine Menge Arbeit anfiel, die früher von einer kleinen Armee sachkundiger Männer und Frauen erledigt worden war. Aber diese Helfer gab es nicht mehr, und so musste er wie ein Verrückter schuften, um die beiden Höfe am Laufen zu halten, da mein Großvater langsam alt wurde. Zum Beispiel schor er Schafe, bis es dunkel wurde, molk am nächsten Tag in aller Herrgottsfrühe die Kühe und raste davon, um ein paar Ochsen auf einer fernen gepachteten Weide zu versorgen. Dann schlang er sein Essen hinunter, spritzte ein Gerstenfeld, versuchte, rechtzeitig zu den Kühen zurückzukehren, die wieder gemolken werden mussten, und flickte das Loch in einem Zaun, durch das ein Schaf ausgerissen war. Es war kräftezehrend, und ich bin nicht sicher, ob mein Dad ganz begriff, was sich alles verändert hatte oder dass er den Kampf, damit Schritt zu halten, unmöglich gewinnen konnte. Auch John kam in die Jahre und war nicht mehr in der Lage, so schwere Arbeit zu verrichten. Es war nur eine Frage von Monaten, bis er zu einem hiesigen Bauunternehmer wechselte und Gelegenheitsjobs übernahm. Und so wurden meine Mutter und ich herangezogen, um die Löcher zu stopfen.

~

Vor dreißig Jahren wäre in jedem Juni, Juli ein halbes Dutzend Männer mit Sensen ausgerückt. Sie hätten die Ärmel hochgekrempelt und die Disteln plattgemacht. Jetzt war nur noch Granddad mit seiner Sense da, Dad auf dem Traktor und ich mit einer Sichel. Schafe und Rinder fressen keine Disteln, und wenn diese überhandnehmen, ist eine Beweidung fast unmöglich. Disteln waren einer der Tricks der Natur, sich unser Land wieder zurückzuholen und jede Nutzung aussichtslos zu machen. Disteln ruinieren die Weiden.

Die Flächen, die für den Ackerbau zu steinig und zu hügelig waren, sowie Hänge, die für den Traktor zu steil waren, wurden als Dauerweiden genutzt, und genau hier breitete sich ein Meer brusthoher Disteln aus. Mein Großvater und ich hatten die Aufgabe, sie von Hand niederzumetzeln, während der Traktor die zugänglicheren Stellen mähte.

~

Granddad blieb alle paar Minuten stehen, um Atem zu schöpfen. Wir scheuchten beim Mähen jede Menge Insekten auf, und Schwalben kreuzten hin und her, um nach ihnen zu jagen. Sie schossen wie Starfighter links und rechts an mir vorbei, so dicht, dass ich ihren Flügelschlag fast an meinen Wangen spürte.

Mein Großvater spuckte auf den blaugrauen Wetzstein und schob ihn energisch den Bogen der Schneide entlang. Er feilte die Kante mit dem körnigen Stein, bis das frische Metall glänzte und messerscharf war. Dann fuhr er mit dem Finger behutsam die Klinge entlang, während ich mich in Qualen wand. Er feixte über meine Nervosität und gab sich erst zufrieden, wenn die Schneide so scharf wie ein Tranchiermesser war. Schließlich stopfte er den Wetzstein wieder in die Tasche und machte sich erneut an die Arbeit. Bald schwang und drehte sich der Sensengriff mustergültig um seinen Körper. Immer wieder beschrieb er mit der Sense einen Halbkreis um sich herum, und mit jedem Schnitt verlängerte er die Schneise durch die Disteln um weitere fünfzehn Zentimeter. Ab und zu fluchte er, wenn die Klinge auf einen verborgenen Ast traf und ihn aus dem Rhythmus brachte. Sein Hemd war mit Disteldornen gespickt, die Klinge nass und grün vom Distelsaft. Einige Meter entfernt schaukelte ein Distelfink leise auf der lila Blüte einer Ackerdistel, schwankte hin und her, und seine kleinen, goldgebänderten Flügel leuchteten in der Sonne, während er an der Distelwolle zupfte. Ich schwang meine Sichel vor und zurück. Schnitt, Schnitt, Schnitt. Disteln flogen links und rechts von meinen Schultern zu Boden. Mein Hals war schweißnass und juckte von den Distelsamen. Die Sonne hatte meine Arme und meinen Hals braun gebrannt und mein halblanges Haar blond gebleicht, sodass ich aussah wie die Kids, die in *Der weiße Hai* am Strand abhingen. Nur hatte ich Blasen am Daumen, vom Holzgriff der Sichel. Wenn ich mit einer Bewegung zu viele Disteln erwischte, verhakte sich die Sichel, stockte und verdrehte mir schmerzhaft das Handgelenk. Auf der anderen Seite der Wiese fuhr mein Vater mit dem Traktor, der hinten die Mähmaschine zog. Die beiden rotierenden Klingen vibrierten und brummten und schlugen alles ab, was höher als zehn Zentimeter über dem Boden stand. Immer wieder traf die Maschine auf einen Stein, dann knirschte das Metall, und aus dem Traktorfenster drangen Flüche.

Mein Großvater erzählte Geschichten, wie minderwertig dieses Land gewesen sei, als er in den Vierzigerjahren angefangen habe, es zu bewirtschaften – es habe nur aus Disteln bestanden, aus kaputten Zäunen und jeder Menge Steine, die keiner aufgesammelt habe. Nach Jahrzehntelanger Arbeit war das Land nun gut in Schuss. Aber die Distelschlacht war in Wirklichkeit nicht gewonnen. Einen Monat später waren viele der abgemähten Disteln schon wieder nachgewachsen – und am Aussamen.

~

Im August reifte die Gerste heran, ihre Farbe wechselte langsam zu einem goldenen Ton. Die silbrigen Ähren mit ihren Grannen wurden trocken und nickten dem Boden entgegen. Mein Großvater rieb die Ähren zwischen den Handflächen, bis nur noch die Körner übrig blieben. Dann klemmte er sich eins davon zwischen die Zähne und biss darauf herum. Er forderte mich auf, es ihm gleichzutun. Bei unreifer Gerste waren die Körner voll von klebrigem weißem Saft, aber während die Tage vergingen und die Sonne ihre Arbeit tat, wurden sie hart, bis sie unter den Zähnen zersprangen. Granddad legte das zerbissene Korn behutsam in seine Hand, damit ich das Mehl sehen konnte, mit dem das Korn vollgestopft war. Das war das Zeichen, dass die Gerste geerntet werden konnte. Zum ersten Mal in meinem Leben empfand ich eine Art Stolz auf die Ernte, denn ich hatte dabei geholfen, diese Gerste anzubauen, und wusste, wie viel Arbeit und Vertrauen dabei investiert werden mussten, um so weit zu kommen. Als ich ein paar Tage später in unserem Schulbus die kleine Straße neben dem Gerstenfeld entlangfuhr, erkannte ich auch, was das wilde Gewirbel schwarzer Punkte über dem Gerstenfeld zu bedeuten hatte – und mir sank das Herz.

~

Mein Vater marschierte zum Gerstenfeld, an Hecken entlang und an Bäumen vorbei, deren Laub mit einer silbergrauen Staubschicht überzogen war. Bald kam das Feld in Sicht, darüber hallte lautes Krächzen durch die Luft, der Himmel war eine einzige wirbelnde Krähenplage. Die Krähen hatten die Vogelscheuche ignoriert, die Dads Hochzeitsanzug trug, ausgestopft mit Stroh und an den Ärmelöffnungen mit Schnur zusammengebunden. Sie hatten auch die Krähenklapper ignoriert, die er mehrere Tage im Feld aufgestellt hatte. Sie waren zu klug, um auf solche groben Täuschungsmanöver hereinzufallen. Außerdem waren sie gierig, schlugen mit den Flügeln große Löcher ins Feld und drückten die Halme nieder, um an die reifenden Körner heranzukommen. Dad hatte die Absicht, ein paar Krähen zu schießen und sie an Stangen im Feld aufzuhängen, um die anderen abzuschrecken und die Ernte vor der Vernichtung zu retten.

Über seiner Schulter hing die Flinte Kaliber 12, noch mit abgekipptem Lauf, seine Taschen waren von Patronen ausgebeult. Er legte den Finger auf die Lippen, damit ich schwieg, und winkte mich mit der Hand hinter sich; so schlichen wir vorsichtig durch die hüfthohe Gerste. Er fluchte, als ein paar Krähen uns bemerkten, aufflogen und Warnrufe ausstießen. Leise ging er im Sichtschutz von Hecke und Böschung ans untere Ende des Felds. Kurze raue Rufe und geschäftiges Rascheln verrieten, dass hier ein Krähengeschwader einen Festschmaus hielt. Als die Vögel uns erblickten, flatterten sie auf. Der Himmel wurde schwarz. Hunderte Saatkrähen, Aaskrähen und Dohlen kurvten durch den Himmel, eine schwarze Massenorgie. Sie waren panisch geworden und flogen wild in alle Richtungen, aber uns näherten sie sich höchstens auf hundert Meter. Ich kauerte hinter meinem Vater in der Gerste, die uns verbarg. Der Gewehrlauf ragte in den Himmel. Mein Vater meinte, eigentlich sei das reine Zeitverschwendung, die Krähen würden einen weiten Kreis ziehen, am anderen Ende des Felds in den Eschen landen und uns verspotten, bis wir wieder weg wären. Dann würden sie weiterfressen. Aber einige der Krähen waren so kühn, dass sie wieder zurückkehrten und das Gelände nach Gefahrenquellen absuchten. Sie wussten nicht genau, wo wir uns befanden. Dad rührte sich nicht. Die Spannung in der Luft war zum Greifen. Kein Laut, außer dem Schlagen der Schwingen. Zwei, drei schwarze Punkte näherten sich hoch oben. Der erste war viel zu hoch, zum Abschießen außer Reichweite. Aber Dad beugte sich zurück, bis sein Gewicht auf meinen Beinen lastete, sie fast zerquetschte. Ein einzelner schwarzer Fleck segelte langsam mit ausgebreiteten Schwingen durch die Luft, so hoch, dass er ganz winzig war. Dad zog behutsam den Abzug durch. Der Rückstoß übertrug sich durch seinen Körper auf mich. Der Schuss war losgegangen, aber Dad lugte immer noch durch das kleine Visier auf dem Lauf. Es roch nach Schießpulver. Der Vogel hoch über uns zog sich zusammen und stürzte vom Himmel. Etwa zwei Meter vor unserem Versteck schlug er mit einem von Federn gedämpften Aufprall auf dem knochentrockenen Boden auf. Jetzt brach die Hölle los. Die Krähen wussten nun, dass wir hier waren und ein Gewehr hatten. Sie flohen wie ein Sturmwind, der die Luft vom Feld saugte.

Dad stand auf und besah sich die verheerenden Schäden, die die Vögel in der Gerste angerichtet hatten. Er seufzte traurig auf. Sie hatten mindestens zwei Morgen plattgemacht. Das Getreide lag mit gebrochenen Halmen auf dem Boden, als hätte sich eine Elefantenherde darauf gewälzt. Es war fleckig von weißem Krähenkot. Hier und da lag eine schwarze Feder. Ich war stolz auf meinen Dad, dass er ein so guter Schütze war. Er knotete der toten Krähe ein Stück rote Schnur ums Bein und ließ sie vom untersten Ast einer Esche baumeln.

~

Später im August kam der Mähdrescher. Der Fahrer ließ sich zum Verdruss meines Vaters ewig über die Krähenschäden aus.

Die verlausten Vögel krächzten von den fernen Eschen zu uns herüber. Wie die meisten kleinen Höfe konnten wir uns keinen eigenen Mähdrescher leisten und mussten einen beim Maschinenring bestellen, um die Ernte einzubringen. Die riesige rote Maschine rumpelte die engen Landsträßchen entlang, stieß Wolken schwarzer Auspuffgase aus und drückte Äste zur Seite. Sie zog ihr Schneidwerk hinter sich her, eine große Walze auf schmalen Anhängerrädern, die bei jeder Unebenheit der Straße schepperten wie ein riesiger Einkaufswagen. Der bärtige, ein wenig mürrische Fahrer war der frustrierte jüngere Sohn einer alteingesessenen Bauernfamilie unserer Gegend. Mein Vater rief mir zu, ich solle auf dem Mähdrescher mitfahren und mir ansehen, wie er arbeite. Ich quetschte mich in die Kabine neben den Fahrer, dem nun der ungünstig vorstehende Griff der Handbremse in den Rücken drückte. Während wir das Feld entlangfuhren, wurde die Gerste von der riesigen Walze oder Haspel erfasst und Dutzenden kleiner, gezahnter, dreieckiger Messer zugeführt, die die Halme sechs bis acht Zentimeter über dem Boden von den Wurzeln trennten. Dann wurden sie von der windmühlenartigen Einzugsschnecke durch den Schacht weiter ins Herz der Maschine befördert. Die zurückbleibenden Stoppeln wirkten sauber und frisch geschoren. Am Hinterende der Maschine fiel das Stroh in hüfthohen Reihen heraus und teilte das Feld in Längsstreifen. Hinter dem Fahrersitz befand sich ein riesiger Tank, in dem sich das Getreide sammelte, und ich konnte durch eine Glasscheibe mitverfolgen, wie die aus den Ähren geschüttelten Körner in den Behälter flossen.

Der Mähdrescher zog in Kreisen um den immer kleiner werdenden Fleck stehenden Getreides herum, eine Staubwolke im Gefolge. Im Dreiviertelstundentakt kehrte mein Vater mit dem Traktor aufs Feld zurück und stellte sich parallel zum

Mähdrescher. Der fuhr seinen riesigen roten Arm aus und entleerte seinen Bauch auf den Anhänger. Der Boden war hart, im höher gelegenen, steinigeren Bereich des Felds wurden wir ordentlich durchgerüttelt. Der Fahrer kratzte sich von Zeit zu Zeit den Bart, löste sein Halstuch und schüttelte den Staub aus. Er hatte Tränensäcke unter den Augen, aus seiner Brusttasche ragte ein Zigarettenpäckchen hervor. Marienkäfer krochen ihm die Arme hoch. Sämtliche Oberflächen des Mähdreschers waren mehrere Finger dick mit Staub und Spreu bedeckt. Während wir das Feld abräumten und das Getreide Streifen um Streifen niedermähten, flohen Kaninchen zu den Hecken, vom Hund des Fahrers, der unten mitrannte, über die Stoppeln gejagt.

Der Mähdrescherfahrer fluchte über den Mohn und die Disteln und sagte zu mir, Dad hätte Pestizide sprühen sollen, da das Erntegut nicht so »sauber« sei wie bei den moderneren Höfen, auf denen er gearbeitet habe. Außerdem ließ er die Bemerkung fallen, mein Großvater lebe ein bisschen hinter dem Mond. Heutzutage könne Unkraut ausgerottet werden. Da gebe es keine Entschuldigung mehr. Er erzählte mir, sein Freund fahre einen noch viel größeren Mähdrescher, aber der sei auf unserem kleinen Feld nicht einsetzbar. Wir müssten die Tore verbreitern und ein paar der struppigen alten Dornenhecken herausreißen, um größere Felder zu schaffen. Kleine Felder wie dieses, das eine unregelmäßige Form und Buckel habe, würden sich nicht auszahlen. Die Bäume trieben ihn zum Wahnsinn, da sie mit ihren Ästen den Lack seiner Maschine zerkratzten. Alles laufe falsch auf unserem Hof. Stummer Zorn stieg in mir hoch, aber ich hielt den Mund. Als ich meinem Großvater später alles erzählte, sagte er, dieses ganze »moderne Gewäsch« sei purer Blödsinn. Wenn dieser Mähdreschertyp so oberschlau war, wieso fuhr er dann bloß einen Mähdrescher? Granddad erklärte, wir müssten auf unserem eigenen Land so viel wie nur möglich von dem produzieren, was wir brauchten, und wir brauchten die Gerste und das Stroh für unsere Tiere. Auf dem Stoppelfeld würden wir im Winter den Mist verteilen und so dem Land den guten, von den Tieren produzierten Dünger zurückgeben.

Ich fuhr mit meinem Vater das Sträßchen entlang nach Hause, drei, vier Tonnen Gerste im Hänger hinter uns. Die Bremsen unseres alten Traktors waren nicht gut, und als wir den steilsten Hügel hinunterfuhren, trat Dad in kurzen Abständen nervös aufs Bremspedal, damit der Traktor nicht mit uns »durchging«. Zu Hause hielten wir bei der Scheune und ließen die Gerste durch eine Schleuse hinten im Anhänger auf den Betonboden fließen.

Mein Vater leerte den Anhänger vor dem unteren Ende eines elektrischen Schneckenförderers (ein Aluminiumrohr mit einer motorgetriebenen archimedischen Schraube im Inneren, die das Getreide nach oben in die Scheune transportierte). Er stand bis zu den Knien in der Gerste und schaufelte sie in den Schlund des Schneckenförderers. Dabei versank er in den Körnern wie in Treibsand, alle paar Sekunden musste er die Füße wieder nach oben ziehen. Menschenfüße waren für derlei nicht gemacht. Dad schwitzte. Die Gerstenkörner wurden wie von einer unsichtbaren Kraft weggesaugt, ein alles verschlingender Strudel. Tonnen von Getreide, Strohhalme und Marienkäfer wurden geschluckt, in einer Spiralbewegung das Rohr hinauftransportiert und oben im Speicher wieder ausgespuckt. Es sah aus, als stünde mein Vater in einer riesigen Sanduhr, durch die der Sand unter seinen Füßen nach unten davonrann. Das Schaufeln war eine unangenehme, kraftraubende Arbeit. Der Schneckenförderer fraß und fraß, die in hohem Bogen hingeworfenen

Schaufeln Gerste brachten immer nur ein paar Sekunden Aufschub. Die Maschine war hungrig und verlangte nach immer neuer Nahrung. Mir wurde eingeschärft, ja Abstand zu halten. Ich musste bleiben, wo ich war, hinten auf dem Traktor. Komm dem Ding bloß nie zu nahe, sagte Dad, das ist scheißgefährlich. Das hat keinen Respekt vor Fleisch und Blut. Ein Bauer, den wir kannten, war in eine solche Maschine geraten und hatte beide Füße verloren; ihm blieben nur Stümpfe. Aber er kam bald wieder aus dem Krankenhaus zurück und nahm mit den neu angepassten künstlichen Füßen die Arbeit auf seinem Hof wieder auf, als fehlte ihm nichts.

Als die letzte Fuhre heimgebracht war, leuchtete das Stoppelfeld in der Nachmittagssonne. Ein paar Tage später wurde das Stroh zu Ballen gepresst und in den Speicher der Scheune gebracht, direkt über dem Kuhstall, wo die Rinder im Winter standen.

In meinen kindlichen Augen war die Arbeit an unserem Gerstenfeld damit abgeschlossen, der Zyklus komplett. Aber mein Großvater sah das anders. Anbau und Ernte waren nur das Vorspiel zu den dunklen Monaten, wenn die Tage mit Füttern, Ausmisten und Einstreuen vergingen. Dann wurde das Stroh für die Wintereinstreu der Kühe durch eine Luke im Speicherboden herabgeworfen.

Irgendwann in diesem Herbst fiel mir auf, dass mir niemand mehr auftrug, ich solle hinausgehen und arbeiten: Das tat ich nun von allein.

~

Erntedankfest. Wir marschierten von der Schule zur Kirche und sangen Lieder wie »Wir pflügen und wir streuen«. Es war für uns einer der Höhepunkte des Jahres. In der Kirche hing ein Banner mit einem jungen blonden Jesus, der sehr angelsächsisch aussah; zu seinen Füßen pickten kleine Vögel die Körner auf, die er ihnen hingestreut hatte. Am Abend fand im Gemeindesaal immer eine Auktion statt. Die Familien kamen zu Fuß von ihren Höfen und Häusern, mit Fackeln, die das Dunkel erhellten. Alle drängten sich in den kleinen Raum. Die Frauen gossen Tee ein und verteilten Pudding und rosa Waffeln. Die Bauern redeten über das Wetter und über die Ernte, ob sie den ganzen Winter reichen würde, oder wie es mit dem Verkauf der Schafe lief. Sie lästerten über den Bauer, dem die Ernte verdorben war, weil er die Trockenperiode nicht genutzt hatte; er war ja nicht da und bekam nichts mit. Der Mann war ein Neuankömmling im Dorf, der eine Landwirtschaftsschule besucht hatte, und die alteingesessenen Bauern amüsierten sich prächtig über seine Inkompetenz.

Die Kinder rannten im Saal nebenan herum und spielten Fangen. An der Wand hing ein Bildteppich, den die Kinder der Dorfschule vor zehn Jahren selbst gestickt hatten, mit allen Bauernhöfen darauf und den Namen der Felder. An der Rückwand stellte die Pfarrersfrau alles auf, was versteigert werden sollte. Der Tapeziertisch bog sich unter den Köstlichkeiten, die die Frauen gebacken oder gespendet hatten, wunderschöne goldene, zu Gerstenähren geflochtene Brotlaibe, Tütchen mit selbst gemachten Butterkaramellen, auf die wir alle scharf waren und uns gegenseitig überboten, Gläser mit frisch gekochter Konfitüre und Orangenmarmelade, dazu aus den Tiefen irgendwelcher Küchenschränke Dosen mit Ananasstücken oder Suppen, die keiner wirklich haben wollte. Bei der Auktion schnellten unsere Hände in die Höhe, und wir kauften, was der Geldbeutel hergab. Mein Dad machte dieses Jahr den Auktionator. Nach dem Ende der Auktion sagte der Pfarrer, er würde uns gern alle in seiner neuen Sonntagsschule sehen, aber keiner von uns hörte zu, weil wir uns mit dem Gingerbread meiner Großmutter vollstopften.

~

Die Bauernküche meiner Großmutter verwandelte sich jeden Herbst in eine Marmeladenfabrik. Grandma hielt nicht viel von Männern in ihrer Küche, aber ich war immer noch ein »Junge« und durfte hinein. Und da ich an jenem Tag keinen anderen Arbeitseinsatz hatte, zog sie mich als Hilfskraft heran, damit ich »was lernte«. Granddad fuhr uns drei Kilometer das Tal hinauf zu einem Sträßchen, das von wuchernden Brombeerhecken gesäumt war. Unweit von hier lag Grandmas Lieblingssammelplatz. Sie trug kniehohe Gummistiefel, die bis unter den Saum ihres braunen Rocks reichten, eine dicke Steppjacke und ein unter dem Kinn geknotetes Kopftuch. Weil sie stark kurzsichtig war, hatte ihre runde Brille dicke Gläser. Ich sollte ihr helfen, ihre Tupperdosen mit Beeren zu füllen. Granddad verließ uns und würde uns später wieder abholen; er musste seinen Cousin aufsuchen und mit ihm etwas wegen überwinternder Schafe besprechen. Wir gingen ein paar Hundert Meter einen alten Viehweg entlang, auf dem Schafe und Rinder von den Höfen im Tal auf die Fells getrieben wurden. Immer höher stiegen wir und ließen die Eschen, deren Laub schon lichter wurde, hinter uns. Der große Hügel vor uns war kalt, braun von verwelktem Adlerfarn und herbstlich kahl, aber die Wiesen hier breiteten sich in einem satten Dunkelgrün aus, und wir konnten meilenweit das Tal hinunterblicken. Es roch nach Desinfektionsbad, mit dem die weiblichen Lämmer für den Verkauf vorbereitet wurden.

Die Ränder des Sträßchens waren voller Dornengebüsch und Brombeeren, und bald erreichten wir die Stelle, auf die Grandma es abgesehen hatte. Sie stellte ihre Behälter ab. Das stachelige Brombeerdickicht glänzte schwarz von unzähligen reifen Früchten, und als wir sie pflückten, hinterließen die Dornen auf unseren Armen kalkweiße Kratzspuren. Ich stopfte jede dritte, vierte Brombeere in den Mund, während Grandma mir Geschichten aus ihrer Kindheit erzählte, wie sie mit ihrer »Momma« Brombeeren gepflückt hatte. Beladen mit unserer Ausbeute, liefen wir zum Sträßchen zurück. Mein Großvater wartete schon; er schlief im Auto, die Scheiben waren beschlagen, die Heizung lief.

Zu Hause wuselte meine Großmutter dann von hier nach da, kochte die Brombeeren in großen Töpfen auf, fügte dies und jenes hinzu und rührte. Sie behielt das Thermometer scharf im Blick, bis in ihren Marmeladetöpfen aus Messing eine dicke, lavaschwarze Masse blubberte. In den letzten Tagen und Wochen hatte sie mit ihrer Schwester und einer Cousine bereits weitere Expeditionen zu einem Hof wenige Meilen entfernt unternommen, wo man Obst selbst pflücken konnte, und war mit Körben voller Erdbeeren, Himbeeren, Johannisbeeren und Pflaumen heimgekehrt. Aus ihrer Gefriertruhe holte sie weitere Schätze hervor, wilde Stachelbeeren, die sie in einer Hecke gepflückt hatte, und Rhabarber aus ihrem eigenen Garten. Dort führte sie einen ständigen Krieg gegen die Amseln und Drosseln und schlug laut auf ihre Töpfe, um ihre Beerensträucher zu schützen. Alles, was nicht zu Marmelade verarbeitet wurde, kam als Füllung in Pastetchen, die auf einem Metalltablett aufgereiht wurden.

Äpfel, Birnen und Pflaumen aus dem Obstgarten wurden unter dem Gästebett für den Winter gelagert. Sie wurden einzeln auf ausgebreitete Zeitungsblätter gelegt und durften einander nicht berühren. Grandma ließ sich steif neben dem Bett auf den Boden nieder, zog die Zeitungen hervor, drehte die Früchte vorsichtig in den Händen und suchte sie nach schimmligen oder faulen Stellen ab. Früchte, die in Gefahr waren zu verderben, wurden gekocht. Wenn wir im Winter aus der eisigen Kälte hereinkamen, erwarteten uns schon randvoll mit heißem Essen gefüllte Teller, und danach gab es Queen's Pudding oder Apfelkuchen mit Vanillesoße.

Meine Großmutter war eine Expertin darin, alle Produkte, die der Hof abwarf, in nahrhafte Mahlzeiten zu verwandeln. Fast alles, was sie kochte, war selbst angebaut oder bestand aus dem, was die Region zur jeweiligen Jahreszeit zu bieten hatte. Fleisch, Kartoffeln, Gemüse, Obst und Beeren wurden eingeweckt und zu Chutneys verarbeitet. Gelegentlich gab es eine Orange oder Banane aus dem Laden, und im »Barschrank« fanden sich immer ein paar Tüten Kartoffelchips, aber sonst kam einfaches, traditionelles Essen auf den Tisch, das gegessen und genossen wurde. Grandma fragte nie, was wir wollten, eine Auswahl gab es nicht.

Sie kaufte nie Lebensmittel, die von Fremden in Fabriken hergestellt wurden – denen traute sie nicht. Sie kochte nach einem Plan, den Gott Moses (oder Mrs Moses) überreicht zu haben schien, so unwandelbar war er. Die reichhaltigste Mahlzeit der ganzen Woche war das Sonntagsessen, meist ein gut durchgegarter Rinderbraten, aber auch oft Lammkeule oder Schweineschulter. Jedes Anzeichen von Blut oder Rosafärbung im Fleisch wurde als gefährlich kontinental eingestuft. Das Fleisch musste so lange garen, bis es trocken war, und dazu gab es Röstkartoffeln. Überhaupt gehörten Kartoffeln immer dazu: Sie wurden am Montag geschält und die ganze Woche in einer großen Wasserschüssel aufbewahrt; daraus bereitete Grandma dann Kartoffelbrei, Salzkartoffeln, Bratkartoffeln oder Röstkartoffeln zu. Was übrig blieb, wurde weiter verwertet. Mit kaltem Rindfleisch wurden den Rest der Woche Brote belegt. Wir schlachteten unsere eigenen Schafe und Rinder im Stall, hängten sie an die Dachbalken und ließen sie in Eimer hinein ausbluten, häuteten sie und zerteilten sie auf dem Küchentisch mit einer Säge und Messern. Alles wurde verwendet, nicht nur die besten Schnitte, auch der Ochsenschwanz, die Zunge und die Innereien, und aus dem Blut wurde Blutwurst gemacht.

Am Donnerstagabend ließ sich Grandma vom Dorfbäcker beliefern, der Fahrer kam auf eine Tasse Tee und eine Scheibe Gingerbread herein und tauschte mit meinem Großvater Tipps für die Pferdewetten aus. Am Dienstag kam Bert, der Metzger, und verkaufte Grandma ein paar Scheiben gekochten Schinken und vielleicht auch ein paar Würstchen. Im Großen und Ganzen hatte sie wenig für Lebensmittel aus dem Laden übrig, für sie war das hinausgeschmissenes Geld. Ich kann mich nur an ein einziges Mal erinnern, dass wir mit meinen Großeltern in einem Restaurant gegessen haben, zu irgendeinem Jubeltag. Mein Vater fing mit dem hochnäsigen Kellner einen Streit an, weil er die Steckrüben, die er brachte, als Mairübchen bezeichnete, und Granddad nannte ihn einen Hornochsen, weil es definitiv Steckrüben waren.

Manchmal hantierte Grandma mit einer Heftigkeit im Haushalt, dass man glauben konnte, sie müsse sich abreagieren. Später erfuhr ich, dass sie einmal meinen Großvater hatte verlassen wollen, weil er mit einer anderen Frau ein Kind gezeugt hatte. Sie wollte in ihr Elternhaus zurückkehren, aber ihr Vater wies ihr die Tür und forderte sie auf, zu ihrem Ehemann zurückzukehren. Wie man sich bettet, so liegt man, sagten ihre Eltern.

~

Meine Mum lebte ganz anders als meine Grandma. Sie schuftete in den Ställen, fütterte die Kühe und mistete aus. Sie übernahm die Arbeit der Knechte, die bis vor Kurzem auf dem Hof geholfen hatten. Wenn sie ihre Gummistiefel auszog, blieben ihr ungefähr zehn Minuten, um zu kochen und eine Mahlzeit auf den Tisch zu bringen. Die Arbeit auf dem Hof gefiel ihr anscheinend recht gut, aber sie hasste die eintönige Plackerei im Haushalt. Meine Großmutter fand es nicht richtig, dass meine Mutter draußen auf dem Hof mitarbeiten musste und deshalb nicht als Hausfrau glänzen konnte. Ein Mann, dessen Frau nicht in Ruhe im Haus bleiben und tun konnte, was ihre Aufgabe war, hatte versagt.

~

Meine Eltern waren halb pleite. Das merkte ich an den gebrauchten Traktoren, die sie kauften, an den vor sich hin rostenden Scheunendächern und an den alten Maschinen, die immer kaputtgingen und nie ersetzt wurden. Aber ich merkte es auch am Essen, am ewigen totgeschmorten Fleisch, das auf den Tisch kam. Ich hätte dankbar sein sollen für das gesunde Fleisch von selbst aufgezogenen Rindern oder Lämmern, das mit Kartoffelbrei, Erbsen und Möhren serviert wurde, aber ich war es nicht. Ich hasste dieses Essen. Oft verbrachte ich die Mittagszeit auf der Veranda, wo ich im Stehen das Fleisch zu einem papiermascheeartigen Brei zerkaute – mein Vater hatte mich hinausgeschickt, weil ich »undankbar« war und nicht aß, was mir vorgesetzt wurde. Manchmal verfütterte ich mein Essen an die Schäferhunde und log, ich hätte es gegessen. Andere Male stand ich einfach da und träumte vor mich hin, den Mund voll mit zu lange gekautem Fleisch.

In der Ecke der Veranda stand eine graue Luftschutzsirene. Mein Vater hatte die Aufgabe, sie im Fall einer nuklearen Katastrophe auf den Hügel hinaufzutragen und die Gemeinde zu warnen. Mum würde dann die Badewanne mit Wasser volllaufen lassen und die Fenster mit Klebeband und Zeitungen abdichten. Nach dem Essen kam mein Vater heraus, warf mir, da ich immer noch dastand und an »einwandfrei gutem Fleisch« herumkaute, einen verständnislosen und empörten Blick zu und schritt über den Hof davon. Dann wieselte meine Mutter heraus und forderte mich auf: »Schnell, mach dir ein Käsebrot und iss es, bevor er zurückkommt und dir den Hintern versohlt.«

An einem eisigen Herbsttag kehrte mein Vater kurz nach dem Essen niedergeschlagen ins Haus zurück, denn bei Old Blackie »wollten die Beine nicht mehr«. Wir schauten zur Kuhweide, zu der er hinüberdeutete, und sahen die alte Kuh zusammengesackt auf dem Boden liegen. Sie war erschöpft und hatte das Ende ihrer Tage erreicht. Snowy graste mitfühlend neben ihr. Dad wusste, dass er sie nun erschießen, auf den Hof schleifen und vom Abdecker holen lassen musste. Er nahm seine Flinte und stapfte traurig die Weide hinauf. Von der Küche aus sahen wir, wie er den Kopf gramerfüllt beugte und ein paar Worte mit der alten Kuh sprach. Er hielt das Gewehr wenige Zentimeter von ihrem Kopf entfernt. Da erhob sich Old Blackie plötzlich mit einem leichten Schaukeln, drängte sich an ihm und seinem Gewehr vorbei und trottete davon, um mit Snowy zu grasen. Als Dad in der Küche an uns vorbeiging, um sein Gewehr wieder in den Schrank zu hängen, grinsten wir alle über beide Ohren. »Ruhe!«, blaffte er uns an, aber er lächelte. Old Blackie lebte gesund und munter noch weitere achtzehn Monate.

~

Wenn der Boden aufweichte, wurde das Vieh von den Weiden hereingebracht, um den Winter über in den Scheunen und Ställen zu stehen. Nach der Rückkehr aus der Schule war es meine Aufgabe, hinauszugehen und beim Füttern der Tiere zu helfen. Der dämmrige Himmel hallte von den Schreien der Krähen und Stare wider, die auf dem Weg zu ihren Schlafplätzen über dem Dorf kreisten. Ich ging über den Hof zum »Futterhaus«, wo das Viehfutter lagerte. Drinnen war es ohrenbetäubend laut, weil die Getreidequetsche lief und mit ihren zwei Walzen die Gerste, die in dünnem Strahl hineinrieselte, zu Flocken presste. Wir füllten die Gerstenflocken in Jutesäcke und streuten sie über das Heu und die Silage, die dann aussahen wie mit blass geratenen Cornflakes garniert. Anschließend musste ich im Futterhaus die Gerstenreste zusammenkehren und an die Hühner verfüttern.

Ich verrichtete diese Arbeiten weniger widerwillig als letzten Winter, aber den Hühnerstall – ein kleiner Holzschuppen und davor ein mit Maschendraht eingezäunter Auslauf voller Brennnesseln – hasste ich nach wie vor. Die Hühner scharrten und pickten tagsüber im Boden herum, fanden gelegentlich einen Wurm oder eine Spinne und zogen sich, wenn es dunkel wurde, in den Stall zurück. Dort gab es kein elektrisches Licht, und wenn ich hineinging, fiel die Tür zu, sodass auch das letzte bisschen Tageslicht draußen blieb. Es war dunkel bis auf das spärliche Licht, das durch das kleine rechteckige Schlupfloch fiel, durch das die Hühner ein und aus gingen. Der Stallboden war vom jahrelang angetrockneten Hühnerkot zwanzig, dreißig Zentimeter erhöht. In den Tiefen des Stalls hockten die Legehennen still in ihren Nestern, ich bekam nur ein gelegentliches Glucksen oder Flügelflattern mit. Die Hühner rührten sich nicht, bis meine Hand sie ertastete. Dann brach ein explosives

Gegacker aus, Federn flogen, Flügel schlugen, Staub wirbelte auf. Dazu kamen noch ein, zwei Hühner laut protestierend von draußen herein, als wäre der Fuchs ins Gehege eingebrochen. Aber die »Bruthennen« duckten sich tief in ihr Nest. Ich griff unter ihre Federn in den warmen, daunenweichen Unterbauch, um die Eier unter ihnen einzusammeln. Dabei pickten die älteren Hennen mit ihren scharfen Schnäbeln nach meinen Händen, dass sie bluteten.

Aber dann bewegte sich im Dunkeln noch etwas anderes. Ratten. Große Ratten, die sich am Hühnerfutter fett gefressen hatten. Ich spürte, wie ihre Körper über den Boden huschten, Angst lag in der Luft wie elektrische Spannung. Plötzlich hörte ich hysterisches Gackern und sah, wie eine riesige Ratte versuchte, eine halb kahle Henne durch ein Loch im Dielenboden hinunterzuzerren. Ich schrie auf. Da ließ die Ratte das Huhn los und verschwand. Ich lief aus der Hütte, zitternd vor Schreck, und erzählte meinem Vater, was vorgefallen war. Der sagte: »Wir müssen diese Viecher vergiften. Das ist nicht mehr lustig.« Das hat er wohl auch getan, weil ich in der nächsten Woche beim Eiersammeln immer tote oder sterbende Ratten im Gehege fand, auf denen die Hühner herumpickten.

Die Belohnung für diese Tortur war eine Handvoll frischer Eier jeden Tag. Im warmen Licht unseres Hauses sah ich erst ihre unterschiedlichen Brauntöne, manche waren gefleckt, selten war eines kotverschmiert. Sie wärmten mir die Hände, und das behagte mir sehr. Der Dotter der gekochten Frühstückseier war dunkelorange. Damit die Eier sauber blieben, füllte ich jede Nestbox mit goldenem Gerstenstroh aus der Scheune.

~

In diesem Winter begann ich zum ersten Mal, den grausamen Druck wahrzunehmen, unter dem mein Vater stand. Noch lange, nachdem ich mich im Bett zusammengerollt hatte, arbeitete er draußen in der Nacht, hämmerte in der Werkstatt herum oder schmiedete einen gebrochenen Heureiter zusammen. Oder ich hörte durch die Bodendielen seine laute und zornige Stimme. Ich bekam mit, wie sich die anderen Jungs in der Schule unterhielten, wohin sie in den Winterferien fuhren, aber meine Familie fuhr nie in Urlaub. Und meine Mum rackerte sich zwischen der Küchenspüle und der Hofarbeit ab, einer Arbeit, die früher von einem bezahlten Mann geleistet worden war.

~

Mum knetete den Teig auf dem Tisch in unserer kleinen Küche. Er klebte an der Tischplatte, obwohl sie ihn mit Mehl bestreut hatte. Sie trug ein Polohemd und hatte die Ärmel über die Ellbogen zurückgestreift, sodass ihre langen, blassen Arme zum Vorschein kamen, die drückten und zogen. Sie wischte sich die Haare hinter die Ohren. Schlank und hübsch war sie, meine Mum. Sie hatte versucht, ein Rezept aus unserem Kochbuchklassiker nachzukochen. Meine Großmutter hatte ihr erzählt, Scones zu backen sei leicht, aber meine Mutter fand solche Dinge nahezu unmöglich. Vielleicht war sie eben keine geborene Bauersfrau. Plötzlich quoll Rauch aus dem Backofen, und meine Mutter stieß einen erstickten Schrei aus. Sie öffnete die Ofentür, zog ein Backblech heraus und starrte auf die verkohlten Klumpen. Da knurrte sie vor sich hin, sie habe keine Zeit für solchen Scheiß. Sie hatte draußen zu tun, die Uhr lief.

~

Dad schüttete Benzin auf den Haufen und warf dann ein angerissenes Streichholz darauf. Wuuusch! Wie da der riesige Dornenhaufen in Flammen aufging, erinnerte an einen größeren Störfall in einer Chemiefabrik. Bald stiegen große schwarze Rauchwolken von der orangefarbenen Glut in die Dunkelheit hinauf. Dad und John hatten den Haufen auf dem Gemeinland aufgeschichtet, er bestand aus landwirtschaftlichen Abfällen, Plastiktüten, Baumwurzeln, bei der Heckenpflege angefallenen Dornenzweigen, alten Möbeln, stinkenden Reifen aus Gummi, deren Profil runtergefahren war, Tüten mit Heuballenschnur und Plastikkanistern voller Altöl.

Jeder, der etwas loswerden wollte, hatte in den letzten Tagen sein Zeug dazugeworfen. Gelegentlich explodierte eine Spraydose im Zentrum des Feuers. Dann stoben alle auseinander, als wäre eine Bombe hochgegangen. Die Männer zündeten lässig Feuerwerkskörper mit ihren Zigaretten an und schoben sie Sekunden, bevor sie in die Luft zischten, in leere Limonadenflaschen, die als Abschussrampen dienten. Mütter riefen ihren Kindern zu, mehr Abstand zu halten – sowohl zu den Flammen als auch zu den Feuerwerkern. Großmütter drängten uns gebackene Kartoffeln, Wurstbrötchen und Bonbons aus Rübensirup auf, die schwarzen Glasscherben ähnelten und uns die Kiefer auszurenken und die Zähne zu ziehen drohten. Eine Stunde später gingen wir alle im Dunkeln nach Hause, über Zweige und Grasbüschel stolpernd. Manche Kinder heulten, weil sie sich die Hand an einer Wunderkerze verbrannt hatten, und wurden von genervten Eltern hinter sich hergezerrt. Die Lichtkegel von Taschenlampen leuchteten in die Bäume und weiter hinauf bis in den Sternenhimmel. Der Frost kniff uns in die Wangen. Auf dem Heimweg begegneten wir einem Fuchs, den mein Vater einen »verdammten Dieb« schimpfte, denn einer seiner Brüder habe vor einem Jahr ein paar unserer Hühner geholt.

~

In den Weihnachtsferien flüchtete ich auf den Hof meines Großvaters. Der alte Mann wurde schwächer und brauchte meine Hilfe, um die Kälbchen, die jetzt im Stall standen, mit der Flasche großzuziehen. Dampf stieg von der Stalltür auf. Ein Nebel vertrauter, warmer Gerüche wogte über den steingepflasterten Hof: Kühe, Heu, Exkremente. Der Kuhstall hatte Mauern aus Stein und Kalkmörtel, ein schräges, mit grünem Schiefer gedecktes Dach und eine Tür aus zwei Holzflügeln, die mit einem alten, schmiedeeisernen Riegel geschlossen wurde. Von den Deckenbalken hingen Spinnweben wie verhedderte alte Damenstrümpfe. An der einen Seite des Stalls standen im Winter neunzehn Kühe, am Hals in ihren Boxen angebunden. Jede Kuh hatte einen Steintrog fürs Heu und eine schmiedeeiserne Trinkschale, in die Wasser floss, wenn die Kuh sie mit dem Maul oder der Zunge nach unten drückte. Sonnenlicht schien durch Löcher in den Schieferplatten, in seinen himmlischen Strahlen tanzte der Heustaub.

Ich half meinem Großvater, Heuballen aus der schattigen Scheune am anderen Ende des Hofs zum Stall zu tragen. Als wir in die Scheune traten, tauchte eine Eule durch ein zerbrochenes Fenster ins Freie hinaus, mit einer so verschwommenen Bewegung, dass sich nie ganz erkennen ließ, ob es tatsächlich eine Eule gewesen war. Granddad störte sie nur ungern, er holte leise sein Heu heraus und flüsterte fast ehrfürchtig, als wäre die Eule die Besitzerin der Scheune und wir Eindringlinge. Große, dicke Motten flatterten herum, wenn wir die Ballen bewegten, oft sahen wir auch Schmetterlinge mit zerfledderten Flügeln, die aussahen wie ramponierte Juwelen. Im Kuhstall folgte ein Rotkehlchen meinem Großvater auf seiner Runde und wartete auf die Grassamen, die aus seiner Jackentasche fielen, wenn er nach seinem Federmesser suchte.

Die Kühe muhten schon, sie wollten gefüttert werden, und Granddad sprach mit ihnen und forderte sie zu Geduld auf. Er warf jeder Kuh eine Gabel voll Heu hin. Die Kühe packten den Haufen mit dem Maul, zogen ihn zu sich heran und rupften mit ihren gebogenen Zungen große Büschel ab. Der ganze Stall hallte von ihren malmenden Kiefern wider. Wenn sie den Kopf herumwarfen, klirrten die Halsketten. Ich war nicht so mutig, mit dem Heu zwischen die Kühe zu treten, wie mein Großvater es tat. Manche Kühe hoben drohend ein Bein, als wollten sie ihm gleich einen Tritt verpassen. Ich wich erschrocken zurück, aber Granddad kannte sie besser. Er ging zweimal täglich an ihren Flanken vorbei, ging durch die Wolken ihres Atems, wurde von ihnen geleckt oder mit dem Maul angestupst und wich gelegentlich einem Fußtritt aus.

Er kontrollierte den Schwanzbereich der Kühe nach Menstruationsflüssigkeit, ein Zeichen, ob sie wie geplant ein Kalb trugen oder bullig wurden, paarungsbereit. Dann konnte er die Kuh in einen anderen Stall zum Stier führen, damit er sie deckte. Wenn eine Kuh am Kalben war, ging er in der Nacht immer wieder mit der Taschenlampe in den Stall, um nach ihr zu schauen, und ich ging mit ihm. Im Lichtstrahl war kurz sein Atem zu sehen, bevor er sich zum Dach hin verflüchtigte. Granddad spähte in die breiten Boxen mit der dicken Einstreu aus goldenem Stroh, in die er die Kühe zum Kalben brachte. Wenn das Kalb große Beine hatte, zog er mit den Händen daran oder legte die Schlinge einer Zughilfe darum. Ein, zwei Stunden später half er dem Kalb, an die Zitzen der Mutter heranzukommen, wenn es das noch nicht selbst geschafft hatte, oder er molk die goldgelbe Kolostralmilch ab und pumpte sie über einen Schlauch in den Magen des Kalbs. Es war mir nicht ganz klar, ob die Kühe für meinen Großvater arbeiteten oder mein Großvater für die Kühe.

~

Eines Morgens öffnete er den hölzernen, handgeschnitzten Riegel an der Tür des Pferdestalls. Der Riegel war glatt geschliffen von rauen Bauernhänden und jahrzehntelanger Benutzung; er hob sich leise über den Dorn. Die rostigen Angeln ächzten ein wenig, als Granddad die Tür eine Handbreit aufdrückte. Er spähte durch den Spalt. Ich schob mich an seiner Brust vorbei nach vorn, um etwas zu sehen, und spürte durch seinen Mantel hindurch, wie er vor Aufregung bebte.

»Was ist los?«

»Pst ... Sei still«, sagte er. »Sie bringt ihr Fohlen zur Welt.«

Der Stall wurde halbherzig von einer schummrigen Glühbirne beleuchtet, die an einem verdrehten, grauen, mit Spinnweben dekorierten Draht hing. Die einst weißen Wände waren braun, nachdem jahrelang Tiere ihre kotverschmutzten Beine und Bäuche dagegen gerieben hatten. Der gepflasterte Boden war knöcheltief mit weißem, von der Sonne gebleichtem Stroh bedeckt. Unter der trüben Birne drehte sich die rotbraune Stute hin und her, als hätte sie Schmerzen. Sie starrte auf ihren dicken, gewölbten Bauch; irgendein Körperteil des Fohlens drückte gegen die straff gespannte Haut und stand vor, was aussah, als hätte die Stute eine Trittleiter verschluckt. Dann ließ sie sich aufs Stroh nieder. Nach etwa einer Minute schüttelte eine Wehe ihren zitternden Körper durch wie ein Erdbeben. Sie streckte den Kopf vor, als läge sie im Sterben, und stöhnte. Granddad trat vorsichtig auf ihr Hinterteil zu und machte mir ein Zeichen, ich solle bleiben, wo ich war. Ich wartete; Wehe folgte auf Wehe, aber ich wusste nicht, was sich da abspielte. Dann wand sich die Stute ein wenig, und Granddad konnte sehen, wie sich die Beine des Fohlens hervorschoben, unerwartet lang, kantig und scharf. Er tastete die Beine entlang und lächelte. Wieder schüttelte sich die Stute und presste, und die Beine rutschten ein Stück weiter heraus. Mein Großvater wartete auf das nächste Beben und zog dann an den Beinen. Diesmal kamen sie noch weiter heraus, und eine Nase wurde sichtbar, ein weißes Aufblitzen durch Blut und die gelbliche, durchscheinende Fruchtblase hindurch. Dann stand die Stute wankend auf, und mit einem lauten Aufprall, bei dem ich zusammenzuckte, plumpste das Fohlen aufs Stroh. Mein Großvater wischte ihm die Flüssigkeit aus dem Maul und sprang zur Tür, bevor die Stute nach ihm ausschlug.

Wir ließen der Stute eine Stunde Ruhezeit und schauten dann wieder nach ihr. Sie wirkte noch ein bisschen nervös und wacklig auf den Beinen, das Fohlen stupste sie in die Seite, auf der Suche nach einer Zitze. Eine Woche später rannte es schon auf der Wiese herum, lernte seine schlaksigen Beine gebrauchen und schnaubte herausfordernd unter Granddads Blicken, als er es vom Tor aus beobachtete. Granddad war immer noch ein Pferdenarr, vierzig Jahre, nachdem er seinen ersten Traktor gekauft hatte.

~

Letztes Jahr in den Weihnachtsferien hatte ich auf jede Aufforderung, hinauszugehen und zu helfen, mürrisch und trotzig reagiert. Aber jetzt war ich ein anderer Junge. Mein Großvater brauchte mich nicht zu bitten aufzustehen, wenn er um sechs Uhr aus dem Bett stieg: Ich hörte, wie er sich anzog, und machte mich gleichzeitig mit ihm fertig. Sein Lächeln verriet großen Stolz, wenn er sah, dass ich startklar war. Zehn Minuten später misteten wir den Stall mit der Schaufel aus. Der Kot hatte sich über Nacht in einer Rinne hinter den Kühen angesammelt, wo er mit einem dumpfen Plumpsgeräusch landete, zur Schnecke aufgewickelt und trocken; er roch fast noch nach Heu. Granddad beugte sich in den Hüften, stieß seine Schaufel unter die dampfenden Kothaufen und beförderte sie mit einem Schwung in den Schubkarren. Wenn eine Kuh Wasser zu lassen begann, trat er ein paar Schritte zurück und wartete. Der dampfende gelbe Strom floss zum vergitterten Abfluss bei der Stalltür, der Schwerkraft gehorchend. Vom Urin stiegen ammoniakscharfe Dampfwolken auf, und ich rümpfte die Nase.

Draußen war es bitterkalt, und Granddad fand, das Ausmisten sei die wärmste Arbeit auf dem Hof. Er trug im Stall nur einen Pullover und eine Weste. Der Stall wurde von den Kühen und den Kothaufen hinter ihnen behaglich aufgeheizt. In den alten »Langhäusern« im Norden wohnten die Menschen im selben Haus wie das Vieh, erklärte er; so wurde die kostbare Tierwärme genutzt. Später zog er mehrere Schichten Jacken an und sah damit aus wie ein verwahrloster Arktisforscher, wenn er über die gefrorenen Wiesen ging, um die Schafe zu füttern. Ich schrie und wedelte mit den Armen, um die hungrigen Schafe davon abzuhalten, sich um seine Beine zu drängen und ihn umzuwerfen.

Die Arbeit im Winter war hart, aber mein Großvater verrichtete sie voller Stolz. Er häufte einen riesigen Misthaufen auf dem Hof auf, ein richtiges Gebirge. Er fegte jeden Tag den

Boden ringsherum, damit der Haufen ordentlich und der Hof sauber war. Die steilen Wände und gefegten Ränder zeigten, dass er seine Arbeit wichtig nahm. Der Haufen dampfte ein wenig und war die einzige Stelle, die nicht unter Schnee begraben war, da der Mist so viel Hitze erzeugte, dass der Schnee einfach schmolz. Nach Großvaters Meinung war der Stolz auf die eigene Arbeit das Kennzeichen eines tüchtigen Mannes, und so mistete er den Kuhstall aus, als hinge täglich aufs Neue sein guter Ruf davon ab. Als der Stall sauber war, die Kühe satt vom Heu auf dem Stroh lagen und die Schafe auf der Wiese gefüttert waren, erklärte er mir, dass wir den Bodenfrost nutzen mussten, um Mist auf den Wiesen zu verteilen, ohne sie durch Reifenspuren zu beschädigen. Und so fuhren wir mit dem kleinen Traktor und dem Miststreuer eine Portion Mist zum Feld. Dort wurde der Mist von den umlaufenden Ketten aufs Feld gewirbelt, wo er dampfend lag und sogleich Dutzende von Krähen darin nach Larven scharrten.

~

Granddad meinte, wir müssten eine Ladung Rüben für die trächtigen Schafe holen. Also fuhren wir mit dem alten Massey-Ferguson-Traktor, der hinten eine Transportbox hatte, zum Feld. Dort zogen wir von Hand langsam mehrere Hundert Rüben heraus und warfen sie in die Box. Rüben aus gefrorenem Boden zu ziehen war für Granddad schwer und für mich fast unmöglich. Er schnaufte und keuchte. Aber als ich sagte, das sei ja »die schlimmste Schinderei aller Zeiten«, warf er mir einen scharfen Blick zu und bemerkte, die Rüben an einem kalten Regentag aus dem Matsch zu ziehen sei noch viel schlimmer. Ich hatte meinen Vater an solchen Tagen in wasserdichter

Überhose und Jacke arbeiten sehen und erinnerte mich an die Schlammbrühe, die von seinen geschwollenen, vor Kälte roten Händen getropft war. Nach einigen Stunden solcher Arbeit war es das Beste, ihm aus dem Weg zu gehen. Eine gnadenlose Plackerei. Trotzdem bauten mein Großvater und mein Vater mit Begeisterung Rüben an. Sie waren gutes Futter für die Schafe, und das Rübenfeld brummte vor Leben. Wenn die anderen Felder im Winter kalt und nackt dalagen, boten die Rübenreihen den Wildtieren eine Zuflucht und Speisekammer. Die wässrige Wintersonne ließ die bereiften Blätter funkeln. Unter ihnen fanden Hasen, Rebhühner und zahllose andere kleine Vögel Nahrung und Schutz.

Ein wolkengrauer Sperber flog über der Hecke auf, da stoben die kleinen Vögel unter die Rübenblätter in Deckung. Weit hinten schnürte ein großer roter Fuchsrüde aus dem Feld in den Wald hinein. Beim Herausziehen der Rüben beförderten wir auch Würmer und Maden an die Luft. Rotkehlchen und Buchfinken kamen bis auf ein, zwei Meter heran, schnappten sich die Beute und schlangen sie hinunter. Zu Hause warfen wir die Rüben in der Scheune den trächtigen Schafen vor. Der nun folgende Festschmaus klang, als würde eine Vielzahl von Menschen gleichzeitig in knackige Äpfel beißen.

Im Frühling würden diese Schafe mit ihren Lämmern zum Rübenfeld hinüberziehen und sich an den Resten bedienen. Sie würden das rötlich orangefarbene Rübenfleisch durchraspeln, bis sie die Rüben fast halbiert hätten, würden das letzte Fitzel an Fressbarem abknabbern und nur einen Teppich von Matsch und lakritzschwarzen Schafskötteln hinterlassen.

~

In jener Nacht froren die Wasserleitungen ein. Mein Großvater lief zwischen Stall und Haus hin und her, füllte Eimer mit Wasser, das er im Kessel heiß gemacht hatte, und trug sie vorsichtig über den vereisten Hof. Wir gossen das Wasser das Metallrohr hinunter, das im Stall aus dem Beton nach oben ragte. Nach drei Eimern und vielen Verwünschungen floss das Wasser wieder durch, die Eisbrocken im Rohr klirrten. Die Kühe drückten die Hebel an ihren Trinkschalen und schlürften.

Grandma hatte sich einen Schal um den Kopf gebunden und sah aus wie eine Gestalt auf Schwarz-Weiß-Fotos von der Belagerung Leningrads. Sie umwickelte die Wasserrohre mit alter Kleidung und Stroh und rief meinem Großvater zu, er solle Anzündholz hacken. Dann ging sie Frühstück machen. Als ich an der Hintertür die Stiefel von meinen eiskalten Füßen schleuderte, hörte ich das Klickgeräusch, das nur gut abgelagerte Holzscheite von sich geben, wenn sie mit der Axt gespalten werden. Ich ließ mir ein Bad ein, um wieder aufzutauen, was meine Großmutter aber mit Skepsis betrachtete; sie fand, die Leute würden sich dieser Tage viel zu häufig waschen.

~

Granddads Freund George holte immer die Sonntagszeitungen vom Zeitungsladen im nächsten Tal, und wenn mein Großvater die Kühe und Schafe gefüttert hatte, ging er den knappen Kilometer zu Georges Haus hinüber, um sie zu holen. Dort setzte er sich in einen der beiden alten Sessel und George in den anderen. Ich hockte auf einem kleinen Holzstuhl hinter ihnen. Das Feuer im Kamin glühte orangefarben, und die Scheite knisterten und knackten. Da saßen die beiden, tranken eine Tasse Tee und regelten miteinander die Weltangelegenheiten. George war aus demselben Holz geschnitzt wie mein Großvater. Sie redeten über die Wildtiere, die sie gesehen hatten, über den Preis der Schafe, darüber, wer im Tal mit wem schlief und wer Geldprobleme hatte. Ich hörte zu und konnte ihrem Gespräch entnehmen, dass Änderungen im Gang waren.

Die beiden alten Männer redeten über Einheimische, die ihr Brot mit einer kleinen Landwirtschaft verdienten. Aber diese kleinen Höfe verschwanden jetzt einer nach dem anderen. Jedes Gehöft im Tal war für sie ein Ort, wo Horden von Kindern großgezogen und in die Welt hinausgeschickt worden waren. Fast jeder, den wir kannten, war bäuerlicher Herkunft. »Er ist einer von den Weirs aus Borrowdale«, sagten sie zum Beispiel, und damit war alles Wissenswerte über diese Person geklärt. Und obwohl ich noch ein Junge war, wusste ich, dass diese kleinbäuerliche Welt mit jedem Jahr mehr ins Wanken geriet. Alle Menschen, die in den Geschichten der alten Männer vorkamen, übten traditionelle Tätigkeiten aus; sie verkauften Schafe und Rinder, bauten Mauern, hielten Hecken instand, scherten Schafe, besserten Straßen aus oder arbeiteten im Steinbruch oder im Pub. Sie schenkten den neu Zugezogenen im Tal keine Beachtung, als wären sie nicht in der Lage, diese neuen, andersartigen Menschen in ihre Geschichten hineinzuweben. Ich begegnete vielen dieser (größtenteils) ehrlichen, anständigen, klugen und freundlichen Bauern, wenn mein Großvater und ich ihre Höfe besuchten, um Schafe, Rinder oder Hühner zu kaufen. Diese Menschen lebten wie auf Inseln; in ihrem oft zutiefst zurückgezogenen Leben konzentrierten sie sich ganz auf ihre Arbeit. Ihre Stimmen wurden selten gehört, weil sie kein Publikum suchten. Ihre Identität gründete sich auf Dinge, die man nicht im Laden kaufen konnte. Sie trugen alte Kleidung und gingen nur gelegentlich das Nötigste einkaufen. Sie hatten für

Dinge aus Läden nur Verachtung übrig. Sie bevorzugten Barzahlung gegenüber einem Kreditkauf, reparierten alles, was kaputtging, und anstatt Altes wegzuwerfen, bewahrten sie es auf für den Fall, dass es eines Tages noch nützlich werden könnte. Sie hatten Hobbys und Interessen, die nichts kosteten, und machten aus notwendigen Aufgaben wie dem Fangen von Ratten oder Füchsen einen Sport. Sie schlossen ihre Freundschaften im Umfeld ihrer Arbeit, oft im Zusammenhang mit den Rinder- und Schafrassen, die sie hielten. Sie machten selten Urlaub, kauften selten ein neues Auto. Und es gab für sie nicht nur Arbeit – sie verbrachten viel Zeit mit Aktivitäten, die zwar mit der Landwirtschaft zu tun hatten, aber auf entspanntere Weise in Gemeinschaft stattfanden. Oder schlicht damit, sich an der Natur, Wildtieren und Wildpflanzen zu erfreuen. Mein Großvater nannte diese Lebensweise »ein ruhiges Leben«.

Man schäme sich nicht, weil man sehr wenig besitze, sagte Granddad, ganz im Gegenteil. Es war besser, an seiner Freiheit festzuhalten, auch wenn das nach modernen Maßstäben bedeutete, arm zu sein. Den ständigen Wunsch nach Gütern, die man in Läden kaufen konnte, achtete er gering. Er war der Ansicht, dass Leute wie seinesgleichen etwas von der Freiheit verstanden hatten, das allen anderen entgangen war: Wenn man nichts brauchte – jedenfalls keine käuflich zu erwerbenden Besitztümer –, dann brauchte man auch nicht das Geld für ihren Erwerb zu verdienen. Von einem kleinen Hof in den Fells konnte man nicht leben, wenn man im Ausland Urlaub machen oder ständig in Restaurants gehen wollte. Man musste so leben, wie es den eigenen Verhältnissen entsprach.

Nach einer Weile hievte sich mein Großvater aus dem Sessel, nahm die Zeitung, und wir gingen zur Tür. Dort standen wir noch kurz und schauten das Tal hinunter zu unseren Wiesen, wo unsere Schafe grasten und die Bäche in der Talaue zusammenflossen.

~

Das silbrige Gras knirschte beim Darüberlaufen. Eis zog sich an den Rändern des Bachs entlang, der sich anhörte, als flösse er unter dünnem, zerbrochenem Glas. Die Zweige der Eiche trugen eine Reifschicht, die an die samtige Basthaut auf einem Hirschgeweih erinnerte. Die Sonne mühte sich ab, die Bergkämme zu erklimmen. Wir hatten uns aufgemacht, um Dad und John zu treffen, die gekommen waren, um eine Hecke niederzulegen. Plötzlich hörten wir ein Platschen im Bach vor uns. Granddad beschleunigte sein Gehtempo zu einem hüftsteifen Traben. An einer seichten Stelle blitzte etwas Glänzendes, Fischförmiges auf und verschwand auch schon wieder an einer dunkleren Stelle, wo das Wasser Tümpel bildete. Granddad erzählte mir, dass Lachse, die ihr Heimatgewässer verlassen und zum Atlantik aufbrechen, bis weit ins Meer hinein das Wasser des Flusses schmecken können, in dem sie aufgewachsen sind. Sie folgen diesem Geschmack wie einem unsichtbaren Band, schwimmen nach Jahren, die sie im Meer verbracht haben, die Flussmündungen hoch, die breiten, trägen Ströme des Tieflands flussaufwärts, immer weiter und weiter, über Wehre und Hindernisse, vorbei an Baumwurzeln und Anglern, bis der Geschmack so stark wird, dass sich die Fische in adrenalingetriebene Torpedos verwandeln. Schließlich navigieren sie bis in unsere von den Fells umgebenen Täler hinauf, in denen das vertraute Moorwasser fließt. Dort warten sie in den tieferen Tümpeln auf den Schwall Flutwasser, der sie weiter hinauf bis in die steinigen kleinen Bäche trägt, wo sie Jahre zuvor zur Welt kamen. Dort laichen sie im

Kies, viele sterben danach. Granddad sprach von ihnen wie von einem Wunder. Er deutete mit leuchtendem Gesicht auf die Tümpel mit den Fischen, deren Körper mit weißen Schrammen und Rissen überzogen und deren Kiemen und Flossen mit Lachsläusen besiedelt waren. Und ich stand da und schaute. Granddad begann, etwas vom Wasserwirtschaftsamt zu knurren. Die wollten kommen, um den Bach zu begradigen und den Talgrund mit einer Reihe von Gräben effektiver zu entwässern. Sie wollten die Ufer ordentlich mit Holzplanken verbrettern. Dafür müssten sie wohl das Geld anderer Leute ausgeben, denn er würde sein Geld nicht für so einen Blödsinn verplempern, sagte er. Und die Arbeit sei sowieso für die Katz, denn der Bach werde in ein paar Jahren alles wieder wegschwemmen.

~

Wir stiegen vom Bach aus immer weiter in die Höhe, traten durch ein Gatter auf eine Wiese und gingen meinem Vater und John entgegen. Der Land Rover stand schon neben der Hecke, und wir hörten Dads Axthiebe. John zog die abgehauenen Äste weg und warf sie auf Haufen, die später verbrannt würden. Dornensträucher ruhen im Winter, ihre Äste können geschnitten und gebogen werden, bevor sie im Frühling wieder zum Leben erwachen. Eine gute Dornenhecke, erklärte Granddad, sei eine solide und nützliche Sache und ein echtes Stück Handwerk. Man brauche nichts im Laden zu kaufen, um eine Hecke anzulegen und zu pflegen, sie bestehe allein aus ihrem eigenen Material. Und ob ein Hof erfolgreich wirtschafte, könne man allein schon daran sehen, ob traditionelle handwerkliche Tätigkeiten wie das Niederlegen von Hecken immer noch ausgeführt würden.

Jeder Stamm wurde zunächst mit der Hippe, einem gekrümmten Messer, unten beinahe durchgeschnitten. Wenn er dann biegsam wurde und sich niederbeugen ließ, zog John ihn so weit herunter, dass er auf seinen Nachbarn zu liegen kam. Mein Vater schützte das empfindliche, safthaltige »Gelenk« des nicht durchtrennten Holzes, das dünn war wie ein Buchrücken. Seine Hände waren zerkratzt und voller angetrocknetem Blut, das die Farbe der Weißdornbeeren hatte. Er erklärte mir, dieser dünne Rest des Stamms würde sich verdicken wie Schorf über einer Wunde und genug Saft in die Zweige hochleiten, damit sie weiterwachsen könnten. Und wenn in den nächsten Jahren aus den niedergelegten Stämmen junge Schösslinge senkrecht nach oben gewachsen wären, dann würden sie die Stämme noch zusammenbinden, bis die Hecke wieder ein dichtes, undurchdringliches Geflecht bildete. Die Männer unterhielten sich weiter, aber ich verlor das Interesse und setzte mich ins Auto, um mir mit dem Heizgebläse die Füße zu wärmen, während im Radio Blondie lief.

Zwei, drei Jahre später stand die Hecke wieder grün und buschig da, und von der Architektur der Stämme in ihrem Kern war nichts mehr zu sehen. Solche Hecken mussten ungefähr alle fünfzehn Jahre auf diese Weise verjüngt werden, und mit jedem Mal wurden sie undurchdringlicher, ein Gewirr aus dicken, knorrigen, fast waagrechten Ästen. Je älter eine solche Hecke wurde, desto reicher die Vielfalt an Pflanzen, Vögeln und Insekten sowohl in der Hecke selbst als auch auf dem kleinen Erdwall, auf dem sie stand – eine Oase für Wildblumen.

Diese Hecken waren für uns Kinder ideale Verstecke, durch die wir uns im Sommer durchzwängten. Wenn wir das geschafft hatten, waren wir in einem anderen Reich und konnten die fernen Stimmen unserer Mütter, die nach uns riefen, ausblenden.

Auf Abenteuer aus, streiften wir die Heckenreihen entlang zur Eisenbahn oder zur alten verfallenen Mühle, wo die älteren Kinder spielten – oder später Pornohefte anguckten und rauchten. Manchmal lebte ich in dem Gefühl, das Leben sei schon immer so gewesen und werde immer so weitergehen.

~

Als Kind besaß ich ein illustriertes Buch über griechische Mythen. Ich liebte Odysseus und Theseus und ihre heroischen Fahrten. Aber ich hatte den Verdacht, wir glichen mehr dem Sisyphus, der einen riesigen Stein den Hügel hinaufwälzte, nur damit er wieder herunterrollte, wieder und wieder. Am Anfang meines Lehrjahres dachte ich, die Arbeit auf einem Bauernhof gehöre zu den Dingen, vor denen man lieber die Flucht ergreife. Aber langsam dämmerte mir, dass mein Vater und mein Großvater trotz allen Gejammers, trotz wiederkehrender Momente der Verzweiflung der Meinung waren, diese kontinuierliche Arbeit sei der unvermeidliche Preis, der für ein gutes Leben auf dem Land zu zahlen sei. Dies und jenes musste gemacht werden, weil es schon immer so gemacht worden war. Das Geheimnis bestand darin, sich ins Zuggeschirr hineinzulegen und nicht dagegen anzukämpfen. Mach einfach! Mein Großvater hielt die harte Arbeit anscheinend durch, weil er Freude an den Wildpflanzen und Wildtieren, an dem wimmelnden Leben um sich herum hatte und weil es ihm eine stolze Befriedigung verschaffte, Dinge gut zu machen. Er schien zu mir zu sagen: Lerne die Schönheit erkennen, die im Mähen der Disteln liegt, lerne es genießen, wenn du geschickt mit der Sichel hantierst, lerne, Geschichten zu erzählen und die Menschen zum Lachen zu bringen, damit dich auch der härteste Arbeitstag nicht kleinkriegt. Wenn Granddad wie Sisyphus war, dann ein Sisyphus mit einem Lächeln im Gesicht. Er urteilte hart über die modernen Menschen, die wie Kinder seien und immer spielen dürften, aber ein sinnentleertes Leben führten und die Verbindung zu den Dingen, auf die es wirklich ankomme, verloren hätten. Er wurde im Alter starrköpfig, betrachtete Veränderungen stets mit Misstrauen und zeigte immer offener, mit wie viel Herzblut er an seiner kargen, altmodischen kleinen Fell-Farm hing.

Diesen Luxus konnte sich mein Vater nicht leisten. Er war mit wachsenden Schulden konfrontiert und schien gefangen zwischen den alten bäuerlichen Werten und der neuen wirtschaftlichen Realität. Ich spürte die Spannung, begriff sie aber nicht in ihrem ganzen Ausmaß. Das kam erst später. Aber bis zum Ende dieses Jahres hatte ich mich in die alte bäuerliche Welt verliebt. Mein Großvater hatte erreicht, was er sich vorgenommen hatte: Ich drückte mich nicht mehr vor der Hofarbeit, sondern war ihr glühender Anhänger geworden.

~

Eines schönen Tages am Frühlingsanfang, als das Gras schon eine Handbreit hoch stand und das Land abgetrocknet war, wurden die Kühe und ihre jungen Kälber aus den Ställen und Scheunen herausgelassen. Mein Großvater band sie los, und sie schüttelten die Seile um ihren Hals ab und fanden die Kraft in ihren Beinen wieder, als sie aus den Boxen und dem Stall in die blendend helle Sonne hinaustrotteten. Bald galoppierten sie im Hof und auf den Wiesen herum, machten Sprünge und brüllten einander zu. Mein Großvater nannte dieses Ereignis den »Austreibtag«. Er war einer der fröhlichsten Tage im bäuerlichen

Jahreslauf. Mein Großvater und die Kühe freuten sich gleichermaßen, für die Sommermonate zum großen Teil voneinander befreit zu sein. Es gab kein Ausmisten mehr, kein Füttern zweimal am Tag, was im Winter nötig war; jetzt musste mein Großvater nur täglich auf den Weiden nach den Tieren sehen. Sein Tagesablauf veränderte sich gewaltig, als diese Kühe über die Wiesen davongaloppierten. Der ganze Bauernhof schien vor Erleichterung aufzuseufzen. Wir standen am Weidegatter und freuten uns daran, die Kühe spielen zu sehen wie die Kinder.

»Ich vermute mal, die sind froh, dass sie ein bisschen Sonne auf den Buckel kriegen und aus dem dunklen alten Stall raus sind … Der Winter dauert lang genug.«

~

In den Sommermonaten, wenn das Vieh draußen auf der Weide stand, wurde es still in den Ställen bis auf das endlose Himmelsgezwitscher der Schwalben, die auf dem Stalltor saßen. Die Scheunen verwandelten sich aus lauten, warmen, von intensiven Gerüchen erfüllten Hallen in die kühlsten, dunkelsten und ruhigsten Orte auf dem Hof. Wenn ich durchrannte, warf der nackte Stein der Böden und Wände das Echo meiner Schritte zurück. Der Hofkater Tabby saß unter den Dachbalken, starrte nach oben und überlegte, wie er an die Schwalben herankommen könnte. Mein Großvater sah mich einmal, wie ich zu den Schwalben hochblickte, und erzählte mir vom Vogelzug und dass die cremefarbenen Brustfedern noch rote Flecken vom afrikanischen Staub hätten. Als wir den Stall verließen, segelten sie durch die halb offenen Fenster herein und wieder hinaus, zu den fernen Wiesen hinüber, auf denen die Kühe grasten, von Fliegen umschwirrt.

Auf dem Weg ins Haus, wo das Abendessen wartete, fielen uns die Vögel auf, die in den Holzschuppen hinein- und wieder herausflogen. Ich ging hinüber und suchte innen nach dem Nest. Da war es, auf einem Balken. Granddad hob mich hoch. Mit zitternden Armen schubste er mich mit einem Ruck so weit in die Höhe, dass ich hineinlugen konnte. Die Vogelmutter schimpfte derweilen erzürnt auf der Stromleitung draußen. Die fast flüggen Vogelküken füllten das Nest zum Bersten aus; sie rissen die Schnäbel auf und enthüllten das orangefarbene Innere ihres Schlunds. Als sie mich erblickten, schlossen sie den Schnabel und starrten mich verwirrt und verwundert an. Dann fragte Granddad mit einem drängenden Unterton: »Kannst du sie sehen?« Ich bejahte und wurde gleich wieder auf dem Boden abgesetzt.

FORTSCHRITT

Wäre das Leben so weitergegangen, dann wäre alles gut gewesen. Aber es sollte nicht sein. Letzten Endes gleicht unser Leben Häusern, die auf Sand gebaut sind. Ein Sturm, und alles ist fortgeweht.

Aus dem Spielfilm Harakiri

Nur innerhalb des kurzen Augenblicks, den das jetzige Jahrhundert darstellt, hat eine Spezies – der Mensch – erhebliche Macht erlangt, die Natur ihrer Welt zu verändern.

Rachel Carson, Silent Spring (Der stumme Frühling)

Hinter mir steigen rostrote Staubwolken in die Nacht, aufgewirbelt von den Reifen des Traktors, auf dem ich die unbefestigte Straße entlangrase. Bei jedem Schlagloch ruckt das Lenkrad unter meinen Händen. Vor mir dehnen sich Drahtzäune ins Dunkel, so weit mein Auge reicht. Millionen Sterne glitzern wie billige Diamantimitate. Ich bin in Australien. Ich bin zwanzig. Ich bin von zu Hause weggelaufen und habe das notdürftig mit dem Gefasel von einer »Rucksacktour« verschleiert. Was immer ich behauptete – in Wirklichkeit wollte ich so weit weg wie nur möglich von Dad und unserem Hof. Mein Großvater war vor drei Jahren gestorben. Als er noch lebte, war es, als hätte der alte Mann einen Zauber bei uns allen gewirkt, sodass wir unsere Art zu leben als zukunftszugewandt, anständig und kraftvoll empfanden und das Gefühl hatten, es werde immer so bleiben. Sein unerschütterlicher Glaube daran hatte in mir die Überzeugung geweckt, wir könnten der Welt da draußen trotzen. Diese Überzeugung trug ich wie einen Schutzmantel. Ich war ein stolzer kleiner Spartaner, bereit, es mit der ganzen Welt aufzunehmen. Aber mit seinem Tod verflog dieser Zauber, und unsere Lebensform schien mir plötzlich ihres Schutzes beraubt und vom Untergang bedroht. Ich sah, wie alles ringsum kaputtging und zerfiel und ich nichts dagegen tun konnte. Ich begann zu befürchten, wir könnten vielleicht die letzte Generation sein, die auf unserem harten Land im Norden auf die traditionelle Weise wirtschaftete.

~

Gleich nach meiner Ankunft auf dieser australischen Farm, die dem Freund eines Freundes gehörte, wurde ich zur Arbeit eingeteilt. Mir wurde die Aufgabe zugewiesen, mit dem Traktor zu einer weit entfernten Wiese zu fahren, um Luzerne zu Ballen zu pressen. Ich nickte, ohne recht zu wissen, was Luzerne war. Ich war nicht daran gewöhnt, nachts in Ländern auf der anderen Seite des Erdballs auf einem fremden Traktor zu arbeiten. Mir wurde erklärt, dass sie die Nacht durcharbeiteten, weil die Luzerne so ihre Feuchtigkeit behielt. In der Gluthitze des Tages würde alles austrocknen und von den Maschinen zu Staub pulverisiert.

~

Die Scheinwerfer des Traktors beleuchten eine tiefrote Marslandschaft. Alles ist wie mit dem Lineal gezogen. Gerade Linien. Rechtecke. Der Farmer hat mir aufgetragen, auf dem unbefestigten Wirtschaftsweg dreißig Meilen entlangzufahren. Dann rechts abbiegen, sechs Felder weiter nach links abbiegen und das dritte Feld abzählen. Navigation auf einem Schachbrett.

Ich rase an Viehweiden vorbei, die Augen der Tiere blinken im Licht meiner Scheinwerfer. Überall leuchten unbekannte, wilde Augen aus den Büschen. Unter einem Baum neben der

Straße liegen kaum erkennbare Schemen, groß und rot. Kängurus. Sie schrecken hoch und fliehen durch das Gestrüpp am Wegrand. Ich gerate so sehr ins Staunen, dass ich vergesse, den Fuß vom Gas zu nehmen. Die Tiere rasen parallel zum Traktor, fliegen durch die Luft. Ich könnte den Arm ausstrecken und sie berühren. Es ist wie ein Traum, in dem Kängurus um mich herumspringen. Bevor ich verarbeiten kann, was ich sehe, sind sie verschwunden, und ich bin wieder allein in der Nacht, allein mit dem vibrierenden Motor, den Sternen und dem roten Staub. Ich frage mich, ob mir zu Hause irgendwer die Geschichte mit den Kängurus abnehmen wird. Nach einer Stunde, in der mich langsam das Gefühl beschleicht, ich hätte mich verirrt, erreiche ich die gemähte Wiese. Die ganze Nacht hindurch presse ich im Halogenlicht des Traktors die Luzerne zu Ballen.

~

Die Landschaft in Australien war flach, so wie ich es noch nie gesehen hatte. Sie dehnte sich schier unendlich vor einem aus. Eine Landschaft riesiger, perfekt rechteckiger Felder. Diese geometrische Perfektion verwirrte mich: Vor einem Jahrhundert oder so mussten Landvermesser auf der Karte ordentliche Felder aus dem Buschland abgeteilt haben. Ich vermisste die Hügel und das Grün, unsere schiefen, so gar nicht perfekten Felder und Wiesen.

Das Land hier war billig, die Dimensionen enorm. Es gab keine Vergangenheit mit einer Geschichte, die die Dinge verlangsamt hätte. Zumindest keine, von der gesprochen wurde. Die Landschaft war ein unbeschriebenes Blatt, auf das diese modernen Farmer die Zukunft schrieben. Keine alten Mauern. Keine alten Höfe. Keine Menschen. Keine Knochen älterer

Dinge, die zwischen dem Neuen in die Höhe ragten. Nur flache Felder, ideal für riesige Maschinen. Zehntausende Schafe weideten auf Wiesen, die größer waren als der gesamte Grund unseres Hofs. Herden von sechshundert, siebenhundert Kühen. Alle Menschen, denen ich begegnete, waren voller Begeisterung und Hoffnung. Wir sind leistungsstärker als alle anderen auf der Welt, sagte ein Farmer beim Bier zu mir, und können alle vom Feld fegen. Er hatte recht. Wir waren geschlagen.

~

Wenige Monate später reiste ich zurück nach Hause. Ich war krank vor Heimweh. Jede Nacht träumte ich von den Fells, von den Wiesen und Feldern, die ich liebte. Und ich vermisste das rothaarige Mädchen, das ich am Abend vor meiner Abreise im Pub kennengelernt hatte.

~

Nach meiner Rückkehr liebte ich unsere Gegend mehr denn je. Unser Hof besaß für mich einen Zauber wie nie zuvor. Die Hecken leuchteten grün, die Wiesen und Weiden sahen so zauberhaft borstig aus – Dad fand, ich faselte Blödsinn. Aber ich sah vielleicht zum ersten Mal die ganze Schönheit unserer Landschaft – ihre Mauern, ihre Hecken, die aus Stein erbauten Gehöfte und alten Scheunen. Und ich wusste, diese Landschaft war ein unablösbarer Teil von mir – und ich von ihr.

Trotz dieser neu erwachten Liebe kehrte ich mit dem Gefühl zurück, besiegt zu sein. In mir wuchs die Angst, dass wir Mühe haben könnten zu überleben. Was wir produzierten, konnte nicht mit den Farmen konkurrieren, die ich gerade gesehen hatte. Ich spürte, dass wir womöglich ein Relikt der Vergangenheit waren, dass unsere Zeit zu Ende ging.

~

In den folgenden Monaten erkannte ich viel klarer, was sich bei uns eigentlich abspielte. Ich begriff, warum mein Vater so zu kämpfen hatte, um dem Hof unseren Lebensunterhalt abzuringen. Was war ein kleinbäuerlicher Betrieb wie der unsere, der sechs Monate im Jahr von Wind und Regen gepeitscht wurde, noch wert? Was brachten Felder, die schief und krumm waren, und ein Durcheinander alter Gebäude noch ein? Welche Aussicht bestand für einen so winzigen Hof? Ich hatte eine neue Spezies von größer, schneller und intensiver wirtschaftenden Farmern gesehen, und Männer wie sie erschienen nun auch in unserer Gegend, wo schon so vieles zu Bruch gegangen war. Es war mir peinlich, dass meine eigene Familie es nicht geschafft hatte, Schritt zu halten. Wir waren zu klein, zu altmodisch, zu konservativ, zu arm und jetzt wahrscheinlich längst zu spät dran, um einen Platz in dieser schönen neuen Welt zu finden.

~

Zu Hause kam mir alles rückständig vor, wo immer ich hinsah. Vor einer Generation hatten auf unserem Hof Traktoren die Pferde als Zugkraft ersetzt. Aber die zugehörigen Maschinen, die mein Großvater und mein Vater benutzten, waren nur wenig größer als die Vorgängermodelle. Der vor sich hin rostende »Geräteschuppen« aus Wellblech auf unserem Lagerhof war voller alter Geräte, die noch von Pferden gezogen worden waren. Die Balken in unserer Bauernküche hingen noch voller Pferdeplaketten. Die

Vergangenheit war verschwunden, hatte aber viele Werkzeuge hinterlassen, die in unseren Scheunen Staub ansetzten. Altes Zaumzeug hing von den Dachbalken, sprödes Leder bröckelte unter weißen Spinnweben: Geschirre, ein Joch, Zügel, Bauchgurte und Hufeisen. Es gab sogar noch eine Sämaschine, mit der man zu Fuß über das Feld ging; die Sävorrichtung wurde von Hand bedient, was aussah wie Geige spielen. Und am Kamin, wo Granddad immer Zeitung gelesen hatte, hing ein Paar Sporen aus dem Burenkrieg, als hätte jemand sie vor fünf Minuten abgeschnallt. Einmal hielt ich diese Sporen in der Hand, und mir wurde bewusst, dass ich Teil eines traditionellen Arbeitslebens war, das gerade aus den Fugen geriet. Niemand zog auf modernen Farmen Rüben mit der Hand heraus oder molk zweimal täglich alte Kühe »fürs Haus«.

~

Die Verantwortung, unseren Hof mitsamt den wachsenden Schulden am Laufen zu halten, drückte meinen Vater nieder. Er wurde ruppiger und schwieriger im Umgang und schien zur Problemlösung nur einen einzigen Plan zu haben: mehr und schneller zu schuften. Sich krummzulegen. Früher aufzustehen. Später aufzuhören. Ihn reizte jedes Anzeichen von Schwäche an mir, als könnten wir es uns nicht leisten, anders als stahlhart zu sein. Er war kein Mann vieler Worte, aber mit seinem Verhalten machte er seine Meinung deutlich: Wir hätten keine andere Wahl, als es den anderen gleichzutun. Wir bräuchten neue Maschinen und neue Schaf- und Rinderrassen; wir müssten an allen Ecken und Enden sparen. Wir waren weit ins Hintertreffen geraten und versuchten jetzt verzweifelt aufzuholen. Ich war arrogant genug, um Mitleid mit meinem Vater zu haben, weil er nicht alle Lösungen parat hatte, weil er Veränderungen nicht schneller durchzog, weil er nicht wusste, wie er diesen Kampf gewinnen sollte. Er trug unsere Schulden auf seinen Schultern wie einen Sack Steine. Und ich wurde auf eine rüde Art pessimistisch, zynisch und zornig. Wir hatten nur eine Chance: den Wandel zu akzeptieren und zu modernisieren. Es war so weit gekommen, dass ich mich für die Rückständigkeit unseres Hofs schämte. Ich spürte, dass die Geschichte keine Rücksicht nahm. Sie war wie ein Zug: Sie verlässt den Bahnhof, und wir können noch so viel schreien, »komm zurück« oder »du fährst in die falsche Richtung«, sie ist längst auf und davon und hat uns abgehängt.

~

Dasselbe Spiel, das auf unserem Hof ablief, fand überall in Großbritannien statt, im ganzen ländlichen Raum, überall in Europa. Was da geschah, war in vielerlei Hinsicht einfach der »Fortschritt«. Man vergisst leicht, dass die Landwirtschaft buchstäblich eine Sache auf Leben und Tod ist; man vergisst leicht, wie erstaunlich es ist, leben zu können, ohne sich jemals Sorgen machen zu müssen, woher die nächste Mahlzeit kommt – das Essen ist einfach da, noch besser, wir haben die Wahl, was wir essen möchten. Und doch lag für viele Familien in Großbritannien und auf der Welt der Hunger nur eine Generation zurück.

Meine Großeltern hatten Lebensmittelknappheit erlebt; sie hatten Zeiten erlebt, in denen die Lebensmittelpreise in die Höhe schossen, was in den ersten Jahrzehnten des zwanzigsten Jahrhunderts nicht unüblich war. Der Nahrungsmangel zeigte sich noch im kleineren Wuchs der ältesten Menschen, die ich kannte; sie waren oft einen Kopf kleiner als ihre Söhne und Enkel. Die Rationierung im Krieg erteilte uns die harte Lehre, dass Essen keine Selbstverständlichkeit war. Um die Ernährung der Bevölkerung sicherzustellen, mussten jährlich zwanzig Millionen Tonnen Nahrungsmittel importiert werden, und die Lieferungen aus Übersee waren Gefährdungen ausgesetzt. Es gab lange Jahre des Schlangestehens vor den Läden, Betrügereien und einen Schwarzmarkt für so grundlegende Nahrungsmittel wie Eier und Butter. Und so wurden gegen 1950 die britischen Bauern vor die Aufgabe gestellt, die Sicherheit der Lebensmittelversorgung zu erhöhen und eine Nation von fünfzig Millionen Menschen zu ernähren. Dazu wurden die Bauern mit Subventionen und garantierten Abnahmepreisen gefördert. In den folgenden Jahrzehnten stellten sie sich der Herausforderung und produzierten viel mehr Nahrungsmittel, und das viel billiger. Die Erfüllung der Verbraucherwünsche erreichte ihren Höhepunkt im modernen Supermarkt, historisch betrachtet ein spektakuläres Wunder – er bot Lebensmittel in einer Qualität und Vielfalt, die die wildesten Träume aller Menschen, die vor dem zwanzigsten Jahrhundert gelebt hatten, weit übertrafen.

In meiner Kindheit kam immer Anne zu uns, die Freundin meiner Mutter aus dem Dorf, und erzählte uns, wie billig sie ein Riesenstück Schinken, eine Tüte tiefgefrorene Pommes oder einen Karton Waschpulver gekauft hatte. Der erste große Supermarkt, der fünfzehn Meilen entfernt am Rand von Kendal aufmachte, war eine Industriehalle so groß wie ein Flugzeugschuppen, mit einem riesigen asphaltierten Parkplatz. Er war vollgestopft mit Dingen, die so billig waren, dass die Leute von nichts anderem mehr redeten. Anne zog an ihrer Zigarette und unterhielt uns mit Berichten über die Dinge, die sie gekauft hatte, oder was es im Café dort gab und wie wenig es kostete. Sie hatte aufgehört, Kuchen selbst zu backen, und zog meine Mutter auf, weil sie so altmodisch sei. Sie erklärte, ein Gemüsegarten sei Zeitverschwendung, weil es im Supermarkt alles viel billiger zu kaufen gebe, als der eigene Anbau koste.

Unser Gemüse bauten wir in unserem Bauerngarten an, und es war Dads Aufgabe, die Beete umzugraben und die Kartoffeln zu pflanzen. Er hasste Gartenarbeit. Nach einem von Annes Besuchen rammte Dad die Mistgabel in den dünnen, steinigen Boden, und sie gab ein metallisches Klingen von sich, als sie auf den Fels unter dem Beet stieß. Der Boden in unserem Garten schien der schlechteste auf dem ganzen Hof zu sein, als bestünde er aus lauter zusammengebackenen, steinharten Lehmklumpen. Jeden Frühling fuhr Dad endlose Schubkarrenladungen gut verrotteten Mists aus den Kälberställen zum Bauerngarten, um dort den Boden zu verbessern. Der Griff des Spatens war abgebrochen, weil Dad ihn zornig gegen die Mauer geworfen hatte, als er im Winter die letzten Kartoffeln ausgrub. Er verschwand und befestigte einen neuen Griff. Als er zurückkam, grub er einen langen, etwa dreißig Zentimeter tiefen Graben und warf jede Menge Mist hinein. Ich steckte die Kartoffeln oben in den Mist und bedeckte sie mit einer dünnen Erdschicht. Die Kartoffeln hatten schon weiße Triebe, weil wir ein bisschen spät dran waren. In Dad kochte etwas hoch. Er fragte Mum, wie viel eine Packung Kartoffeln im Supermarkt koste. Dann begann er zu murmeln und rechnete nach, wie viele Stunden er mit dem Anbau unserer Kartoffeln beschäftigt war. Er sagte, Anne habe verdammt recht. Mum konterte mit einem Loblied auf die frische Gartenkartoffel, aber er wollte nichts davon wissen. Die Hälfte der Kartoffeln sei letztes Jahr durch Kartoffelfäule verdorben, sagte er. In diesem Herbst säte er Gras auf das Kartoffelbeet, und wir kauften die Kartoffeln in der Stadt.

~

Mit den Jahren begannen die Supermärkte, die Preise für die Dinge zu drücken, die wir verkauften. Als ich aus Australien zurückkehrte, wurde die Lage immer verzweifelter. Eines Tages machten wir uns zum regionalen Viehmarkt auf, um eine Ladung gemästeter Schafe zu verkaufen. Dad jammerte, wie wenig sie wert seien und dass uns die Viehhändler, die Schafe für die Supermärkte kauften, abzocken würden.

Auf dem Heimweg fuhren wir an einigen großen Tieflandhöfen vorbei. Dad starrte niedergeschlagen auf die Felder neben der Straße. »Du lieber Himmel, die haben da vielleicht was draufgeschüttet!« Er war völlig von den Socken, wie üppig die Pflanzen wuchsen und wie intensiv ihre Farbe war. Das Gras schoss irrsinnig schnell in die Höhe und war scheußlich grün, offensichtlich überschwemmt von Kunstdünger. Im Kommentar meines Vaters schwang halb Bewunderung, halb Entsetzen mit, als frage er sich, ob dieser Bauer die Sache nicht zu weit trieb.

~

Niemand in meiner Familie konnte gut erklären, wie wir eigentlich wirtschafteten, oder hatte eine klare Analyse zu bieten, was sich in der Landwirtschaft unserer Region abspielte. Auf der Suche nach Antworten begann ich zu lesen. Ich liebte die Landwirtschaftsklassiker *Farmer's Glory* von A. G. Street und *The Story of a Norfolk Farm* von Henry Williamson. Außerdem ackerte ich mich durch zahllose Lehrbücher, die voller nützlicher Informationen, aber todlangweilig waren. So erfuhr ich, dass wir ein Mischbetrieb waren und Fruchtwechsel betrieben. Mischbetrieb deshalb, weil wir etliche verschiedene Nutzpflanzen kultivierten und unterschiedliche Tierrassen hielten; Fruchtwechsel deshalb, weil wir uns an eine jahrhundertealte Abfolge hielten, wann welche Früchte anzubauen waren.

~

Die ganze Geschichte der Landwirtschaft ist die Geschichte der Menschen, die sich bemühten, beim Feldbau die natürlichen Beschränkungen zu überwinden (und oft genug scheiterten). Das A und O ist die Bodenfruchtbarkeit. Das mussten die Bauern auf die harte Tour lernen, durch zahllose Experimente, Versuch und Irrtum. Es stellte sich heraus, dass die Ökosysteme zusammenbrechen, dass der Mensch nicht überleben und seine Ernährung sichern kann, wenn er den Boden zu stark ausbeutet. Felder können nicht immer wieder dieselben Sorten hervorbringen, ohne sich zu erschöpfen. Jede Frucht entnimmt dem Boden andere Nährstoffe, und irgendwann sind alle Vorräte aufgebraucht. Im ausgelaugten Boden können sich Krankheitskeime und Ungeziefer so weit verbreiten, dass sie die ganze Ernte vernichten – die Strafe der Natur für die Hybris der Bauern. Ganze Zivilisationen verschwanden, weil ihre landwirtschaftlichen Methoden den Boden zerstörten.

Nach all den Mühen, all dem Scheitern fanden die Bauern zu der Lösung, in zeitlicher Abfolge verschiedene Feldfrüchte anzubauen und die Felder unterschiedlich zu nutzen: Auf manchen Flächen säten sie Getreide, auf anderen weidete Vieh, wieder andere blieben ungenutzt, und das Unkraut wuchs ungehindert; so konnten sich die Böden wieder erholen. Wechselnde Feldfrüchte geben dem Boden durch ihre Wurzeln und die organische Substanz, die nach dem Ernten stehen bleibt, unterschiedliche Nährstoffe zurück. Nach dem Anbau von Weizen säte der Bauer im nächsten Jahr zum Beispiel Hafer oder ließ, wenn der Boden ermüdete, das Feld brach liegen. Diese Abfolge unterstützte die Regeneration des Bodens, sodass er anschließend wieder Feldfrüchte tragen konnte. Mein Vater und mein Großvater wussten auch nicht besser als die Bauern in alten Zeiten, warum diese Fruchtfolge funktionierte, folgten aber nach zweitausend Jahren immer noch denselben Grundregeln. Ich wunderte mich nur, wie ich auf einem Bauernhof aufwachsen und elf Jahre lang zur Schule gehen konnte, ohne dass mir jemand erklärte, warum in der Landwirtschaft auf diese Weise gearbeitet wurde.

Und so las ich mich durch eine ganze Bibliothek verschiedener Ansätze zu einer nachhaltigen Landwirtschaft. Mit am verblüffendsten dabei war meine Entdeckung, dass das mir bekannte Flickenmuster der Felder nicht zeitlos war – es hatte einmal ganz anders ausgesehen. Im Mittelalter hatten die englischen Bauern ihre Felder in viele kleine Streifen zerteilt; die Viehweiden waren Gemeinland, und jeder Haushalt hatte das Recht, darauf eine bestimmte Anzahl Tiere weiden zu lassen. Auf den Feldern war jeder Streifen einem anderen Bauern zugeteilt. Die Bauern besaßen letztlich mehrere über das ganze Gemeindegebiet verstreute Streifen, deren Anzahl sich danach richtete, wie viele Mäuler sie zu stopfen hatten. Jeder Bauer pflanzte verschiedene Sorten wie Hafer, Gerste, Roggen und andere Grundnahrungsmittel. Die barcodeähnlichen Felderstreifen hätten meinen Großvater in Staunen versetzt. Warum sollte man von einem Streifen zum fernen nächsten trotten, wenn das Land in größere, effektiver nutzbare Felder hätte parzelliert werden können? Warum mit dem Hin und Her Zeit vergeuden und dabei Pflüge, Hacken, Sicheln und Sensen durch die Gegend schleppen? Warum zwischen jedem Streifen ein dreißig bis sechzig Zentimeter breites Band Niemandsland, den Feldrain verschwenden? Aber ich erfuhr, dass diese unterschiedlichen Streifen wirkungsvolle Barrieren darstellten, um die Ausbreitung von Krankheitserregern und Ungeziefer aufzuhalten, die die Ernte vernichteten. Bestäuber und Insekten, die den Schädlingen nachstellen, fanden auf den Feldrainen ein Zuhause, und das ganze System schützte gegen Witterungsextreme, weil jede Familie ihren Nahrungsvorrat auf verschiedene Gebiete verteilt hatte, womit sich das Risiko verringerte, bei Überschwemmung oder Dürre alles zu verlieren. Die Felder sind seither größer geworden, aber das Grundprinzip der Fruchtfolge blieb seit alten Zeiten bis zu meinem Großvater unangetastet. Nach wie vor galt das eherne Gesetz der Landwirtschaft, die Gesundheit und Fruchtbarkeit des Bodens zu erhalten.

Im Lauf der Jahrhunderte gab es größere Fortschritte im Bemühen, die Fruchtbarkeit der Felder zu erhalten und das Land aufzuteilen. Schon ab dem sechzehnten Jahrhundert begann in England der Prozess der »Flurbereinigung«, bei der die mittelalterlichen Streifen Gemeindeland größeren, privat bewirtschafteten Höfen zugeschlagen wurden; dabei verringerte sich zugleich die Anzahl der landwirtschaftlichen Betriebe. Im siebzehnten Jahrhundert entdeckten die britischen Bauern, dass sie die Fruchtbarkeit ihrer Böden durch das Pflanzen von Klee steigern konnten. Klee kann Stickstoff aus der Luft an seine Wurzeln binden und damit in den Boden einbringen. Damit konnten die unproduktiven Brachperioden aufgegeben und alle Felder für eine kontinuierliche Produktion genutzt werden (zuvor gelangte zusätzlicher Stickstoff nur durch Blitzeinschläge in den Boden, ein Glücksfall für jeden Bauern). Der Klee konnte von Schafen oder Rindern abgeweidet werden, die mit Fleisch, Milch und Wolle zusätzliche Erträge brachten. Durch die Beweidung wurden Ackerunkräuter verdrängt und Mist und organische Substanz in die oberste Bodenschicht eingetrampelt, was die Mikroorganismen des Bodens gesund und funktionsfähig hielt. Auf ermüdeten Feldern ließ man Schafe weiden, denn ihr sprichwörtlicher »goldener Huf« machte die Felder wieder fruchtbar und produktiv. In meiner Kindheit säte mein Großvater immer noch Gerste und Klee gemeinsam aus, sodass nach der Gerstenernte die zur Hälfte grünen Stoppeln von den Schafen abgeweidet werden konnten.

Ich begriff jetzt, warum mein Großvater um den Mist seiner Kühe ein solches Tamtam gemacht hatte, denn dieser Mist war ein wichtiger Teil im Nahrungskreislauf des Hofs, den kein vernünftiger Mensch verschwenden würde. Alles, was einem Feld für die Ernährung von Menschen oder Tieren entnommen wurde, entzog dem Boden Nährstoffe, die ersetzt werden mussten. Ich erfuhr, dass in den letzten zwei-, dreihundert Jahren der zunehmende Nahrungsmittelbedarf der wachsenden Bevölkerung dazu führte, dass viele Böden zu stark ausgebeutet wurden und auslaugten, weil der Ackerbau auch bei einer Fruchtfolge mit Klee-Zwischensaat seinen Tribut fordert und die Böden mit der Zeit verarmen. Niemand hatte mir das erklärt. Aber mein Großvater erzählte, dass sein Großvater mithilfe von »Guano« erstaunliche Ernten erzielt hatte. Dieser getrocknete, mit Nährstoffen vollgepackte Kot von Meeresvögeln und Fledermäusen hatte sich im Lauf der Jahrhunderte in südamerikanischen Höhlen und am Fuß von Nistklippen angesammelt. Er wurde ab Anfang des neunzehnten Jahrhunderts eingesetzt und brachte rasche Abhilfe. Aber diese alten natürlichen Ablagerungen waren bald erschöpft. Vor vier Generationen hatte unsere Familie also mit dem weltweiten Fledermaus- und Möwenkothandel zu tun gehabt. Aber zu Beginn des zwanzigsten Jahrhunderts stand die Weltbevölkerung auf einer demografischen Kippe. Man glaubte, ohne neue Düngerquellen würden wir auf starke, lang anhaltende Hungersnöte zusteuern, da die Bevölkerung schneller wuchs als unsere Möglichkeit, zu düngen und die benötigten Ernten zu erwirtschaften. Bis ein deutscher Chemiker auf eine unglaubliche Lösung kam.

Die dunkelgrünen Felder, an denen wir vorbeifuhren, trugen seine Handschrift.

~

Niemand in meiner Familie wusste, wer Fritz Haber war, aber ohne ihn wäre unser Leben ganz anders verlaufen. Er löste das Problem der Bodenfruchtbarkeit, als er 1909 herausfand, wie man Stickstoff aus der Luft künstlich an Wasserstoff bindet, um ihn für Pflanzen nutzbar zu machen. Haber machte das Unmögliche möglich. Er knackte das Sperrschloss der Natur. Wie er es ausdrückte, machte er »Brot aus Luft«. Habers Kollege Carl Bosch entwickelte ein Verfahren, mit dem man diesen Prozess im industriellen Maßstab durchführen konnte, um das Produkt auf den Markt zu bringen. Der Ammoniumnitrat-Dünger, der dabei herauskam, revolutionierte die Landwirtschaft – und die ganze Gesellschaft. Es gibt Schätzungen, denen zufolge die Anzahl der Menschen, die weltweit ohne die Haber-Bosch-Düngetechnik ernährt werden können, vier Milliarden beträgt. Wenn das stimmt, dann leben über drei Milliarden Menschen heute nur dank Haber und Bosch.

Haber bekam 1918 den Nobelpreis für die Verbesserung der Allgemeinbedingungen in der Landwirtschaft zum Wohle der Menschheit. Aber seine Hinterlassenschaft war keineswegs einfach oder ausschließlich eine Wohltat. Ammoniumnitrat sollte zur Ernährung der Menschheit beitragen – aber zunächst wurde es als Sprengstoff für den mörderischsten Krieg der Geschichte eingesetzt. Habers zweite Hinterlassenschaft war sein Beitrag zur Entwicklung von giftigem Chlorgas zum Einsatz in den Schützengräben des Ersten Weltkriegs und das Pestizidgas Zyklon B, mit dem die Nazis später in ihren Vernichtungslagern Millionen Menschen umbrachten.

~

Nach dem Ende des Zweiten Weltkriegs verbreitete sich Habers Düngemitteltechnologie rasch um die ganze Welt. In den USA stellten Munitionsfabriken von der Sprengstoffproduktion auf die Produktion von Ammoniumnitrat für landwirtschaftliche Düngemittel um. Als die amerikanischen Bauern Zugang zu den neuen Düngern bekamen, erwies sich rasch, dass sie nach dem Entzug von Bodennährstoffen durch Weizen oder Gerste dem Boden nur künstliche Nährstoffe zuzuführen brauchten (durch Verstreuen von Düngemitteln auf der Humusschicht), damit sie im nächsten Jahr wieder dieselbe Feldfrucht pflanzen konnten. Um die Fruchtbarkeit des Bodens zu erhalten, war es nicht mehr notwendig, Nährstoffkreisläufe mit Wechselfruchtanbau und Viehbeweidung zu beachten. Diese Bauern waren von der Notwendigkeit befreit, innerhalb ihres eigenen Betriebs die Voraussetzungen für die Bodenfruchtbarkeit selbst zu schaffen, und konnten stattdessen im Laden eine Wunderlösung für das Problem kaufen. Habers Stickstoff veränderte nicht über Nacht die ganze Landwirtschaft – das spielte sich über Jahrzehnte hinweg ab –, führte aber zum ersten tiefen Bruch mit der Vergangenheit, dem noch viele andere folgen sollten.

In den Nachkriegsjahren brachten Vertreter der Chemie- und Maschinenfabriken künstliche Düngemittel in ländliche Gemeinden auf der ganzen Welt, auch zu uns. Sie kamen zu uns ins Haus, wurden mit Tee und Kuchen bewirtet, verteilten Hochglanzbroschüren mit Fotos erstaunlicher Ernten und schwallten uns die Ohren voll, was wir alles kaufen müssten, um mit unseren Nachbarn Schritt zu halten.

~

Einige Wochen, nachdem wir unsere Schafe auf der Auktion verkauft hatten, wurde ich zu Dads Freund, demjenigen, der die dunkelgrünen Felder besaß, zum Silage-Einbringen geschickt. Ich wurde auf einen riesigen grünen John-Deere-Traktor gesetzt. Der rote Anhänger hinter mir fasste ungefähr zehn Tonnen Gras. REM und die Smashing Pumpkins dröhnten aus dem Radio. Einige Leute hatten die Aufgabe, das vom Feldhäcksler geschnittene, saftig grüne Gras vom Feld auf den Hof zum Flachsilo zu fahren. Dort kippten wir den Anhänger, aus dem sich die Ladung auf den Betonboden ergoss, und rasten gleich wieder zurück, die nächste Ladung aufsammeln. Einige Wochen vorher war Dads Freund mit einer an den Traktor gekoppelten »Düngemaschine« aufs Feld gefahren und hatte Millionen der winzigen, styroporähnlichen Kügelchen synthetischen Stickstoffs ausgebracht. Damit hatte er dieses Gras ins Leben gerufen. Es war dicht und tief und absolut einheitlich – eine einzige Art, Hochleistungs-Weidelgras, das auf den neuen, fertig gekauften Dünger hervorragend ansprach. Das Feld wuchs so rasch, dass wir das Gras nicht nur drei Wochen früher ernteten, als es in der Vergangenheit je möglich gewesen war. Mehr noch, es würde nachwachsen, und wir könnten noch drei bis vier weitere Male mähen.

Silage ist schlichtweg vergorenes, feuchtes grünes Gras, doch als sie erstmals eingeführt wurde, galt sie als eine Art Agrarwunder. Im Unterschied zu Heu brauchte sie keine Sonne, um zu trocknen, und konnte an einem Tag geschnitten werden, auch bei Regen. Als Viehfutter war sie nährstoffreicher und führte daher zu einer höheren Milch- oder Fleischproduktion. Der bessere Nährwert von Silage im Vergleich zu Heu, das auf einem Hof derselben Größe produziert wurde, schlug sich in mehreren Zehntausend Britischen Pfund nieder.

An jenem Nachmittag packten wir stündlich Hunderte Tonnen Gras in das Flachsilo mit dem Betonboden und den Stahlrändern. Unser Freund Rusty schob es mit seinem Traktor und einem breiten Rechen zusammen, Ladung für Ladung, und walzte die Luft heraus. Kurz bevor es dunkel wurde, versiegelten wir den Grashaufen mit einer riesigen Plastikplane, damit er fermentierte, und warfen Hunderte abgefahrener Reifen darauf, die die Plane festhielten. Jeder von uns trank ein Bier, stolz, dass wir an einem Tag so viel Gras geerntet und sicher gelagert hatten. Wenn jemand fragte, wann wir auf unserer Fell-Farm das Gras ernten würden, antwortete ich verlegen, dass es vielleicht noch einen Monat dauern werde. Ich erwähnte nicht, dass wir immer noch jede Menge Heu auf die altmodische Art machten – das kam mir plötzlich absolut vorsintflutlich vor.

~

Nichts an jenem Tag, als wir Silage machten, war komplett neu. Das verbesserte Gras, den Kunstdünger, die Traktoren und die

Silotechnik gab es schon seit drei, vier Jahrzehnten. Aber alles lief in einer anderen Größenordnung und einem anderen Tempo ab, buchstäblich auf Hochtouren. Ich bekam die letzten Runden eines Rennens mit, das schon fast gelaufen war.

~

Als ich aus Australien zurückkam, hatte ich lauter Superideen im Kopf, wie wir unsere Landwirtschaft modernisieren könnten. Aber Dad zuckte nur mit den Achseln und ließ mich stehen. Vielleicht war er nur zu stolz, um zu sagen, dass wir nicht das Geld hatten, um schicke neue Traktoren und Anhänger zu kaufen, vielleicht war er auch nicht ganz überzeugt, dass er sie tatsächlich haben wollte. Er war irgendwo zwischen Tradition und Moderne gestrandet. Und so begnügte er sich mit ein, zwei alternden Traktoren, ein paar rostenden, gebraucht gekauften Maschinen und alten Heuschobern. Wir machten zwar auch etwas Silage, aber Dad fand, wir sollten weiterhin Wiesenheu machen wie immer.

Also warteten wir, bis der Wetterbericht im Juli vier, fünf schöne Tage voraussagte, und begannen den langwierigen Prozess des Mähens, Trocknens, Ballenpressens und Einfahrens. Es war ein Albtraum, der sich mehrere Wochen hinzog. Bei unserem ersten Versuch verregnete es das Heu, danach nahmen wir uns immer nur ein, zwei Wiesen auf einmal vor. So kleckerten wir dahin in der Absicht, wenigstens einen Teil des Heus sicher in die Scheunen zu schaffen, um das Risiko einer winterlichen Futterknappheit zu minimieren. Wochen vergingen mit schweißtreibender, staubiger Handarbeit auf den Feldern, dann mussten die Ballen in der Scheune gestapelt werden. Was bedeutete, dass wir meinen betagten Onkel rekrutieren mussten, der die

Heuballen zum Fuß des Aufzugs fuhr. Meine Mutter hob die Ballen dann auf den dieselgetriebenen Aufzug, und mein Vater und ich standen oben auf dem Dachboden, warfen uns die Ballen zu und bauten sie in Schichten zu einem Stapel auf, bei dem niemals Lücken übereinandertrafen, sondern die Ballen sich gegenseitig stabilisierten und so zumindest bis zum Winter an Ort und Stelle blieben. Ehrlich gesagt hatte ich nichts gegen die Arbeit, aber ich war frustriert, wie langsam wir im Vergleich zu Betrieben waren, die mehr Leute oder Maschinen zum Bewegen der Ballen hatten. Wir machen der Familie Feuerstein Konkurrenz, verspottete ich Dad.

~

Vielleicht konnten wir uns die neuesten Maschinen wirklich nicht leisten, aber aus den Prospekten, die die Vertreter uns dagelassen hatten, wusste ich, dass wir im Spiel der modernen Landwirtschaft nur gewinnen konnten, wenn wir die neuesten Pestizide einsetzten.

Die Disteln standen hüfthoch, ihre lilafarbenen Blüten begannen, sich zu öffnen. Ein großer Teil unserer Kuhweide war im unteren Bereich dermaßen von ihnen überwuchert, dass sich die Kühe kaum noch die Mühe machten, dort zu grasen. Unser Hof hatte nicht mehr genug Leute, um die Disteln mit Sicheln und Sensen niederzumachen. Sie gerieten langsam außer Kontrolle, wir mussten unbedingt etwas gegen sie unternehmen. Ich fand uns total von vorgestern und hatte die Nase voll von Dads halbherzigen Neuerungen, die weder weit genug gingen noch rasch genug kamen, um uns den Anschluss an die großen, modernen Höfe zu bringen. Deshalb kaufte ich von unserem Landwirtschaftshändler das neueste Distel-Pestizid.

Es war billig, eine dicke braune Plastikflasche, deren Inhalt ich mit Wasser verdünnte. Ich kaufte auch ein kleines Sprühgerät, das ich mit Riemen auf meinem Rücken befestigte, einen sogenannten Rucksacksprüher, und ging eine Woche lang jeden Abend herum und besprühte jede Distel und Brennnessel auf unserem Hof. Ich schwang den Sprühstab nach vorne und nach hinten, bis ich von einem weißen Nebel umgeben war. Mein Gaumen und mein Rachen trockneten aus, ich hatte einen bitteren Geschmack im Mund. Ich mischte das Zeug doppelt so stark an, wie es in der Gebrauchsanweisung stand, weil wir wussten, dass die Experten immer eine Sicherheitsspanne einrechneten. Zu meiner Befriedigung waren die Disteln und Brennnesseln bereits am Welken, wenn ich den Heimweg antrat; die silbrige Unterseite ihrer Blätter kehrte sich nach oben.

Zwei Tage später waren sie schwarz und verdorrt. Es gab auf unseren Wiesen kaum noch eine lebende Distel oder Brennnessel. Das Zeug hatte nicht nur jede Distel vernichtet, sondern auch das Aussamen gestoppt. Ich kehrte noch einmal zurück und besprühte alle noch überlebenden Exemplare, bis die Wiese frei davon war. Innerhalb von Wochen waren große, bisher distelgeplagte Bereiche unseres Hofs gesäubert, und wir konnten unkrautfreies Gras darauf säen. Eine Arbeit, die jeden Sommer drei Leute auf unserem Hof mehrere Tage in Anspruch genommen hatte, hatte sich damit erübrigt. Unsere Sichel wurde zu einem weiteren Museumsstück, das im Dach unserer Scheune hing und mit jedem Jahr rostiger wurde. Bald spannten sich dreieckige Spinnweben zwischen Klinge und Stiel. Unsere Weiden und Felder sahen nun viel ordentlicher aus, mehr wie die gepflegten modernen Betriebe, die wir kannten. Ich besprühte die Brennnesseln auf unserem Lagerplatz, wo die alten Maschinen vor sich hin rosteten, und die Ränder der Felder, wo ganze Horste von Brennnesseln und andere Unkräuter wuchsen. Das war moderne Landwirtschaft. Das Sprühmittel war geradezu wundertätig. Es bekehrte sogar meinen Dad. Wir waren auf dem Weg in die Zukunft.

~

Ich wusste, dass wir uns sehr spät auf diesen Weg gemacht hatten, dass die Party schon lange ohne uns in Gang war. Synthetische Pestizide schützten Nutzpflanzen schon seit dem Zweiten Weltkrieg vor Unkraut und Krankheiten. 1939 entdeckte der Schweizer Chemiker Paul Hermann Müller, dass man mit Dichlordiphenyltrichlorethan (DDT), einer bereits in den 1870er-Jahren synthetisierten Chemikalie, Insekten töten konnte. DDT war wie Ammoniumnitrat ein »Wundermittel«, das mit dem Nobelpreis geehrt wurde. Im Zweiten Weltkrieg wurde es sehr erfolgreich eingesetzt und konnte in großen Teilen Europas den Typhus durch die Vernichtung riesiger Mückenmengen so gut wie ausmerzen. Wenige Jahre später wurde damit die Malaria in Süd- und Mittelamerika bekämpft. Für die Landwirtschaft kam es als Insektizid auf den Markt. Damit ließen sich fast alle Insekten, Pilze, Bakterien oder Ungeziefer beseitigen, die Ernten vernichten oder verderben, außerdem Insekten, die pathogene Keime übertragen und Krankheiten bei Nutztieren hervorrufen.

Ich erinnere mich noch an die tiefe Verzweiflung meines Vaters, als unsere Gerste Mehltauflecken auf den Blättern bekam, erinnere mich, wie krank und verkümmert sie aussah. So etwas konnte bei allem passieren, was wir anbauten. Kartoffelfäule verursachte die berüchtigte Hungersnot in Irland, mit verheerenden Folgen für eine Gesellschaft, die sich von einer einzigen Feldfrucht abhängig gemacht hatte. Damals starb eine Million Menschen, eine weitere Million emigrierte, um dem Hungertod zu entkommen. Das war kein Einzelfall, sondern nur eine besonders große Katastrophe. Bevor die Pestizide aufkamen, mussten wir alle vor Gefahren wie Ernteausfällen und verrottenden Nutzpflanzen Angst haben. Als die Bauern ohne Insektenplage und Pflanzenkrankheiten riesige Mengen nahrhafter, erschwinglicher Lebensmittel produzieren und die Welt ernähren konnten, war das in der Landwirtschaft eine Revolution. Mit den neuen Wunderwaffen – Pestiziden und Kunstdünger – wurde unsere Arbeit effektiver als je zuvor. Ungeheure Mengen von Nahrungsmitteln gingen durch Schädlinge, Krankheiten und Ungezieferbefall verloren, durch Bakterien oder Schimmel, sowohl auf dem Feld während des Wachstums als auch beim Transport, bei der Lagerung und im Einzelhandel. Die Chemiker befreiten die Landwirtschaft und die menschliche Nahrungskette von den Grenzen, die uns die Natur seit Urzeiten auferlegt hatte.

~

Ich erinnere mich an einen Tag im darauffolgenden Sommer, an meinen Vater im blauen T-Shirt auf dem Traktor und an die riesige, milchige Pestizidwolke, die hinter ihm aufstieg. Unser alter Traktor rollte gemächlich das Gerstenfeld hinauf, halb von der gelblichen Wolke verschluckt. Hinten war eine Feldspritze mit Auslegern angekuppelt, die auf beiden Seiten sieben Meter vom Traktor wegstanden wie ausgebreitete Arme. Mein Vater würde wie alle anderen für eine »saubere Ernte« sorgen. Die Tage der Unkräuter waren vorüber.

Während ich ihm zusah, erinnerte ich mich an meinen Großvater, der sich seine Verachtung für Traktoren nur zu deutlich hatte anmerken lassen. Er benutzte sie und die zugehörigen Maschinen, aber er mochte nicht, was sie mit uns machten, denn sobald wir hinaufstiegen, erhoben wir uns über den Boden und konnten ihn nicht mehr anfassen, riechen, spüren. Der sensorische Kontakt war der Schlüssel zur Kenntnis des Bodens. Jetzt verbringen wir immer mehr Zeit auf Traktoren, in einer Kabine aus Glas, Stahl und Plastik, abgelenkt von Radio und Klimaanlage. Granddad war der Meinung, die Arbeit mit Maschinen stehe auf der Wichtigkeitsskala unter der Arbeit mit Tieren oder mit den eigenen Händen. Jeder Idiot konnte einen Traktor in Kreisen auf einem Feld herumfahren. Traktoren vergrößerten jedoch die Arbeitsleistung, die wir an einem Tag erbringen konnten, und wir hatten kaum eine Wahl. Die Zahl der Feldarbeiter nahm immer mehr ab, genauso die Zeit, die die noch existierenden Bauern auf den Feldern verbrachten.

In den Siebzigerjahren hatte Granddad einen 45 PS starken Massey Ferguson. Unser heutiger Traktor hat 100 PS, und manche unserer Freunde haben Traktoren mit 200 PS. Die Riesentraktoren größerer Betriebe können einen Baum samt Wurzeln ausreißen, als wäre er ein Spielzeug. Mit Bewunderung und Schrecken sahen wir die neuen Maschinen Unglaubliches leisten – sie gestalteten die Landschaft völlig um. Für Sentimentalitäten war da kein Platz. Felder können schließlich keine Museen sein. Kleine, schmale, krumme Felder, die im Pferdezeitalter geschaffen worden waren, taugen nicht mehr. Bäume, Felsen, Dornengebüsch, Mauern und sumpfige Bereiche sind ordentlicher Maschinenarbeit im Weg. Um Nahrungsmittel billig herzustellen, braucht es eine effiziente Landschaft. Ein neuer Mähdrescher kostet vielleicht eine halbe Million, und um sich zu rentieren, muss er die größtmögliche Fläche bearbeiten und nicht auf kleinen Feldern herumkaspern.

~

An der Wand unseres Esszimmers hingen Luftaufnahmen unseres Hofs, von findigen Fotografen aus einem Leichtflugzeug aufgenommen. Alle paar Jahre kaufte meine Familie eine dieser Aufnahmen. Darauf konnte man verfolgen, wie die Felder und Gehöfte ihre Größe änderten – nicht über Nacht, aber stetig, immer wieder ein bisschen. Bei näherer Betrachtung der Fotos konnte man sehen, dass die Feldgrenzen – Mauern, Hecken und Zäune – rasch verschwanden. Bei unseren seltenen Ausflügen nach Südengland zu einer Schafauktion oder einer Landwirtschaftsausstellung starrten wir benommen aus den Autofenstern auf weite Landschaften, deren Vereinfachung bereits abgeschlossen war: Nur ein bis zwei Nutzpflanzen im Intensivanbau erstreckten sich von Horizont zu Horizont. Was innerhalb eines Hofs funktionierte, ließ sich auch in einem viel größeren Maßstab umsetzen; ganze Regionen spezialisierten sich auf jeweils ein, zwei Produkte. Ein traditioneller Hof kann als Mischbetrieb eine bestimmte Größe nicht überschreiten. Man braucht einen Bauern und Leute, die das Vieh umsetzen, Hecken niederlegen, Mauern bauen und andere handwerkliche Arbeiten ausführen. Bei der neuen Wirtschaftsweise war das alles nicht mehr nötig.

~

Mein Onkel und meine Tante machten Urlaub im Norden der Vereinigten Staaten, um die neueste Hochleistungstierhaltung und die neuesten Maschinen mit eigenen Augen zu sehen. Sie hatten einen Hof im Tiefland mit besseren Böden als unsere und waren uns in ihrer Bereitschaft, Neuerungen einzuführen, weit voraus. Nach ihrer Rückkehr aus Amerika wurden sie zu Predigern der Veränderung. Sie brachten Baseballmützen und Hershey-Schokoriegel mit. Wir hörten ihnen zu, als sie von noch moderneren Traktoren, Maschinen und Viehzüchtungen erzählten, und bald tauchten diese Dinge auch auf den Höfen unserer Region auf. Menschen, die Jahre damit verbracht hatten, mit einem Spaten Abflussgräben auszuheben, die mit erfrorenen Händen und Füßen einem Pflug gefolgt waren, der von einem Pferd gezogen wurde, die ihre Wiesen mit der Sense gemäht hatten, bis sie Blasen an den Händen hatten und ihre Hemden schweißnass waren – diese Menschen hatten das Gefühl, es gehe nun mit Riesenschritten vorwärts.

~

Meine Mutter schluchzte in der Küche, vor aller Augen ließ sie ihren Tränen freien Lauf. Keiner von uns hatte sie jemals so gesehen, wir waren alle verwirrt und – ein anderes, noch nie erlebtes Gefühl – beschämt. Die ganze Familie war zur Beerdigung eines befreundeten Bauern gegangen, und danach brach ein Streit bei uns los, der sich um etwas ganz anderes zu drehen schien als um den vorgeblichen Grund. Anscheinend hatte mein Vater die gesamte Familie blamiert, weil er nicht die richtige Art von Mantel für eine Beerdigung getragen hatte. Von den Männern wurde ein respektvolles, einheitliches Erscheinungsbild erwartet: dicke Wollmäntel, dunkelgrau oder schwarz, aus daumendickem Stoff gegen den Kummer, während sie hinten in der Kirche oder im Kirchhof standen und alte Choräle sangen, die von Schäfern und Hirten handelten. Ich hatte keine Ahnung gehabt, dass es für diesen Anlass richtige und falsche Mäntel gab; jedenfalls führte die falsche Mantelwahl zu einem ausgewachsenen Familienzerwürfnis. Eine von Dads Schwestern hatte erklärt, sie schäme sich, weil er nicht so angezogen sei, wie es sich gehöre. Er sehe ungepflegt und schäbig aus. Dad trug einen dünneren Mantel, weil er keinen wollenen Beerdigungsmantel besaß. Er hatte die Anstandsregeln gebrochen und den Leuten Einblick gegeben, wie es wirklich um uns stand, obwohl sie das nichts anging.

Meine Eltern und meine Großmutter kehrten zu unserem Hof zurück. Dad saß stumm in seinem Sessel am Kamin, er sah verletzt und zornig aus. Ich umklammerte meine Teetasse. Ich wollte, dass Mum zu weinen aufhörte, wusste aber nicht, wie ich ihr helfen könnte. Meine Großmutter machte sich am Geschirrschrank zu schaffen, an völlig unwichtigen Dingen – sie hütete sich, zwischen ihre Tochter und ihre Schwiegertochter zu treten. Mum saß zusammengesunken am Küchentisch. Sie sah sich in diesem bäuerlichen Leben mit lauter seltsamen Regeln und verwirrenden Gepflogenheiten konfrontiert. Und solche großen Beerdigungen, an denen die ganze Gemeinde teilnahm, war sie nicht gewöhnt und hatte auch keine Ahnung von der Symbolik, was dies und jenes bedeutete. Sie zeigte ihre Gefühle nicht oft, aber diese Situation überstieg ihre Kräfte. Wir hätten keine Chance, es richtig zu machen, meinte sie. Und es gehe doch bloß um einen verdammten Mantel. Dad hatte keinen anständigen Mantel, weil meine Mutter zu sparen versuchte. Das Darlehen, das meine Eltern vor Jahren aufgenommen hatten, um das Land auf dem alten Hof meines Großvaters zu kaufen, türmte sich zu Riesenschulden auf, weil die Zinsen durch die Decke gingen. Mum klagte, immer hätten sie den Schwarzen

Peter, ob sie nun Geld ausgäben oder nicht. Sie wusste, dass sie versagt hatte; sie hätten eine Fassade präsentieren müssen, um über den wahren Stand der Dinge hinwegzutäuschen. Erst Jahre später konnte mein Vater seiner Schwester verzeihen. Und noch jahrelang nahm er bei jeder Beerdigung unsere Kleidung unter die Lupe, damit wir auch ja »richtig« angezogen waren.

~

Wir bekamen regelmäßig Besuch vom Filialleiter der Bank. Tee wurde aufgegossen, drei Platten mit Kuchen und Keksen aufgefahren. Auf dem Tisch erschienen Aktenboxen voller Bankauszüge und Rechnungen. Ich wurde zum Arbeiten hinausgeschickt, damit ich während der Gespräche aus dem Weg war. Aber die stummen Blicke, die meine Eltern bei der nächsten Mahlzeit wechselten, sprachen Bände, und ich wusste, dass es wirklich schlimm stand. Granddad hatte stur die Augen vor der Welt verschlossen, in der wir lebten, und blieb trotzig bei seiner Haltung, bis er starb. Das konnte sich Dad nicht leisten. Er sagte, wir müssten etwas unternehmen, sonst gingen wir bankrott.

~

Ich fand Bücher von Wirtschaftswissenschaftlern, die die Regeln dieser knallharten neuen Welt zu verstehen schienen. Ich gierte nach ihrem Wissen und bewunderte ihren Realitätssinn, obwohl ich wusste, dass ihre Lehren auch das grausame Ende der Welt bedeuteten, die ich geliebt hatte. Joseph Schumpeter hatte schon 1942 alles kommen sehen. Der Tod der kleinen Bauernhöfe sei nicht nur unvermeidlich, las ich, sondern auch gut für die Gesellschaft als Ganzes. Schumpeter beschrieb diese Entwicklung als unausweichlichen kapitalistischen Prozess, den er als »ewigen Sturm der schöpferischen Zerstörung« bezeichnete. Niemand stehe gern auf der falschen Seite der Geschichte, hieß es bei den Ökonomen, aber damit müsse man sich abfinden. Kleinbauern seien von gestern, genau wie die Bergarbeiter, und hätten keine Zukunft. *Drückt wieder die Schulbank, macht eine Umschulung, lasst das Vergangene hinter euch.* Präsident Nixons Agrarminister Earl Butz war mit seinen Reden vor der Bauernschaft berühmt geworden; immer wieder hämmerte er den Bauern ein, sie müssten »wachsen oder weichen« und sogenannte »Commodities« anbauen, an der Börse handelbare, standardisierte Massenprodukte wie Mais, und das »von Grenzstreifen zu Grenzstreifen«. Er sagte, die alten Methoden seien aussichtslos und müssten ausgemerzt werden. »Bevor wir in diesem Land zu einer altmodischen Landwirtschaft zurückkehren, muss jemand entscheiden, welche fünfzig Millionen Amerikaner wir verhungern oder Hunger leiden lassen.«

Beim Arbeiten tischte ich meinem Vater alle diese ökonomischen Theorien auf, wobei er schwere Seufzer ausstieß und sich in Schweigen hüllte. Mir war klar, dass wir »produktiver« und »effizienter« werden müssten. Wir müssten mehr an uns selbst denken und nicht mehr so viel Zeit mit Dingen verschwenden, die kein Geld einbrächten – Dad bot seine Hilfe an, um den Dorfanger zu säubern, das Gemeindehaus zu streichen oder Nachbarn beim Schafescheren oder Heumachen zu unterstützen. Er liebte es, junge Pferde zuzureiten, damit konnte er Stunden verbringen. Er besuchte wahnsinnig gern Auktionen, um den Markt zu beobachten und ein paar Schafe oder Rinder zu kaufen und zu verkaufen.

~

Die neuen Technologien und ihre Einsatzmöglichkeiten sorgten dafür, dass auch unser Hof sich langsam auflöste, als zöge jemand an einem losen Faden eines alten Pullovers und ribbelte ihn auf. Erst verschwanden die Pferde. Dann die Schweine. Dann die kleinen Scharen von Hühnern und Puten. Der Wegfall von Teilen unseres Betriebs hatte alle möglichen Nebeneffekte. Als die Pferde verkauft waren, brauchten wir keine Felder mehr, auf denen wir Hafer anbauten. Als wir das Milchvieh abschafften, wuchsen bei den Melkständen Brennnesseln, und die Butterfässer, Stampfer und Formen wurden auf einem staubigen Regal im Vorratsraum gestapelt. Wir bauten keine Rüben, keine Gerste mehr an. Stattdessen kauften wir billiges Schaffutter von einer Mühle in der Region, hergestellt aus amerikanischen Lupinen, Mais oder Palmkernen. Alle Felder auf Dads gepachtetem Hof zeigten bald dieselbe Grünschattierung.

Im ganzen Landstrich hatte bereits eine große Vereinheitlichung begonnen, die sich immer weiter beschleunigte, da wir uns alle bemühten, mit der neuen intensiven Landwirtschaft Schritt zu halten und es ihr gleichzutun. Ich wurde Zeuge einer gewaltigen Verarmung. Fruchtfolgen fielen flach, man spezialisierte sich auf bestimmte Nutzpflanzen und Tiere, setzte Kunstdünger und Pestizide ein, kaufte neue Maschinen und nutzte sämtliche verfügbaren Konzepte und Verfahren, um den Ertrag zu steigern und mithalten zu können. Es war wie eine Art Rüstungswettlauf, bei dem die großen, modernen Betriebe versuchten, die kleinen, altmodischen Höfe wie den unseren zu schlucken.

~

Die ökonomischen Zwänge ließen den Landwirten praktisch keine Wahl. Es gab keine Pausentaste, die die Bauern drücken konnten, um auf einer bestimmten Entwicklungsstufe stehen zu bleiben, nur weil sie es sich so wünschten. Sie würden einfach pleitegehen oder aber in eine Schuldenspirale hineingeraten, wie es uns passierte. Die Preise für Agrarprodukte unterlagen jetzt dem globalen Wettbewerb und wurden von Riesenmengen börsenfähiger Massennahrungsmittel nach unten gedrückt, produziert von der supereffizienten neuen Agrarindustrie, die in Nordamerika die vorherrschende Form der Landwirtschaft war und sich rasch um den ganzen Erdball ausbreitete. Europa versuchte (oft erfolglos), diesen Prozess mit verschärften Vorschriften und Protektionismus zu stoppen oder zu bremsen. Hier gab es eine Alternativversion der modernen Landwirtschaft, mit anderen Bestimmungen zum Beispiel für das Tierwohl oder den Einsatz von Antibiotika, aber mit der Zeit tauchten dieselben Probleme auf. Die neuen Agrartechniken untergruben die alten Anbausysteme durch niedrigere Preise. Diese Preise spiegelten nicht mehr die Realbedingungen der Region oder der Jahreszeit. Konkret gesagt waren unsere Schafe nur noch halb so viel oder sogar noch weniger wert als vor einigen Jahrzehnten. Wenn die Preise zu steigen drohten, fuhren riesige Schiffe voller tiefgefrorenem Lammfleisch aus Neuseeland in britische Häfen ein und drückten die Preise wieder auf Tiefstände.

~

Einmal im Jahr besuchte uns ein kleiner Waliser mit Schnauzbart, der für die Regierung arbeitete. Er regte stets an, wir sollten mehr darauf hinarbeiten, Anspruch auf Regierungssubventionen zu erhalten, mit denen wir unseren Betrieb »verbessern«, die Felder vergrößern, die Sümpfe entwässern und alles »produktiver« machen könnten.

~

Manchmal wurde ich zu einigen der größten Höfe in unserer Region geschickt, um dort zu arbeiten. So bekam ich aus nächster Nähe Anschauungsmaterial zur neuen Landwirtschaft: riesige unkrautfreie Felder, riesige Maschinen und riesige Gebäude. Die Höfe, die ich kennengelernt hatte, während ich aufwuchs, wirkten alle ein wenig zusammengeflickt, weil zu den alten Gebäuden langsam neue hinzukamen. Der Gesamteindruck ähnelte ein wenig der Behausung eines Einsiedlerkrebses, der aus seinen alten Muschelschalen herauswächst und in immer neue umzieht. Bis zu den Fünfzigerjahren galt für die landwirtschaftlichen Gebäude in unserer Gegend eine maximale Breite von sechs Meter siebzig (22 foot), denn längere Balken ließen sich aus unseren Bäumen nicht sägen. Dann ließen wir die alten Vorgaben hinter uns, und die Gebäude wurden mit jedem Jahrzehnt breiter. Jetzt bauten die Bauern ein paar Kilometer von uns entfernt Monsterschuppen und riesige Industriekomplexe aus Stahlträgern und Betonplatten, fünfundzwanzig Meter breit und fünfundsiebzig Meter lang oder noch größer. Bald gab es landwirtschaftliche Betriebe, die aussahen wie Fabriken und genauso effektiv arbeiteten. Der uns bekannte Besitzer einer Schweinefarm im Eden Valley ließ die wunderschönen alten Scheunen und Ställe aus Sandstein mit ihren großartigen Bogengewölben abreißen, sodass nur ein Haufen Schutt und ein Steinboden zurückblieben, über dem die neuen Scheunen errichtet wurden. Mein Vater hielt das für blindwütigen Vandalismus, bezeichnend für die neue Landwirtschaft, in der nichts Altes mehr galt. Aber aus moderner Sicht waren diese alten Gebäude nur im Weg.

Vor zehn Jahren hatte ich mit dem rotblonden Jungen gespielt, der in dem Cottage auf diesem Hof gelebt hatte. Dort waren 5000 Schweine gehalten worden. Wir streiften durch die Scheunen, an den Abferkelkästen vorbei, in denen die Sauen grunzten und mit den Ketten klirrten. Wir hoben die staubigen Deckel der Ferkelnester und starrten auf die quiekenden Ferkel unter den orangefarbenen Wärmelampen. Der Ammoniakgeruch der Schweinegülle trieb uns die Tränen in die Augen. Überall waren Mäuse. Der »Schweineknecht«, ein Mann, dem immer eine Zigarette im Mundwinkel klemmte, forderte uns auf zu verduften. 1990 wurden auf diesem Hof an die 120 000 Schweine gehalten; Woche um Woche wurden über 5000 Stück an einen Supermarkt verkauft. Der Landwirt verfügte über eine ganze Flotte von Lastern, um Schweinefutter herbeizufahren und die Schweine zum Schlachthof zu transportieren.

Rückblickend betrachtet hatte er kaum eine andere Wahl. In der modernen Agrarindustrie hatte ein Schwein nur noch einen Bruchteil seines früheren Werts; die Gewinnspanne für jedes Schwein sank so dramatisch, dass nur noch riesige Betriebe sich die Produktion leisten konnten – kein Hof mittlerer Größe konnte hier mithalten und überleben. Mein Vater hatte einmal vierzehn Sauen gehalten, die pro Jahr etwa hundert Mastschweine für den Verkauf produzierten. Aber auf unserem Hof – wie auf tausend anderen – wurde diese bescheidene Schweinehaltung aufgegeben und durch industrialisierte Schweinefarmen anderswo ersetzt. Dasselbe geschah mit Hühnern, die ebenfalls leicht in großem Stil gehalten und mit dem billigsten Getreide gefüttert werden konnten. Und an alle diese Entwicklungen passten wir uns an und beugten uns dem Willen der Welt.

~

Ich bin nicht ganz sicher, wann sich bei uns das Gefühl einstellte, dass Dinge, die wir ursprünglich für gute Ideen gehalten hatten, einen Schritt zu weit gingen. Ich kann nicht behaupten, dass bei mir irgendwann der Groschen fiel, sondern erinnere mich nur an kurze Momente, in denen ich die Zweifel meines Vaters wachsen sah oder mein eigener Glaube an die Zukunft ins Wanken geriet.

Seit Jahren waren mir die Hässlichkeit und der Stress dieser Entwicklung bewusst. Wir hatten uns von landwirtschaftlichen Fachkräften verabschiedet, waren von Agrarpreisen niedergerungen worden und hatten unseren Viehbestand so vergrößert, wie ich es nie für möglich gehalten hätte. Wir kannten Bauern, denen ihr Hof über den Kopf wuchs und die in Arbeit, Schulden und Chaos untergingen. Es ließ sich nicht mehr übersehen, wie viele Höfe herunterkamen.

Die Wirtschaftsfachbücher, die ich las, handelten alle davon, wie sich die Lage zum Besseren wenden würde; es war nicht viel von den Verlierern die Rede, von ihrer Bedrängnis und von den Menschen, die sich jahrelang, manchmal jahrzehntelang weiter aufrieben, weil sie sonst nichts gelernt hatten. Unsere bäuerliche Gemeinschaft bröckelte und zerbrach.

~

Die einzige Spur, die die Kuh hinterlassen hatte, waren ein paar Hufabdrücke am Rand der Güllegrube und dann ein schmutziger, aufgewühlter Bereich, wo sie durch die verkrustete Oberfläche gebrochen war.

Wir waren über die Felder marschiert, Kühen hinterher, die ein paar Kilometer von unserem Hof entfernt aus einer von uns gepachteten Weide ausgebüxt waren. Es handelte sich um zweijährige Färsen, weibliche Jungkühe, lebhaft und gut genährt, mit lockigem rotem Fell. Sie hatten sich durch eine alte Hecke gedrängt, waren über ein raues, ungenutztes Stück Land gewandert, durch eine zweite Hecke und über eine große Wiese, dann hatten sie das Land eines der großen, neuen Milchviehbetriebe erreicht. Wir konnten sie fast alle wieder in sicheren Gewahrsam nehmen, flickten die Hecke und kehrten dann zurück, um nachzuforschen, was mit der verlorenen Kuh passiert war. Dad war ihr bald auf die Spur gekommen. Sie war in die Güllegrube des Hofs gelaufen, und nachdem sie versucht hatte, über die täuschend feste Kruste zu galoppieren, war sie in die Tiefe gestürzt und in der Dunkelheit versunken. Dad war frustriert und wütend, weil die Grube nicht ordnungsgemäß eingezäunt war und eindeutig eine Gefahr darstellte. Erst sah es so aus, als wollte er persönlich hineinsteigen und sich vergewissern, dass seine Kuh in der Grube lag, aber zum Glück überlegte er es sich noch einmal anders.

Der Bauer erschien und wies alles von sich, er behauptete, unsere Kuh sei nicht da drinnen. Dad fuhr ihn an, er solle bloß nicht den Dummen spielen; sie würde beim Ablassen der Gülle schon auftauchen. Und wenn er die Grube eingezäunt hätte, wäre unsere Kuh nicht so weit gekommen. Er solle jetzt schleunigst einen Sicherheitszaun um seine Güllegrube bauen, bevor noch ein Kind hineinfalle und ertrinke. Auf dem Heimweg tobte er, was für ein Scheißladen manche Betriebe jetzt geworden seien und wie unfallträchtig. »Lebensgefährlich sind die, verdammt noch mal!« Wir hatten das Gefühl, dass wir alle in einen Strudel hineingesogen würden, und auch wenn wir versuchten, immer schneller zu schwimmen, wären wir irgendwann erschöpft und würden in die dunklen Tiefen hinuntergezogen.

~

Wir standen auf dem Dach eines kleinen Schuppens und rissen die Holzbretter mit einem Klauenhammer und einer Brechstange herunter. Es war ein milder, bewölkter Tag; von den Brettern tropfte Kondenswasser. Dampf quoll aus dem Loch, das wir geöffnet hatten. Wir versuchten verzweifelt, mehr frische Luft in den Stall zu lassen, nachdem unter den Tieren eine Lungenentzündung ausgebrochen war, die in warmen, feuchten Milieus wie zum Beispiel unseren überfüllten Viehställen gedieh und sich ausbreitete. Jeden Herbst kaufte mein Vater einjähriges »Einstellvieh« auf unseren regionalen Märkten. Im Sommer weideten die Tiere auf den Wiesen, und im Winter wurden sie in Scheunen wie dieser eingestellt, mit einer Einstreu aus Stroh. Es handelte sich um neue »kontinentale« Rassen, die rasch wuchsen und schnell Fleisch ansetzten: rote und schwarze Limousin-Rinder, wild wie der Teufel; weiße Charolais, die einen Kopf größer waren als einige der alten einheimischen Rassen und deren Gewicht, wenn sie gut gefüttert wurden, regelrecht in die Höhe schoss; weißblaue Belgier mit zwei extrem dicken Muskelsträngen am Rücken. Dad zog sie auf, überwinterte sie, mästete sie und verkaufte sie an den Metzger. Nach einiger Zeit bauten wir die nicht mehr gebrauchten Heuschober in offene Viehställe um, mit Gittern, durch die die Tiere an die Silage und das zugekaufte Futter herankamen. Und jedes Jahr hatten wir mehr Vieh und weniger Platz, weil die Gewinnspanne mit jedem

Jahr sank und wir für denselben Ertrag immer mehr Rinder in den Stall pferchen mussten. Aber das brachte wieder eigene Probleme mit sich, weil die Tiere schmutzig werden, wenn zu viele in einem Stall stehen und über ihre Einstreu trampeln. Auch waren die umgebauten Gebäude schlecht belüftet, sodass es darin schnell muffig werden konnte und Krankheiten sich ausbreiteten. Manchmal kam es zur Katastrophe, wir verloren zwei, drei Stierkälber, und damit war unser Profit bei dem ganzen Jahrgang dahin. So gut diese Züchtungen auch sein mochten, schön und erstaunlich produktiv, waren sie doch nicht so zäh wie die einheimischen Rassen, die wir früher gehalten hatten.

Wir hielten auch doppelt bis dreimal so viele Schafe wie damals mein Großvater. Meine Mutter und ich halfen beim Lammen, wenn Dad auf den alten Hof meines Großvaters zum Arbeiten fuhr. Wir stellten auf modernere, »verbesserte« Rassen um, die schneller wuchsen und einen besseren, wertvolleren Schlachtkörper entwickelten, aber diese Schafe waren schlechte Mütter, fraßen mehr zugekauftes Futter und starben oft aus unerkennbaren Gründen. Zur Lammzeit hatte der Tag nicht genug Stunden. Wir teilten die Scheune mit Strohballen und Paletten, die wir mit Schnur zusammenbanden, in Pferche. Mum rannte darin herum und sorgte dafür, dass alle schwachen Lämmer gefüttert wurden. Sie füllte ihnen Wassereimer, gab ihnen Heu und bettete sie auf Stroh, damit sie sauber blieben, aber es waren immer zu viele in der Scheune und nicht genug Arbeitskräfte. Wenn es aufhörte zu regnen, brachten wir die kräftigsten Mutterschafe und ihre Lämmer auf einem Anhänger auf die Weiden und achteten bei den jungen, unerfahrenen Schafen darauf, dass sie ihre Lämmer richtig versorgten. Ich half Mum, die Schafe einzufangen, die kurz vor dem Lammen waren, denn Mum hatte nach einem schlimmen Bruch vor einigen Jahren einen Nagel im Knöchel und wurde nach einem Tag harter Arbeit lahm. Mein Vater brachte sie in Rage, wenn er müde und hungrig nach Hause kam, an unserer Arbeit mit den Schafen herumkritisierte und uns unter die Nase rieb, dass das Wetter in den Fells viel schlechter sei. Gern setzte er sich an den hastig gedeckten Abendbrottisch mit den Worten: »Ich habe keine Gabel.« Dann sah meine Mutter aus, als hätte sie ihm am liebsten eine in die Brust gerammt.

~

Mir wurde bewusst, dass sich unsere Einstellung zu unseren Tieren und unser Umgang mit ihnen änderten. Wir hatten die Tiere, die wir auf unserem Hof hielten, nie als Haustiere betrachtet und hatten ihnen gegenüber selten sentimentale Regungen, aber sie bekamen viel Pflege, und es entstand eine Art von Vertrautheit, die verschwand, als die Viehhaltung einen größeren Umfang annahm und technisierter wurde. Wir kannten den Charakter unserer Tiere gut, sie hatten alle ihre Geschichte. Von einem guten Viehhalter, einer guten Viehhalterin wurde ein enzyklopädisches Wissen über alle ihre Kühe und Mutterschafe erwartet. Aber in den expandierenden modernen Betrieben hatte sich etwas verändert. Die Tiere wurden nicht unbedingt schlecht behandelt, so etwas sah ich kaum, aber sie waren zu Produktionseinheiten geworden.

Bis in die jüngste Vergangenheit waren Tierprodukte wie Fleisch, Milch oder Eier teuer gewesen, weil sie nicht effizient in industriellem Maßstab produziert werden konnten. Die Logistik der Fütterung von Tausenden von Schweinen, Hühnern oder Kühen hätte früher jeden Bauern überfordert. In prämodernen Zeiten wuchs der größte Teil des Futters, das die Tiere fraßen, auf dem Hof selbst und wurde den größten Teil des Jahres von den Tiermäulern selbst abgegrast. Damit war die Viehhaltung auf die Anzahl der Tiere begrenzt, die die Bauern im Winter durchfüttern konnten, entweder mit winterfesten Früchten wie zum Beispiel Rüben, die sie anbauen konnten, oder mit Erntefrüchten wie Gerste, Hafer und Heu, die sie in Scheunen lagern konnten. Aber jetzt entfielen diese Beschränkungen, da Tonnen billigen Futters nur einen Anruf weit entfernt lagerten. Sogleich konnten Landwirte ihre Produktion ankurbeln und riesige Gebäude hochziehen, in denen die Umgebungsbedingungen genauer Kontrolle unterlagen. Damit ließ sich Futter weit effektiver in Körpergewicht, Milch oder Eier umwandeln. Ein moderner Landwirt, der etwas auf sich hält, würde niemals eine alte oder kränkelnde Kuh durchfüttern wie mein Vater Old Blackie. In den riesigen Stallanlagen existierten Schweine, Hühner oder Kühe nicht als Individuen, sondern als Produktionsmittel, als massenproduziertes, »Ertrag« abwerfendes »Stück Vieh«. Das mochten die meisten Menschen achselzuckend zur Kenntnis nehmen, aber ich fand es bestürzend und befremdlich.

~

Auf den modernisierten Milchviehhöfen, die wir kannten, kamen die Kühe überhaupt nicht mehr auf die Weiden hinaus. Wenn ein Betrieb einmal eine Herde von mehr als zweihundert Kühen hat, dann wird die Logistik des Austreibens problematisch. Die Kühe brauchen ewig, halten den Verkehr auf, zertrampeln an feuchten Tagen allein durch ihr Gewicht und ihre Anzahl den Boden und ruinieren das Gras. Das Gras zu mähen und es dem Vieh im Anhänger in die Stallungen zu bringen war viel »effektiver«. Die Kühe »verschwendeten« auch keine

Kalorien beim Laufen. Logistisch gesehen war das vernünftig und nahezu alternativlos, doch meinem Vater gefiel es nicht. Es war aber peinlich, offen darüber zu reden, denn unsere Freunde machten es jetzt so. Die Supermärkte priesen billige Milch an, damals herrschte gerade ein Preiskrieg. Milchbauern konnten sich keinen Stillstand leisten, da der Realpreis sank – Milch kostete weniger als in Flaschen abgefülltes Wasser. Also mussten die Milchbauern größer werden und intensiver wirtschaften. Mit Müh und Not überzeugten sie sich selbst, dass das in Ordnung war. Die Kühe im Stall sähen gut aus, sagten sie, und sie würden ihr Bestes tun. Mein Vater war kein Tierrechtler. Seine eigenen Kühe standen im Winter in Ställen oder Scheunen und sahen manchmal ein bisschen schmutzig aus, und er akzeptierte, was die Tierhaltung eben so mit sich bringt. Aber es den Kühen zu verweigern, den Sommer auf den Wiesen zu verbringen, ihnen diesen Moment der Freiheit im Frühling zu nehmen, wenn sie über die Weiden galoppierten und herumtollten, das widersprach all seinen Vorstellungen, was gut für eine Kuh ist. Doch die neue Landwirtschaft schuf ihre eigene Moral und Ethik, und der mussten sich die Menschen, die in ihren Sog gerieten, beugen – oder sie mussten zusperren. Und was sie anfangs schockiert hatte, wurde zur neuen Normalität.

~

Historisch betrachtet war die neue Art von Viehhaltung jedoch alles andere als normal, das stellten die Geschichtsbücher eindeutig klar. Vor dem zwanzigsten Jahrhundert forderte jeder, der eine größere Menge Vieh länger als eine kurze Zeit in einem einzigen Pferch, einer Weide oder einer Scheune hielt, das Unglück heraus. Die Tiere gediehen nicht oder wurden krank wie unsere Stierkälber in jenem Winter, weil die unhygienischen Bedingungen und der Mangel an den nötigen Vitaminen und Mineralstoffen zum Ausbruch von Krankheiten und Parasiten führten. Wenn Bauern versuchten, ihre Tierhaltung zu intensivieren, traten mit hoher Wahrscheinlichkeit katastrophale Verluste auf.

Auch in der Natur werden Tiere wie Rinder, Schafe, Schweine und Hühner von Parasiten befallen, aber die Gefahr, dass diese Parasiten ganze Bestände vernichten, ist minimal, weil sich die Tiere locker in der Landschaft verteilen und immer wieder von anderen Arten durchsetzt sind, sodass die Parasiten nicht so leicht von einem Wirtstier aufs nächste überspringen können. Die Übertragung von Krankheiten durch Speichel, Urin und Kot ist ebenfalls begrenzt. Frei grasende Wildtiere haben die Tendenz, sich von dem Boden, der mit ihrem Kot verschmutzt ist, zu entfernen (oder sie werden durch Beutegreifer in die Flucht gejagt). So finden sie frische Weiden und geraten weniger in Kontakt mit Parasiten wie Bandwürmern. Traditionelle Viehhaltungssysteme ahmten nach, was in der Wildnis funktioniert: Grasende Rinder oder Schafe waren am gesündesten, wenn sie von Hirten zu einer Vielzahl von Weiden im Wechsel getrieben wurden, oder wenn sie sich selbst überlassen blieben und ganze Landstriche durchstreifen konnten. Dann versorgten sie sich mit einer Vielzahl von Pflanzen, die ihnen die Nahrung samt Vitaminen und Mineralstoffen bieten, die sie brauchen und manchmal auch heilsam wirken.

Mit den neuen Intensivmethoden wurden Tiere in eine Umgebung gebracht, in der sie Schmutz, Stress und Krankheiten ausgesetzt waren; anschließend wurden sie mit Medikamenten behandelt, vor allem mit Antibiotika, Entwurmungsmitteln, Hormonen und Impfungen, die diese Probleme beheben sollten. Dank Antibiotika blieben die Tiere auch in überfüllten Stallungen von Industriehallengröße gesund, also unter Bedingungen, die sie früher krank gemacht hätten. Natürlich wurden Antibiotika auch eingesetzt, um einzelne kranke Tiere zu heilen. Bedenklicher war, dass Antibiotika großen Herden prophylaktisch verabreicht wurden, um Krankheiten vorzubeugen. Überraschenderweise fördern Antibiotika auch das Wachstum. 1950 entdeckten New Yorker Forscher, dass der Zusatz geringer Spuren von Antibiotika zum Tierfutter die Wachstumsraten der Tiere erhöht. In der Folge wurden Antibiotika dem Tierfutter routinemäßig beigegeben, vor allem in den Intensivbetrieben der amerikanischen Agrarindustrie, um bei Rindern, Hühnern und Schweinen die Futterverwertung zu verbessern.

Die Antibiotika und Impfungen zogen einen ganzen Rattenschwanz anderer Medizinprodukte nach sich, zum Beispiel antiparasitäre Entwurmungsmittel, die als Dusche eingesetzt oder den Tieren durch die Speiseröhre in den Magen gedrückt wurden, um Innenparasiten abzutöten, des Weiteren Pestizide, die Außenparasiten wie Läuse vernichten, Hormone, die das Wachstum der Tiere beschleunigen, Desinfektionsbäder für Schafe, die Woll- und Hautparasiten beseitigen. Mit diesen Mitteln an der Hand konnten Landwirte Tiere auf enger Fläche in solchen Massen halten, wie es niemals zuvor möglich gewesen wäre. Landwirtschaftliche Betriebe verwandelten sich in Fabriken, es ging nur noch um Zahlen, die von der Buchhaltung vorgegeben wurden. Kritiker nannten das Massentierhaltung.

~

Dad wurde gelegentlich von einem großen Milchviehbetrieb angefragt, um bei der Getreideernte zu helfen. Er fuhr dann einen Riesentraktor mit Riesenanhänger, brachte das Getreide vom Feld zur Scheune und sah, wie die Kühe gehalten wurden. Er hasste die wurschtige »Ist mir doch egal«-Arbeitsethik, die dort herrschte, und kam oft schimpfend nach Hause. Die Kühe mochten ja vierzig Liter Milch am Tag liefern, wetterte er, aber ihr Leben stehe immer auf der Kippe, sie müssten viel zu viel von ihrer Substanz hergeben und büßten ihre Robustheit ein. Sie würden mit schlechtem Wetter und Krankheiten nicht fertig und müssten verpimpelt werden wie Rennpferde. Eine von zehn Kühen sei lahm und habe wunde Knie und Sprunggelenke. Die Viecher seien mager wie alte Krähen und humpelten mit riesigen, geschwollenen Eutern herum, da sei die Mastitis nie weit entfernt. Der stolze alte Kuhknecht, der seine Kühe abgöttisch geliebt habe, sei gegangen, nachdem er sich jahrelang über die nie endenden Vergrößerungen der Herde beschwert habe, die zu einer schlechten Versorgung geführt hätten.

Eines Tages kalbte eine Kuh, und keiner schien dafür zuständig, ein Auge auf sie zu halten. Stunden später war das Kälbchen tot. Das hätte nicht sein müssen. Dad war wütend und fix und fertig. Er begriff nicht, wie so etwas passieren konnte. Der alte Vater des Bauern kam später und fluchte, als er das tote Kalb auf dem Beton liegen sah. Offensichtlich kümmerte sich niemand um diese Kühe so, wie er es früher voller Stolz getan hatte. Er nannte die Stallarbeiter »nutzlose Armleuchter«, aber auch er schien demoralisiert von diesem neuen System, das die frühere Sorge um das Tierwohl weggefegt hatte. Er sei nun zu alt, um das Steuer herumzureißen und die Sache wieder ins Lot zu bringen. Die Männer zuckten nur mit den Achseln und schlurften davon, um die nächste Arbeit zu erledigen. In den Augen meines Vaters wurden die bäuerliche Arbeit, das Land, die Kühe und die Menschen allesamt abgewertet. Die Bauern der alten

Schule hatten jeden Mut verloren. Die Fähigkeit, Dinge zu erkennen und richtig einzuordnen – der Stolz eines jeden Bauern –, war am Aussterben. Wenn mein Großvater an einem Gatter gestanden hatte, durchschaute er, was los war, indem er alles genau und aufmerksam beobachtete. Die traditionelle Tierhaltung erforderte Spezialwissen, Urteilskraft und sachkundige Menschen, die sich um die Tiere kümmerten und ihre Bedürfnisse erkannten. So etwas ließ sich nicht auf die Massenproduktion übertragen. Landarbeit war früher nie einförmig und vorhersehbar gewesen. Tiere waren unterschiedlich in Größe und Körperbau, sie reiften zu unterschiedlichen Zeiten. Bauern schlachteten ein Tier, wenn es so weit war, bereiteten sein Fleisch zu und machten es haltbar – aber das geschah nicht jede Woche und war weit entfernt vom Fabrikideal identischer »Commodities«, die alle gleichzeitig in die Läden kommen konnten. So unglaublich es klingt, Nutztiere wurden auf größere Einheitlichkeit hin gezüchtet.

Mit einigen der neuen Bauern, die eine hochintensive Landwirtschaft betrieben, waren wir befreundet. Wenn ich mich mit ihnen im Pub oder auf Landwirtschaftsschauen unterhielt, wurde klar, dass sie mit einer ganz neuen Denkweise an die Dinge herangingen. Sie waren wie eine völlig neue Spezies von Landwirt. Um Probleme zu lösen, zogen sie wissenschaftliche Erkenntnisse, Technologie und Maschinen heran, bis ihr Betrieb wie am Schnürchen lief, mit industrieller Effizienz. Diese Landwirte waren die Personifizierung betriebswirtschaftlicher Ideen.

Wissenschaftler, die sich mit tierischer Genetik beschäftigten, konnten »nutzlose« genetische Merkmale ausfindig machen und eliminieren, was etliche ziemlich grundlegende Eigenschaften und Instinkte einschloss, die die Tiere in einer halbnatürlichen Umgebung stets benötigt hatten. Der Fokus verlagerte sich auf die Entwicklung produktiver Merkmale wie Wachstumsgeschwindigkeit und Körpermasse, verbesserte Milchleistung und Futterverwertung. Eigenschaften, die das Tier zur Bewegung, Futtersuche oder auch zur natürlichen Fortpflanzung brauchte, konnte man mit jeder neuen Generation weiter verkümmern lassen und im Gegenzug alles betonen, was für den menschlichen Verbrauch wertvoll war. Diese Veränderungen im Körperbau von Nutztieren kamen nicht auf einen Schlag, mit einem einzigen magischen Trick zustande, sondern durch die Anwendung einer ganzen Klaviatur wissenschaftlicher Disziplinen und Instrumente, die kombiniert wurden, um zusätzliche »Grenzerträge« zu erzielen, was eine gewisse Ähnlichkeit mit den Kriterien hat, nach denen man im Sport ein Eliteteam formt. Aber es sprang ins Auge, wie anders die Tiere aussahen; ihre Transformation war beunruhigend.

Die größten Produktivitätszuwächse gab es bei Schweinen und Hühnern, die in großer Anzahl gehalten werden konnten, sich schnell vermehrten und selektiv darauf hingezüchtet werden konnten, billigen Mais oder Weizen effektiv in Muskelmasse umzuwandeln. Ich habe gelesen, dass sich seit 1950 die in der Intensivhaltung benötigte Zeit, um ein Huhn vom Schlüpfen bis zur Schlachtreife zu bringen, von dreiundsechzig Tagen auf achtunddreißig Tage verringert hat. Und das bei halbiertem Futterbedarf. Gleichzeitig werden die »neuen« Schweine und Hühner mit Antibiotika am Leben erhalten, mit Unmengen Protein gefüttert und bei konstanten Temperaturen untergebracht. Sinn der Haltung von Tieren war schon immer ihre Nutzung gewesen (kein sehr schönes Wort, aber grundsätzlich richtig – jedes auf Zellen gegründete Leben braucht und nutzt andere Organismen), aber die Intensivhaltung treibt diese Nutzung ins Extrem.

Die verbesserten Züchtungen wurden von Großunternehmen entwickelt, die nicht nur die Gene der verbesserten Schweine oder Hühner »besaßen«, sondern auch die Verarbeitungs- und Lieferkette. Fast alle Hühnerfarmen wurden von Großunternehmen übernommen, kleine Bauern verschwanden oder wurden von Großunternehmen unter Vertrag genommen, um für sie Schweine und Hühner zu halten. Als ich zwanzig war, gab es auf den Höfen ringsum kaum noch Hühner oder Schweine, dafür ein, zwei riesige Schweinefarmen einige Meilen entfernt.

Viele unserer Freunde und Verwandten waren Milchbauern, und so erlebten wir den Wandel dieses Bereichs hautnah mit. In meiner Kindheit gehörten die meisten Milchkühe in unserer Landschaft der Rasse der Shorthorn-Rinder an, widerstandsfähige Zweinutzungsrinder in den Farben Rot, Rotschimmel und Weiß, die mit allen Außenbedingungen zurechtkamen. Sie lieferten sowohl bei Milch als auch bei Fleisch einen vernünftigen, wenn auch nicht extrem hohen Ertrag. Historische Aufzeichnungen geben uns sehr genaue Vergleichszahlen zur Produktivität einer Kuh bei traditioneller Haltung. Die Jahrbücher des Shorthorn-Zuchtverbands berichten, dass 1954/1955 die größte Herde in unserem Gebiet (mit Aufzeichnungen über den Milchertrag) aus dreiunddreißig Kühen bestand. Der Shorthorn-Zuchtverband verlieh Medaillen für die Kühe mit der höchsten Milchleistung, die bei vierzehn bis achtzehn Litern pro Tag lag. Milch-Shorthorns wurden zwischen den Sechziger- und Achtzigerjahren durch schwarz-weiße Holstein-Rinder, ab 1990 durch nordamerikanische Holstein-Friesian-Rinder ersetzt. Diese hochgezüchteten Tiere produzierten mehr als doppelt so viel wie die Kühe, die mein Vater in meiner Kindheit gemolken hatte: vierzig bis vierundvierzig Liter pro Tag. Es lohnt sich, einen Augenblick innezuhalten, um diese Information zu verarbeiten. Es brauchte zehntausend Jahre Domestizierung und selektiver Zucht, um eine Kuh hervorzubringen, die täglich achtzehn bis zweiundzwanzig Liter Milch gab. Während meiner Lebenszeit hat sich diese Menge verdoppelt. Kaum jemand außerhalb des Agrarbereichs hat diesen unglaublichen Wandel zur Kenntnis genommen. Die neuen Höchstleistungskühe halten oft nur noch zwei bis drei Laktationsperioden durch (Milchzyklen nach jedem Kalb), dann sind sie ausgelaugt, leiden an Lahmheit, Mastitis oder schlichtweg an Erschöpfung, weil sie zu einseitig auf das Ziel maximalen Milchertrags hin gezüchtet wurden. Dad hatte nur Verachtung für die Holsteiner übrig, die »kaum einen Regenschauer durchstehen, ohne sich zu erkälten«.

Kaum zu glauben, aber dieser Intensivierungsprozess beschleunigt sich noch weiter. Die größten britischen Herden zählen heute über tausend Kühe, weltweit gibt es Herden von mehreren Zehntausend Tieren. Über fünfzig Prozent der britischen Milch stammt heute von Kühen, die den Stall nie verlassen. In den Elitezuchtherden werden die Kühe so rasch verbessert, dass aus jeder Generation nur die ersten weiblichen Kälber zur Weiterzucht behalten werden. Denn wenn die Kühe ein Jahr später ein zweites Mal kalben, sind die Gene der nächsten, ein Jahr jüngeren Kuhgeneration bereits überlegen.

Mit dem Verschwinden der Tiere in den Ställen verschwanden auch die großen Gruppen Landarbeiter, die früher Fußball auf unserer flachsten Wiese gespielt hatten. Stuart, der letzte Knecht, der bei uns gewohnt hatte, verließ 1978 sein kleines Zimmer im Haus meines Großvaters und zog in die nächste Stadt. Für uns war er wie ein Familienmitglied gewesen; meine

Großmutter pflegte ihn, als er Krebs bekam. Er brachte meinem Vater mehr praktisches Wissen über die Landwirtschaft bei als mein Großvater. Solche Männer (und Frauen) gab es vor dreißig Jahren überall. Sie kannten die Felder ganz genau, manchmal besser als die Bauern. Aber mit jedem Jahr arbeiteten weniger Menschen auf den Höfen. Heute setzen die meisten von uns nie einen Fuß auf den Boden, der sie ernährt – je nach Standpunkt eine Befreiung von stumpfsinniger Plackerei oder aber der Kontaktverlust zu den grundlegenden Vorgängen, die uns am Leben erhalten.

~

Auf dem Land setzte eine Tendenz zur Vereinzelung ein, unser Leben wurde privater, spielte sich mehr hinter geschlossenen Türen ab. Dörfliche Tanzveranstaltungen, wie die Generation meines Vaters sie kannte, fanden kaum noch statt. Das Alkoholverbot am Steuer setzte den Autofahrten, ohne die der Besuch vieler geselliger Zusammenkünfte nicht möglich war, ein Ende. Unser Dorfpub schloss vor zwanzig Jahren, und die Männer blieben nun meist zu Hause. Einige Freunde meines Vaters leisteten dieser Entwicklung Widerstand, so lange sie konnten, und lieferten sich, wenn sie betrunken aus weiter entfernten Dorfpubs zurückkehrten, mit der Polizei Verfolgungsjagden über Rüben- oder Gerstenfelder, bei denen sie knapp entkamen und in den frühen Morgenstunden schlammbedeckt, aber triumphierend in ihre Bauernhäuser wankten. In den Dörfern lebten weniger Menschen, und die kamen in die Jahre. Städter wollten sich nun, wenn sie in Rente gingen, in ein hübsches Dorf auf dem Land zurückziehen. Sie hatten mehr Geld als die letzten Landarbeiter, und so verlagerte sich die gesellschaftliche Zusammensetzung in den Dörfern mehr in Richtung Mittelschicht. Dazu kamen kulturelle Veränderungen, angefangen beim Fernsehen über den Zuzug neuer Bewohner bis zur Technologie der modernen Welt. Das Leben vieler Menschen orientierte sich nun hin zur nächsten Kleinstadt als kulturellem Anziehungspunkt mit Läden, Kino und Freizeitzentrum; die dörfliche, bäuerliche Tradition geriet ins Abseits. Das Erntedankfest mit der Auktion im Gemeindesaal, wo Obst, Marmeladen, Bonbons und Brot versteigert wurden, war für mich als Kind ein Highlight gewesen, aber solche Dinge wurden nun bedeutungslos und liefen sich tot.

~

Die großen Landwirte in unserer Bekanntschaft, die ihre Betriebe modernisierten, klangen sehr nach Earl Butz. Oft hatten sie Landwirtschaftsschulen besucht und glaubten felsenfest an das Evangelium der Effektivität. Sie waren »Geschäftsmänner« und Teilnehmer an einem verzweifelten Wettrennen, aus dem sie als Sieger hervorgehen wollten, während alle anderen zurückblieben, aufgaben und ihre Höfe verkauften. Alles musste groß und schnell sein. Sie waren gnadenlose Kapitalisten. Dad blickte bei ihnen nicht ganz durch. Er nannte sie »Hemd-und-Krawatten-Bauern«, die mit ihren Range Rovern allzu »protzig« daherkamen. Sie machten sich die Hände nicht schmutzig und klangen, als würden sie für einen Konzern arbeiten – sie rasselten Zahlen zum durchschnittlichen Milchertrag pro Kuh herunter, zum Feuchtigkeitsgehalt des Getreides oder zu ihren Produktionskosten. Oft arbeiteten Dutzende von Leuten für sie. Die großen neuen Farmen hatten viel Personalwechsel, weil die Arbeit, die jetzt von ungelernten Kräften verrichtet werden konnte, langweilig und schmutzig war – sie hatte mehr mit eintöniger Fabrikarbeit zu tun als mit der komplexen Viehhaltung und Feldarbeit von früher. Und so kamen und gingen ausländische Wanderarbeiter, und man kannte nicht einmal ihre Namen. Die alten Landarbeiter hatten sich oft ihrem Chef ebenbürtig gefühlt (zumindest in unserer Gegend, wo die Höfe klein waren), aber jetzt kamen die Arbeiter dem Bauernhaus nicht mehr sehr nahe. Dad war der Meinung, diese Landwirte vergäßen ihre Werte und litten an Größenwahn. Am wenigsten konnte er begreifen, dass sie sich alles entgehen ließen, was im Bauernleben Spaß machte: den direkten Kontakt mit den Tieren, die Tätigkeiten auf Feldern und Wiesen, die große Kenntnisse voraussetzten. Er bemitleidete diese Leute, obwohl sie viel reicher waren als er, weil er sich nichts Schlimmeres vorstellen konnte, als ein Konzernchef zu sein und in einem Büro festzusitzen.

~

Mein Vater zersägt Holzstämme mit seiner Kettensäge. Die Bäume in der Ferne werfen das zweitstimmige Jaulen als Echo zurück. Ich hebe die Holzscheiben auf, die hinter ihm zu Boden fallen. Die Schnittflächen mit ihren Ringen zeigen ein kräftiges, saftiges Orange. Ich werfe sie auf unseren Anhänger, mit dem wir sie nach Hause bringen und zu Feuerholz trocknen lassen. Die kleineren Zweige sammeln wir auf einem Haufen und werden sie später verbrennen. Wir roden eine der alten Dornenhecken, die wir früher niedergelegt und weitergepäppelt hätten, aber diese haben wir nun aufgegeben.

Wir legten fast gar keine Hecken mehr auf die altmodische Weise von Hand nieder. Wie das Mähen der Disteln mit der Sense nahm es viel Zeit und zusätzliche Arbeitskraft in

Anspruch, die wir nicht mehr hatten. Als John, der letzte unserer Landarbeiter, alt wurde und ging, fielen die qualifizierten Arbeiten, die er ermöglicht hatte, einfach flach. Erst wurden die Hecken nur struppiger und schossen in die Höhe, doch mit den Jahren ging im unteren Bereich ihre Dichte und Pflanzenvielfalt verloren. Was blieb, war nur noch eine Reihe alternder, zerzauster, stacheliger Bäume. Ihre ausladenden Zweige zerkratzten unsere teuren Traktoren, und in ihrem Schatten ging viel Gras verloren, weil dort nicht gemäht werden konnte. Mit jedem Sturm kippten ein paar weitere der alten Bäume um, sodass sie nicht einmal mehr zur Grenzmarkierung taugten. Also räumten wir sie mit einer Kettensäge oder einem Bagger weg. Auf diese Weise erhielten wir größere Felder, die wir besser nutzen konnten. Hecken und Mauern waren zum Ärgernis geworden. Die Hecken, die wir nicht rodeten, stutzten wir mit einer Maschine, die seitlich am Traktor befestigt war, eine Art Mäher an einem Teleskoparm. Bald waren das keine echten Hecken mit einem dichten, lebendigen, eng verflochtenen Kern mehr, aber aus einiger Entfernung sahen sie immer noch einigermaßen gut aus, sauber und flach abrasiert. Mit den dichten Hecken meiner Kindheit hatten sie jedoch nichts mehr zu tun, und als sie alt wurden und verloren gingen, wurde die Landschaft kahler.

Wir warfen die letzten Holzstücke auf den Anhänger, und ich blickte zurück auf das, was einmal eine buschige alte Hecke gewesen war. Ich erinnerte mich, wie ich darin als Kind mit einem halben Dutzend anderer Dorfkinder Verstecken gespielt hatte. Und als Teenager hatte ich einmal gesehen, wie einer der älteren Jungs dort mit dem Luftgewehr ein Kaninchen schoss: Es hatte sich überschlagen, als ob es den Schrot von sich abschütteln wollte. Jetzt wurde die Hecke vernichtet und die mit ihr verbundene Vergangenheit ausgelöscht.

In Großbritannien verschwand zwischen dem Zweiten Weltkrieg und heute mehr als die Hälfte der Hecken. Tausende Meilen gingen jedes Jahr verloren. Manche der Hecken waren jahrhundertealt und voller erstaunlicher, seltener Tier- und Pflanzenarten. An diesen Aspekt dachten wir damals nicht, aber er schob sich mit der Zeit immer mehr in den Vordergrund und gewann an Bedeutung.

~

Die leisen Zweifel an der modernen Landwirtschaft wuchsen in mir immer weiter und wurden ohrenbetäubend laut. Die Kostensteigerung Jahr für Jahr schien kein Limit nach oben zu kennen. Vielleicht war es ganz in Ordnung, dass wir nicht zu den Siegern gehörten; damit konnte ich mich abfinden, konnte mich anpassen und überleben. Und nach einer Weile waren kaum noch Sieger zu sehen. Die riesige Schweinefarm, auf der ich als Kind gespielt hatte, ging bankrott und wurde verkauft. Und eine alte, bunte Flickenlandschaft voller arbeitender Menschen, mit den unterschiedlichsten Nutztieren und einem natürlichen Artenreichtum, war einer gesichtslosen, kahlen, eintönigen, denaturierten und menschenleeren Landschaft gewichen.

~

Je mehr »Fortschritt« wir sahen, desto weniger gefiel er uns. Wir hatten immer einen Vergleichsort, an dem wir ihn messen konnten, denn auf der Fell-Farm meines Großvaters konnte sich der Fortschritt nie so recht durchsetzen. Wir behielten diesen rückständigen kleinen Hof, und er wurde für meinen Vater und mich ein Gegenentwurf zur neuen Landwirtschaft. Das merkwürdige

Nebeneinander zweier Wirtschaftsweisen hatte einen unerwarteten Einfluss auf meine Familie. Wir sahen täglich eine »Vorher«- und eine »Nachher«-Version eines britischen Bauernhofs. Das forderte kritische Urteile nur so heraus und ermöglichte direkte Vergleiche, was ja für andere Bauern nicht so leicht zu haben ist. Aber der deutlichste Fingerzeig kam vom Feld am Rand der Straße zwischen unseren beiden Höfen, wo ein alter Mann namens Henry gelebt hatte.

~

Der alte Henry sah aus wie ein Bauer aus dem Bilderbuch. Er war vierschrötig von Statur, wohlgenährt und hatte ein gerötetes Gesicht. Er lief immer in einer Tweedhose herum, und aus seinen zerknautschten Jackentaschen blitzten Schnur und ein Heubüschel hervor. Er ging bedächtig und sprach bedächtig. Wir waren nicht oft bei ihm, wussten aber, dass er ein anständiger Mann war. Sein Pachthof gehörte zum selben Landgut wie unserer, ein schöner alter Hof mit großen Steinscheunen und einem stattlichen Haus, prächtiger als unseres. Der Hof musste einmal floriert haben. Jetzt wirkte er altmodisch, es fehlten die riesigen Stahlträgergebäude der modernen Betriebe.

Wenn der Name Henry fiel, war das für uns so viel wie ein freundlicher Witz über Bauern, die nie modernisiert hatten und von ihren fortschrittlichen Nachbarslandwirten abgehängt worden waren. Er wirtschaftete altmodisch, als Mischbetrieb mit Gersten- und Rübenfeldern, die er in Fruchtfolge bewirtschaftete. Im Winter düngte er seine Felder mit dem Mist auf Strohbasis, der im Misthaufen verrottet war, und verzichtete auf Kunstdünger oder Gülle, die wir nun alle benutzten. Herden großer, schwarzgesichtiger Suffolk-Schafe weideten die Stoppeln und die Rüben ab. Große Hereford-Bullen mit dem rassetypischen breiten Rücken grasten auf den Weiden. Henry war ein guter Landwirt, hatte aber sein Verfallsdatum überschritten, und das schon seit ein, zwei Generationen. In unseren Augen steckte er im Althergebrachten fest und war über die Arbeitsmethoden seines Vaters nicht hinausgekommen. Er hatte kein Interesse daran, seinen Hof umzumodeln, und überlebte trotzdem irgendwie. Wir spekulierten, dass er es deshalb schaffte, weil er keine Frau und keine Kinder hatte und ein »ruhiges Leben« führen konnte, ohne viel Geld auszugeben.

Henry erschien uns wie eine letzte, hier gestrandete Riesenschildkröte aus der Vergangenheit, alle seinesgleichen waren ringsum verschwunden. Als ich klein war, machte mein Vater Bemerkungen über Henrys überholte Art des Wirtschaftens, wenn wir auf der Hauptstraße an seinem Land vorbeifuhren. Henry machte im Spätsommer Wiesenheu, nicht Silage wie alle seine Nachbarn. Er mähte zwei Monate später als die Intensivbetriebe weiter talwärts und einen Monat später als wir. »Da mäht der gute alte Henry endlich seine Wiesen …«

Dad mochte Henry. Er machte sich liebevoll über seine »Rückständigkeit« lustig, doch mit den Jahren schlug sein leicht verächtlicher Ton in Bewunderung um. Lange hörte ich nicht zu. Ich klinkte mich aus und beobachtete die Kiebitze, die über Henrys Wiesen aufstiegen, ihre paddelartigen Flügel, die in der Wintersonne weiß, blau und smaragdgrün aufblitzten. Ich begriff die Gründe erst Jahre später, kann mich aber deutlich erinnern, dass am Himmel über seinem Hof die Vögel nur so schwärmten, Brachvögel, Kiebitze und Saatkrähen, und im Winter konnte man ganze Scharen von Feldhasen beobachten.

Als Henry starb, schienen die Nachbarn traurig, dass einer der Letzten vom alten Schlag nun fort war. Er mochte mit seiner

Wirtschaftsweise nicht auf dem neuesten Stand gewesen sein, war aber allgemein beliebt gewesen. Der Landeigentümer teilte Henrys Hof auf und schlug sie den benachbarten größeren und moderneren Höfen zu. Einer der Freunde meines Vaters hatte seinen Hof nebenan und übernahm einen Teil von Henrys Land. Er ließ dort eine Bodenanalyse machen, um festzustellen, was er auf dem Boden ausbringen sollte, um ihn produktiver zu machen (er ging selbstverständlich davon aus, dass er Kunstdünger oder Kalk brauchen würde, um den Boden zu optimieren). Auf intensiv bewirtschaftetem Land wurden regelmäßig Bodenproben genommen, um zu sehen, welche Nährstoffe künstlich ergänzt werden sollten.

Doch der Laborexperte berichtete, dass der Boden zu den besten gehöre, die er je untersucht habe. Henrys Boden sei gesund. Er brauche nichts. Er sei voller Regenwürmer, nährstoffreich und fruchtbar. Für meinen Vater war diese Nachricht eine Offenbarung. Er war erschüttert, denn dadurch kam ans Licht, was die neue Landwirtschaft dem Boden antat. Der altmodischste Bauer in der Gegend hatte den gesündesten Boden. Die Männer debattierten im Pub darüber. Dad sagte, der Weg, den die Landwirtschaft jetzt gehe, sei Schwachsinn und der alte Henry habe mehr gewusst als der ganze Rest von uns »verblödeten Saftsäcken«.

Wochenlang ließ sich Dad jedes Mal, wenn wir an Henrys Hof vorbeifuhren, darüber aus, was für verdammte Idioten wir seien. Die Nachricht bestätigte Dads Bauchgefühl, das er schon seit Langem hatte. Tief im Inneren hatte er an viele der Veränderungen nie geglaubt, und mit jedem Jahr wuchs seine Skepsis. Wir machten mit bei den Neuerungen, weil uns nichts anderes übrig blieb – wir schafften mehr Rinder und Schafe an, kauften größere Maschinen, führten alle diese Neuerungen ein und verloren gleichzeitig gute Leute. Doch wo sollte das alles hinführen? Wenn die modernen Methoden den Boden verschlechterten und ihn zum Junkie machten, der immer mehr Stoff forderte, immer mehr Chemikalien aus dem Laden – wie nachhaltig war das denn? Dad konnte nicht ganz aus dem Hamsterrad aussteigen, aber er durchschaute es. Unsere Freunde und Verwandten, die gigantische neue Landwirtschaftsbetriebe aufbauten, mit Riesengebäuden und jeder Menge Maschinen und Angestellten, bewunderte er nicht mehr, sondern machte sich Sorgen um sie. Er fand ihre auf Schulden gebaute Welt hässlich, zunehmend riskant und schwankungsanfällig; eines Tages würde alles zusammenbrechen. Und als es zu den ersten Zusammenbrüchen kam und einige der größten Betriebe pleitegingen, verteidigte er sie und sagte, wir hätten uns alle über den Tisch ziehen lassen. Es machte keine Freude, zusehen zu müssen, wie Bauern ihre Höfe verloren.

Mein Vater wusste, dass die Wahrheit in Henrys Boden lag.

~

Die alten Bauern hier sagten, wo viel Mist, da viel Geld. Sie wussten, dass sie den Boden ernähren mussten, und zwar richtig, sonst plünderten sie ihn aus, und das wäre das Ende.

Der Kot in den Misthaufen meines Großvaters war voller verdauter Fasern aus Futterpflanzen wie Heu. Über den Winter verrottete das Ganze und wurde dann mit einem Miststreuer auf den Feldern verteilt wie eine Art Kompost. Aber als wir dazu übergingen, unser Vieh mit Silage und zugekauftem proteinreichen Futter zu füttern, produzierte unser Hof eine ganz andere Art von Exkrementen. Aus dem Hinterteil unserer Kühe platschte jetzt Flüssiges in dicken Strahlen – Gülle. Die ist viel nitrathaltiger als Mist und gibt schädliche Gase ab. Sie lässt sich nicht auf einem Misthaufen lagern, aber wir hatten keine teure neue Güllelagune. Dad hatte ständig Angst, dass die Gülle, wenn wir sie nicht sofort ausbrachten, hinunter zum Fluss fließen und ihn verschmutzen würde. Dann würden wir im Gefängnis landen. Also verbrachte ich neun Winter quasi damit, Dünnschiss zu verteilen.

Zwei Dinge, die voneinander profitieren, die Tierhaltung und die Düngung der Felder, wurden in der modernen Landwirtschaft getrennt; damit entstanden an zwei Orten zwei massive Probleme von industrieller Größenordnung. Die Betriebe mit Tausenden von Tieren produzierten mehr Kot, als ihr Land verkraften konnte, während Ackerbaubetriebe keine Tiere mehr hatten, die die Felder düngten, und komplett von Haber-Bosch-Düngern abhängig wurden. Das Vieh in den neuen Systemen produzierte einen so säurehaltigen Kot in Form von Gülle, dass der Boden, auf dem sie ausgebracht wurde, verdichtete und das Bodenleben abstarb. Ackerbaubetriebe düngten mit Ammoniumnitrat und töteten ebenfalls ihr Bodenleben. Auf beiden Seiten dieser irrsinnigen Aufspaltung wurden die unsichtbaren Bodenlebewesen vernichtet. In einem Teelöffel gesunden Bodens dagegen leben sie milliardenweise; sie sind es, die die ganze Arbeit leisten.

~

Ein, zwei Meilen hinter Henrys Land deutete mein Vater auf ein Feld neben der Straße, das gerade gepflügt wurde. Ein riesiger roter Traktor zog einen riesigen blauen Pflug. Ich merkte meinem Vater seine Unruhe an. »Schau mal«, sagte er dann, »dem Pflug folgen keine Möwen oder Krähen.« Das schockierte ihn. »In diesen Feldern kann es keine Würmer geben. Die Gülle hat sie alle umgebracht.«

~

In jenen Jahren hatte ich ein Zimmer, das auf den Hof hinausging, und einen Meter unter dem Fensterbrett ragte eine Reihe Steine aus dem Mauerwerk. Ich war nie gern im Haus, und sobald ich groß genug war, um die Steine zu erreichen, stahl ich mich oft hinaus. Diese Gewohnheit habe ich nie abgelegt. Nach den langen Arbeitstagen mit meinem Vater hatte ich es satt, gesagt zu bekommen, was ich zu tun und zu lassen hatte, und unter ständiger Beobachtung zu stehen. Deshalb begann ich, nachts herumzuwandern. Ich ließ die Beine aus dem Fenster baumeln, bis ich mit den Füßen die Steine ertastete. Dann kletterte ich wie Spiderman seitlich die Fassade entlang zum Dach auf dem hinteren Teil der Küche, das bis zur Wiese hinunterreichte. Und weg war ich, allen wachsamen Augen entzogen. Fünf Minuten später verschwand ich hinter der Hügelkuppe. Ich ging oft unsere Schafherde beobachten, freute mich, wenn die Lämmer zu mir kamen, und sah sie mir genau an, welches wohl das Zeug zu einem künftigen preisgekrönten Star hätte. Wenn die Schafe davontrotteten, lehnte ich mich mit dem Rücken an einen Fels oder Baumstamm oder kletterte in eine alte Eiche. Ich liebte die Wildtiere, die immer noch in unseren Wiesen und Feldern lebten. Die Hasen, die zwischen den Schafen Gras fraßen. Die Austernfischer, die drei Eier auf die verrottete Trittstufe des Zauntritts in dem Feld legten, in dem ich vor Jahren mit meinem Großvater gearbeitet hatte. Die Saatkrähen, die auf unseren Weiden nach Würmern und Larven wühlten. Den Turmfalken, der über dem längeren Gras bei den Hecken schwebte. Am meisten liebte ich vielleicht die Brachvögel, die wie Gespenster über unsere Weiden und Wiesen flogen und deren Rufe im Wind verwehten. Ich hatte mein Leben lang unter ihren Flügeln und ihrem Gesang gelebt.

~

Eines Nachts nahm ich ein altes Taschenbuch mit und las, mit dem Rücken an eine dicke Eiche gelehnt. In unserem Städtchen gab es einen kleinen Buchladen, in dem ich mich mit Lesestoff versorgte. Der Inhaber war eine Art Althippie. Wenn man in seinen Laden trat, stieß man erst einmal auf einen Tisch, auf dem Bücher über Natur ausgebreitet lagen. Zwischen Büchern über Otter und Wanderfalken gab es auch einige zornigere, politische Bücher – Bücher über den ökologischen Niedergang auf dem Land. Zu Hause wurde mir eingeschärft, mich von solchem Zeug fernzuhalten. Als wir im Fernsehen zum ersten Mal mit dem Thema Umweltkatastrophe konfrontiert wurden, kam meine Familie zu dem Schluss, dass die Umweltaktivisten Spinner waren. Mein Dad kriegte einen dicken Hals, wenn er von Leuten belehrt wurde, die eindeutig ein bequemeres Leben führten als er. Nach einem solchen Bericht schaltete Dad den Fernseher aus und erklärte: »Wenn es nach diesen Armleuchtern geht, dann betreiben wir hier bald eine Schmetterlingsfarm.«

Das Buch, das ich unter dem Baum in Händen hielt, war Rachel Carsons *Der stumme Frühling*.

Ich befürchtete, jetzt werde ein Geschimpfe über die Bauern losgehen. Stattdessen fand ich auf den Seiten eine gut begründete Bestätigung all dessen, was ich seit einiger Zeit selbst vermutet hatte: Die neuen landwirtschaftlichen Technologien und Methoden waren keine segensreichen Werkzeuge des Fortschritts. Sie waren vielmehr ein Arsenal chemischer und mechanischer Waffen, die tief in die naturnahe bäuerliche Landschaft eingriffen, weil sie die biologischen Regeln auf den Kopf stellten. Nach einer halben Stunde Lektüre hob ich den Blick vom Buch und richtete ihn auf die Felder und Wiesen vor mir. Ich wusste, dass Rachel Carson recht hatte. Sie ist als die Frau bekannt, die der Welt die Augen für die Gefahren von Pestiziden, vor allem von DDT geöffnet hat. *Der stumme Frühling* erschien 1962 und stellte eine bemerkenswerte Aussage in den Raum: Der erträumte Fortschritt in der Landwirtschaft durch Industrialisierung funktioniere nicht. Carson enthüllte, dass Pestizide ganze Ökosysteme vergiften und dass Chemikalien oder Medikamente ihre Wirkung umso schneller verlieren, je mehr die Bauern davon einsetzen. Es war eine gesicherte biologische Erkenntnis, dass Schädlinge und Bakterien gegen die Spritzmittel rasch resistent werden. Oft wird fälschlicherweise angenommen, dass Rachel Carson, eine amerikanische Meeresbiologin und Umweltschützerin, grundsätzlich gegen jeden Gebrauch von Pestiziden gewesen sei, doch tatsächlich plädiert sie in ihrem Buch für den zielgenauen Einsatz von Pestiziden, wo immer nötig, und für biologische Lösungen, wo immer möglich. Sie erkannte, dass die (von Chemiekonzernen bereitgestellte) Gegenwehr der Landwirtschaft zwangsläufig eskalieren musste, dass immer mehr und immer stärkere chemische Mittel eingesetzt werden mussten, dass ein erbittertes Wettrennen zwischen Agrarchemie und der Pflanzen- und Tier-DNS losgetreten worden war, in dem beide die Oberhand behalten wollten. Dies führte dazu, dass immer größere Mengen destruktiver Chemikalien in empfindliche Ökosysteme gelangten, die, wie Carsons argumentierte, vom Menschen noch kaum verstanden wurden. Die Landwirtschaft versuchte, aus den ehernen Regeln der Biologie auszubrechen, statt mit den natürlichen Prozessen zu kooperieren. Gedrängt von Politikern, Ökonomen und Großkonzernen, zerstörten Landwirte die Systeme, von denen das Leben auf der Erde abhängt, und erfuhren erst, wenn es zu spät war, dass sie dies taten. Sie waren auf ihren Feldern zu mächtig geworden, und niemand hatte bemerkt, was das für die Natur bedeutete. Konnten die Bürger diesen Bauern, den Chemiekonzernen oder auch der Regierung vertrauen, dass sie das Richtige taten?

~

Die Lektüre dieses Buches unter diesem Baum hat alles für mich verändert. Dass hier Landschaften – einschließlich unseres eigenen Landes – in die Knie gingen, war keine »kreative Zerstörung« à la Schumpeter, sondern schlichtweg Zerstörung im wortwörtlichen Sinn, Punkt.

Ich hatte das Gefühl, als wäre ich aus einem langen Koma erwacht. Ich hatte mich schon fast dazu gebracht, die Natur aus unseren Überlegungen zu unserem Hof auszuklammern. Ich hatte begonnen, das Wirtschaften meines Großvaters mit Verachtung zu betrachten und meinen Vater zu bemitleiden, weil ihm jede Modernisierung so widerstrebte. Und jetzt kam ich mir vor wie ein Idiot, weil mein Großvater mit seinem Widerstand verdammt recht gehabt hatte, genau wie mein Vater, der dem Ganzen instinktiv misstraute. Ich hatte mir mein Bild von der Welt so zurechtgezimmert, dass alles in Ordnung schien. Aber jetzt boxten sich unbehagliche Erinnerungen zurück in mein Bewusstsein.

~

An dem Tag, nachdem ich mein erstes Distelfeld niedergespritzt hatte, ging ich die Straße hinunter, um nach einem Rotkehlchennest zu sehen, das ich vor ein paar Tagen gefunden hatte. Es lag dicht bei den Disteln, die unter dem Einfluss der Chemikalien in sich zusammengeschrumpelt waren. Die Küken lagen tot im Nest, kalte Klumpen aus rosa Haut, Knochen und Federstoppeln. Ich wusste, dass das meine Schuld war. Eine winzige Stimme in mir hatte mich gewarnt, dass die Spritzerei falsch sei. Ich glaube, ich hatte mir damals gesagt, dass drei, vier Küken ein kleiner, einmaliger Preis für die Lösung eines großen Problems seien, dass wir sie vielleicht auch beim Mähen der Disteln getötet hätten. Ich bin nicht sicher, ob ich das damals wirklich glaubte, denn als ich mich an diese toten Küken erinnerte, empfand ich Scham. Und jetzt, mit *Der stumme Frühling* in den Händen, wusste ich, dass wir Schlafwandler gewesen waren. Und begann, immer mehr über Carson und die Kritiker der modernen Landwirtschaft zu lesen.

~

Der stumme Frühling entfachte einen Sturm von Kontroversen. Die Konzerne, die die Spritzmittel entwickelten und verkauften, und die Agrarlobby holten zum Gegenschlag aus. Aber Carson ließ sich nicht in die Knie zwingen, und DDT wurde schließlich verboten. Das Problem war, dass sich die Kampagne allein auf DDT konzentrierte. Carsons wichtigere Erkenntnis, dass die Landwirtschaft aus ihren alten biologischen Grenzen ausgebrochen war, wurde weitgehend ignoriert oder vergessen.

Berauscht vom technologischen Wandel glaubten Regierungen wie Bauern lieber, DDT sei das alleinige Problem und nicht nur ein Symptom weit beunruhigenderer Entwicklungen, bei denen es um die Macht des Menschen über die Natur ging. Carsons Protest ungeachtet, wurde in den Siebzigerjahren die brutale Durchsetzung industrieller Effizienz in der Landwirtschaft, die immer mehr und billigere Nahrungsmittel liefern sollte, zum zentralen Ziel der weltweiten Agrarpolitik. Dass diese unersättliche Jagd nach industrieller Effizienz im Agrarbereich problematisch sein könnte, drang weder bei den Landwirten noch in der Politik durch. Stattdessen wurden die Veränderungen in der Landwirtschaft immer lauter als »Fortschritt« verteidigt. Die Nachkriegsgesellschaften setzten die Bauern unter Druck, große Mengen billiger Nahrungsmittel zu erzeugen und dazu alle nötigen Mittel einzusetzen. Viele Bauern hörten das gern und begrüßten den Wandel. Andere wurden von ihm mitgerissen, weil sie zu überleben versuchten. Diese ganze neue Kultur redete »dem Verbraucher« ein, dass Nahrungsmittel wenig mehr als Brennstoff seien und immer weniger von seinem Einkommen verschlingen sollten. Die Natur ist robust genug und wird das schon verkraften, dachte man – falls man überhaupt an die Natur dachte.

Es war fast, als hätte es Rachel Carson nie gegeben. Als Ergebnis ihres Weckrufs wuchs die Umweltbewegung weltweit stark an, doch die Intensivierung und Industrialisierung der Landwirtschaft wurden trotz Carsons Warnungen noch jahrzehntelang nach ihrem Tod im Jahr 1964 weiter vorangetrieben.

~

Das Licht über den Wiesen verdämmerte. Wir fuhren die letzten Heuballen in die Scheune, da der Wetterbericht für die Nacht Regen voraussagte. Die Brachvögel über der Hügelkuppe wirkten aufgeregt, als würden sie eine Krähe vertreiben. Ich ließ den Blick über die Wiesen schweifen und überlegte, welchen Schaden mein Vater und ich angerichtet hatten und ob unser Boden sich nun verschlechtert hatte. Ich wusste, dass einige Vögel, die es früher hier gegeben hatte, aus unserer ländlichen Region verschwunden waren. Die Wiesenralle hatte sich rasch verabschiedet, als Bauern Anfang des zwanzigsten Jahrhunderts Mähmaschinen und Traktoren einzusetzen begannen, aber Brachvögel brüteten auf den Landwirtschaftsflächen in großer Zahl noch Jahrzehnte nach der Einführung von Maschinen. Ihnen schien unsere Wirtschaftsweise sehr zuzusagen. Im Frühling tauchten sie auf, wenn sie aus ihren Überwinterungsgebieten im Wattenmeer zu ihren alten Brutplätzen in unseren Wiesen zurückkehrten. Sie zogen riesige Kreise über unserem Hof, nach ihren Partnern rufend. Oder sie stakşten unweit der Stelle, wo ich saß, durch das Gras, mit ihren Stelzenbeinen und den langen, geschwungenen Schnäbeln ein Bild der Eleganz. Sie suchten in frisch gepflügten Feldern und auf Weiden nach Würmern. Bald würden sie sich zu Paaren zusammenfinden und brüten. In den folgenden Wochen tönten dann ihre Rufe durch die Luft. Ich freute mich, wenn ich ihre Nester entdeckte, wie mein Großvater es mir beigebracht hatte, und wenn ich dann Gras für Silage mähte, bemühte ich mich, den Küken Zeit zur Flucht zu lassen, auch wenn dann ein Streifen Gras ein, zwei Stunden ungemäht blieb und ich später noch einmal zurückkommen musste. In unseren Silagewiesen gab es drei, vier Brachvogelpaare, die jeden Sommer eine Handvoll Jungvögel großzogen. Diese beachtliche Anzahl von Vögeln war schwer in Einklang mit Berichten zu bringen, die wir immer wieder über den Schwund von Wiesenbrütern auf Landwirtschaftsflächen hörten, obwohl auch ich mich manchmal fragte, ob wir nicht ein paar Vögel weniger hatten als früher.

Wie viele Brachvögel hatte es vor zwanzig Jahren gegeben? Niemand schien es zu wissen, wenn ich fragte. Und niemand war besorgt. Es gab doch viele Brachvögel ringsum. Aber ich nahm eine Veränderung wahr, wenn ich auf den Höfen unserer Freunde weiter unten im Tal aushalf, auf dem »verbesserten« und intensiver bewirtschafteten Land. Wenn ich zu den Mahlzeiten aus der Fahrerkabine der großen Traktoren kletterte, merkte ich, dass der Himmel über uns leer war, abgesehen von der einen oder anderen Krähe oder Möwe – auf Durchflug.

~

Die Auswirkungen der Landwirtschaft auf die Natur lassen sich so schwer erfassen, weil zwischen Ursache und Wirkung oft eine größere Zeitspanne liegt. Es fällt uns leicht, die direkten Folgen einer plötzlichen Katastrophe zu erkennen: kilometergroße Ölteppiche, die das Meer verschmutzen, Fische, die in einem Fluss verenden, weil Chemikalien in ihn eingeleitet wurden, Elefanten, die ihrer Stoßzähne wegen im roten Staub Afrikas abgeschlachtet werden, riesige Bäume, die zum Kreischen der Motorsägen in den Wäldern zu Boden stürzen. Jeder mit einem Funken Gewissen und Verstand weiß, dass solche jähen, vom Menschen angerichteten Zerstörungen ein Unrecht sind. Aber in der Realität bricht die Welt nicht von heute auf morgen zusammen. Es ist viel schwerer, die allmählichen Veränderungen zu sehen und einzuordnen, die erst im Verlauf von zehn, dreißig oder hundert Jahren ihr Zerstörungswerk verrichteten. Die Mittel und Methoden, die unsere Landwirtschaftsflächen radikal verändert haben, sind vor Jahrzehnten aufgekommen. Erst mit einer erheblichen Zeitverzögerung begann die Wissenschaft, dramatische Verluste bei bestimmten Arten zu dokumentieren.

Es dauerte eine Weile, bis die Bauern die neuen Technologien übernahmen und den Gegebenheiten ihres Landes anpassten, um ihren ganzen Nutzen zu entfalten. Die Natur kann jahrelang, manchmal jahrzehntelang durchhalten, bis sie sich an einem bestimmten Punkt geschlagen gibt.

~

In den letzten ein, zwei Lebensjahren meines Vaters unterhielten wir uns oft darüber, was sich verändert hatte und aus welchen Gründen. Es machte ihn traurig, dass die Brachvögel, die einst zu den häufigsten Vögeln auf dem Land gehörten, nahezu verschwunden waren. Wir wussten beide, dass nicht die moderne Bewirtschaftung der Flächen, nicht einmal das Silagemachen schuld am Rückgang der Brachvögel war, sondern eine bestimmte Intensität, die bei diesen Tätigkeiten erreicht wurde. Seit den Neunzigerjahren wurden extrem große, superschnelle Mäher produziert und auf allen Wiesen rings um unseren Hof eingesetzt, um Silage zu machen, und zwar jedes Jahr früher. Aufgrund von Veränderungen in der Grünlandbewirtschaftung wurde das Gras immer früher schnittfertig, hochgepusht von Kunstdünger und der Züchtung schneller wachsender Grassamen; auch kam der Trend auf, an das Milchvieh jüngeres Gras zu verfüttern, weil es an Nährwert überlegen war. Die Kombination dieser Praktiken hat bei den Brachvögeln zu einer verheerenden Abnahme geführt. Sie konnten in den Wiesen, die jeden Sommer zwischen Mai und Oktober drei, vier Mal gemäht wurden, keine Eier mehr legen und Jungvögel aufziehen. Die Wiesen, in denen sie einst gelebt hatten, wurden für ihre Küken zur Todeszone. Ein Fahrer auf einem der neuen Riesentraktoren (der oft jung ist, für einen Subunternehmer arbeitet, das Radio laufen lässt und die Kabinenfenster nicht öffnet, damit seine teure Maschine sauber bleibt) hat keine Zeit, stehen zu bleiben und einen jungen Brachvogel aus dem Gras zu heben, selbst wenn er ihn entdeckt und erkannt hat. Erwachsene Brachvögel neigten dazu, noch lange nach der Einführung der vielen Veränderungen auf den vertrauten Wiesen zu verharren. Sie werden zwanzig bis dreißig Jahre alt, halten an den alten Brutplätzen fest und versuchen immer wieder, dort Eier zu legen und Jungvögel großzuziehen.

Dass die Brachvögel in Not sind, weiß ein Bauer erst, wenn es keine mehr gibt, das heißt, wenn die Elternpaare gestorben sind. Bis er begriffen hat, dass ein Problem besteht, ist es schon zu spät. Aber ist es die Aufgabe des Bauern, sich um Brachvögel zu kümmern? Oder steht an erster Stelle die Notwendigkeit, Silage bester Qualität zu machen und Milch zu den Preisen zu produzieren, die die Supermärkte diktieren? Wie viel ist ein Brachvogel wert?

Das Problem war nicht unbedingt, dass es Maschinen und chemische Mittel überhaupt gab, sondern dass durch die Art und Weise ihres Einsatzes Bedingungen entstanden, unter denen Wildtiere nicht mehr leben und Nachwuchs hochbringen können. Die Intensitätsschraube wurde einfach eine Umdrehung zu weit angezogen, und meist konnte der Bauer die Wirkungen nicht absehen. Wann wird die Geschwindigkeit einer Mähmaschine zum Problem? Wann wird ein Mähdrescher so effizient, dass für die überwinternden Vögel nicht mehr genug Körner auf dem Feld zurückbleiben?

Bauern verfügten oft nicht über genug Wissen, um informierte ökologische Entscheidungen zu treffen, oder sie sahen keinen Weg, wie sie finanziell überleben könnten, wenn sie sich gegen die Modernisierung entschieden und weniger effizient als andere produzierten. Beim Kauf von Maschinen war der Bauer daran interessiert, seine technischen Möglichkeiten zu verbessern oder auf den neuesten Stand zu bringen. Bei seinen Überlegungen spielten Wildtiere genauso wenig eine Rolle wie bei der Entwicklung, der Herstellung und dem Verkauf der Maschinen. Die Ingenieure und Vertriebsleute hatten keine Ahnung, dass ihre Produkte solche Auswirkungen haben könnten. Genauso wenig Ahnung hatten die Supermärkte, die von den Bauern Nahrungsmittel forderten, zu deren Erzeugung ein hoher Grad technologischer Effizienz nötig war. Das ganze System war so fragmentiert und spezialisiert, dass die meisten Menschen, die in diesem Bereich arbeiteten, nichts von seinen unbeabsichtigten Folgen wussten oder, schlimmer noch, eine Art magischen Optimismus entwickelten, dass die Natur sie schon irgendwie wegstecken werde. Niemand war dafür zuständig, immens wichtige Fragen über die möglichen Nebeneffekte jeder neuen Technologie zu stellen, geschweige denn zu beantworten. Weder Bauern noch Ökologen verfügten über ein Instrumentarium, anhand dessen sie beurteilen konnten, ob eine Technologie oder eine neue Wirtschaftsmethode unter dem Strich »positiv« oder »negativ« war. Wir wussten nicht, wann wir die unsichtbare Schwelle zwischen den beiden Polen überschritten hatten.

Im Lauf meines Erwachsenenlebens war ich Zeuge Hunderter kleiner Schritte geworden, die sich zusammen zu einer Umwälzung addierten: Die Tore wurden für die neuen, effizienteren Mähdrescher verbreitert, für die etwas breitere und schnellere Mähmaschine und für den größeren Pflug, der mehr und zugleich tiefere Furchen zog. Etwas stärkere Pestizide wurden gespritzt, um die Ernten zu schützen; es wurden neue Getreide- oder Grassamen gesät, die mit Chemikalien gebeizt worden waren; man stellte von der Frühjahrsaussaat auf Arten um, die schon im Winter gesät werden konnten, sodass keine Stoppeln stehen blieben, zwischen denen die Vögel im Winter Körner auflesen konnten; statt Mist vom Misthaufen wurde Gülle auf die Felder ausgebracht; Kunstdünger, der noch reicher an Stickstoff war, ließ das Gras schneller wachsen, das dann früher gemäht werden konnte. Diese Veränderungen basierten alle auf ähnlichen, relativ harmlosen landwirtschaftlichen Methoden, mit denen seit Jahrhunderten gearbeitet wird. Die Unterschiede bestanden während meiner Lebenszeit lediglich darin, dass allmählich immer wieder einen Gang höher geschaltet wurde, was die Größenordnung, den zeitlichen Ablauf, die Uniformität, die Ertragsleistung und die Geschwindigkeit anging.

Jahrtausendelang war Vergils »Arsenal zur landwirtschaftlichen Kriegsführung« ein Pendant zu den Speeren und Schwertern gewesen, die auf dem militärischen Schlachtfeld eingesetzt wurden. Im Lauf von etwa dreißig Jahren entwickelte sich dieses Arsenal zu einer Maschinerie, die eher mit Panzern, Kampfflugzeugen und chemischen und nuklearen Waffensystemen vergleichbar ist. Im Gegenzug nahm auch der Kulturkrieg, der mit Rachel Carsons Weckruf begonnen hatte, immer polarisierendere, toxischere Züge an. Auf der einen Seite stand die Meinung, die Landwirtschaft leiste eine unverzichtbare Aufgabe und werde durch den vernünftigen Einsatz der besten neuen Technologien immer effektiver, und das sei auch sehr gut so. Auf der anderen Seite standen diejenigen, die glaubten, die Landwirtschaft mache unsere Erde kaputt. Die einen hingen dem naiven Glauben an, die Landwirtschaft sei »gut«, die anderen, von aktivistischem Zorn Beflügelten hielten sie für »schlecht«. Die eine Seite verhielt sich, als wären billigere Lebensmittel das Einzige, was zählt, die andere Seite, als zählten Lebensmittel überhaupt nicht. Jeder war gezwungen, Partei zu ergreifen. Die Auseinandersetzungen wurden immer hasserfüllter, die Argumente immer undifferenzierter; der Streit wurde sogar in unserem Dorf geführt, aber jeder war taub für die Argumente der Gegenseite. Nicht lange nach meiner Rückkehr aus Australien kam ich zum ersten Mal mit diesem Kulturkrieg in Berührung.

~

Mein Vater setzte die Welt in Brand. Auf der Kuppe der sandigen Böschung flackerten turmhohe Flammenzungen in den Himmel, Rauchsäulen stiegen auf. Das Feuer tobte durch den wogenden Stechginster, es züngelte und zischte durch die zundertrockenen Nadeln. Dann begannen auch die kräftigsten Stämme und Äste, die so dick waren wie mein Handgelenk, zu glühen und zu knistern. Wo Feuer und Qualm noch nicht wüteten, war die Böschung ein einziges Meer kanariengelber Blüten. Dad stieg durch die Büsche und setzte sie beim Gehen in Brand. In der Hand hielt er eine Art Fackel, einen Zweig, um den er einen benzingetränkten Lumpen gewickelt hatte. Die Flammen tosten rings um ihn. Kaninchen flüchteten, ihre Schwanzpuschel hüpften auf und ab. Eine Amsel brach aus dem Unterholz und flatterte davon, kleine Schwärme von Hänflingen und Goldammern flitzten feldabwärts.

Der Stechginster hatte sich auf dem »Quarry Field« langsam breitgemacht, bis er ein Drittel der Fläche einnahm. Meine Großmutter hatte dort einmal Hühner gehalten und mein Vater später Schweine, weil die dem sandigen Boden guttaten. Jetzt war das Feld ein Kaninchenparadies. Es war eines unserer schlechtesten Landstücke und wurde zwischen solchen periodischen Versuchen, es zu zähmen, stets einige Jahre vernachlässigt. An jenem Abend war es Dad plötzlich eingefallen, nun sei der Moment gekommen, aktiv zu werden. Mit einer Streichholzschachtel, einer Plastiktüte mit Stroh und Schnur und einem kleinen Benzinkanister bewaffnet, marschierte er vom Hof. Ein paar Minuten später schickte mich meine Mutter hinter ihm her, damit ich ein Auge darauf hätte, dass er sich nicht selbst abfackelte.

Nach einer Weile verlor der donnernde, knackende Feuersturm sein Ungestüm und begann abzuflauen. Als ich zwischen den schiefen, silbrig schimmernden Kalksteinmauern zum Dorf zurücklief, traf ich eine unserer Nachbarinnen. Ihr Mann war Rektor an einer der hiesigen Schulen, und sie hatte rings ums Haus ein paar Wiesen gepachtet. Sie schien außer sich, heftig erregt und von Gefühlen gebeutelt. Sie fragte, was passiert sei. Bevor ich antworten konnte, schob sie nach, sie habe bereits die Feuerwehr alarmiert. Ich erklärte ihr, das sei nicht nötig. Das Feuer sei unter Kontrolle. Mein Dad habe es angezündet. Auf seinem Land. Die Nachbarin schien ratlos und ein wenig erzürnt. Aber sie war auch verlegen, weil sie mit uns befreundet war. Sie versuchte zu begreifen, was da auf einem Hang in der Nähe ihres Hauses passierte, den sie eindeutig so liebte, wie er gewesen war – bevor mein Dad ihn in Asche legte. Sie wohnte erst seit fünf Jahren hier und hatte keine Ahnung, dass das Abbrennen des Ginsters fester Bestandteil eines traditionellen Kreislaufs war. Sie hatte gedacht, dieses Stück Land sei schon immer mit Ginster bewachsen gewesen und werde es immer bleiben. Ich sah, wie sie sich bemühte, ihrem Ärger den Respekt, den sie für uns hatte, entgegenzuhalten. Doch sie verlangte nach Erklärungen.

Warum brennt dein Vater alles nieder?

Warum zerstört er das Habitat der Vögel?

Was wird aus den Wildtieren, die im Ginster leben?

Ihr Ton stellte unmissverständlich die Frage: Warum verhält sich dein Vater jetzt so, wo er doch sonst ein grundanständiger Mann ist? Was ist denn in euch gefahren?

Ich konnte ihr nicht alle Antworten liefern. Wahrscheinlich war sie auch nicht in der Stimmung, mir wirklich zuzuhören. Mir war die Sache peinlich. Ich sah, dass hier zwei konträre Sichtweisen auf unsere Landschaft aufeinanderprallten. Mein Dad erklärte nur selten, warum er etwas tat. Hinter mir auf dem Hang wütete er ein bisschen herum wie ein Wilder; der Wind trieb das Feuer in einen neuen Bereich, und der Ginster flammte mit lautem Knacken wieder himmelhoch auf.

Hatte Dad an die Vogelnester gedacht? – Keine Ahnung.

Ich fühlte mich ein bisschen, als müsste ich den PR-Mann für die Apokalypse geben. Aber in mir stieg auch Trotz hoch und ein Loyalitätsgefühl gegenüber meinem Vater. Ich wollte ihn verteidigen und erklären, warum er tat, was ihr so verkehrt vorkam. Und so versuchte ich, ihr begreiflich zu machen, dass wir den Ginster schon immer mit Feuer in Schach gehalten hatten, das sei Teil eines sehr alten Kreislaufs; wir müssten ihn zurückdrängen, wenn er sich zu weit ausbreitete, und ihm dann ein paar Jahre zur Erholung lassen. Dad verbrenne auch nicht den ganzen Ginster, sondern flamme einige Stellen nieder und lasse andere stehen. Die Vögel würden nicht ihres gesamten Habitats beraubt. Ginster sei für den Bauern ein Ärgernis, er ruiniere das Vlies der Schafe. Ließe man ihn unkontrolliert wuchern, würde er das Feld irgendwann ganz kassieren, sodass es für wenig mehr taugte als für Kaninchen. Ich sagte, glaube ich, noch vieles mehr, und manches ergab sogar Sinn, aber vielleicht sagte ich auch Dinge, die einer Lüge nahekamen. Mir wurde mit großer Eindringlichkeit die Kluft bewusst zwischen denen, die es natürlich und notwendig fanden, die Landschaft zu gestalten, und denjenigen, denen das Sorgen machte – zwischen Menschen, die das Land bewirtschafteten, und Menschen, die das nicht taten. Und diese Kluft öffnete sich immer weiter.

~

Nach dem Tod meines Vaters erinnerte ich mich an jenen Abend, an dem der Ginster brannte, und erkannte, dass viele naturliebende Menschen inzwischen jeder Form von Landwirtschaft und Landnutzung misstrauten. Aber die Landwirtschaft in Bausch und Bogen abzulehnen, ist ein Fehler: Felder und Wiesen sind die Grundlage, auf der unsere ganze Zivilisation ruht. Unser aller Überleben hängt von diesen Stücken Wildnis ab, die einst durch Feuer oder Axt, durch langjährige Beweidung oder mit dem Pflug gerodet worden waren. Und weil diese Rodung wahrscheinlich sehr, sehr lange zurückliegt, vergessen wir diese harten ökologischen Tatsachen und halten Wiesen fast für naturgegeben. Doch eine Wiese ist kein Naturphänomen, obwohl manche genutzten Stücke Land wie artenreiche Heuwiesen, behutsam beweidete Prärien oder Waldweiden wilden Habitaten sehr ähnlich sehen können. Ob sie dazu genutzt werden, um Tiere zu halten, oder umbrochen werden, um Pflanzen anzubauen – ihr Entstehen ist immer das Ergebnis der Verdrängung einiger ursprünglich dort lebender Arten. Viele Lebewesen, die dort gelebt haben, können dies nicht mehr tun, da sie dort keinen Raum und keine Nahrung mehr haben. Die Schaffung und der Erhalt einer Wiese oder eines Felds kann für einige Arten das Leben, für andere den Tod bedeuten. Das war schon immer so.

In Wahrheit sind wir recht brutale Umformer des Ökosystems und verändern die Welt so, wie wir sie brauchen. Wir mussten einmal durch Rodung Felder schaffen, um Nahrung anzubauen, mussten unsere Herzen verhärten und Landschaft zerstören, um uns zu ernähren und zu überleben (die meisten Menschen in den Entwicklungsländern tun das noch immer). Als ich erwachsen war, arbeitete in Großbritannien kaum noch jemand auf dem Land (weniger als zwei Prozent der Bevölkerung), und so begannen wir, diese unbequemen Wahrheiten kollektiv zu vergessen oder uns davon abzuwenden wie die Frau des Schulrektors.

Und doch kommt man um die Wahrheit nicht herum, dass wir uns alle, direkt oder indirekt, des Tötens schuldig machen, um uns zu ernähren, egal, was wir essen. Schlachten mussten geschlagen werden, lange bevor Vergil es so genannt hat. Bauern mussten kämpfen, um die Oberhand über die zahllosen Lebewesen zu behalten, die sonst ihre Ernten zerstört oder ihre Tiere gefressen hätten. Sie waren immer Schlächter gewesen, und dabei machte es wenig Unterschied, ob sie Pflanzen anbauten oder Tiere hielten. Bauern zerstörten wilde Habitate, um ihnen Felder für Erntefrüchte abzuringen, wie es mein Vater an jenem Abend tat (und dabei neue Habitate und neue Ökosysteme für andere Arten schuf). Wenn Sie diese Behauptungen auf die Probe stellen möchten, versuchen Sie doch einmal, von einem Stück Wildnis zu leben, und beobachten Sie, wie lange Sie es vermeiden können, ein Lebewesen zu töten (und vergessen Sie nicht die ganz kleinen, das wäre geschummelt).

~

Die Logik ist einfach: Um zu essen, müssen wir das Land bewirtschaften, und um das zu tun, müssen wir töten (oder Lebewesen vertreiben, was auf dasselbe hinausläuft). Mensch zu sein ist ein hartes Geschäft. Aber es gibt einen Unterschied zwischen der Härte, die für jede Landnutzung nötig ist, und dem industriellen »totalen Krieg« gegen die Natur, der während meiner Lebenszeit entfesselt wurde. Trotz ihrer unvermeidlichen Schonungslosigkeit hatten die ursprünglichen bäuerlichen Gesellschaften oft einen Ethik- oder Moralkodex, der die Überbeanspruchung des Landes verbot und die Forderung erhob, sich an der Natur zu orientieren. Im Alten Testament (3. Mose 19,9–10) empfängt Moses von Gott die Gebote, nach denen die Juden leben sollen, und unter diesen wohlbekannten Regeln, von denen die meisten die Grundlage unserer Gesetze bilden, befindet sich auch folgendes vergessene und lange ignorierte Gebot:

> Wenn du dein Land aberntest, sollst du nicht alles bis an die Ecken deines Feldes abschneiden, auch nicht Nachlese halten. Auch sollst du in deinem Weinberg nicht Nachlese halten noch die abgefallenen Beeren auflesen, sondern dem Armen und Fremdling sollst du es lassen …

~

Mein Vater war kein großer Kirchgänger, aber das würde er sofort unterschreiben. Er glaubte, dass alles seine Grenzen und Beschränkungen haben sollte. Er glaubte an Maß und Ziel, an Ausgewogenheit. Und er starb mit einer tiefen Abneigung gegen die Entwicklungen in der modernen Landwirtschaft. Er hatte genug davon gesehen, um zu erkennen, dass sie alles kaputt machten, was er geliebt, was ihm am Herzen gelegen hatte. In seinem letzten Jahrzehnt räumte er ihrer abstrusen Logik keinen Platz mehr in seinem Leben ein. Es machte ihn traurig, was sie bei Familien, ländlichen Gemeinschaften, Tieren und in der

Natur angerichtet hatten. Er verlor das Interesse daran, auf unserem eigenen Land mit den Großbauern Schritt halten zu wollen. Er verhielt sich, als wäre alles ein dummes Spiel, bei dem er nicht mehr mitspielen wollte. Und so kümmerte er sich nur um seinen Hof und wollte dort nur noch durchhalten. Er bekam die neuen Wirtschaftsmethoden in ihren globalen Extremen nicht mehr zu Gesicht und hätte sich auch schön bedankt, wenn man ihm die Möglichkeit dazu geboten hätte. Meine Frau und ich jedoch reisten in den Monaten nach seinem Tod zum ersten Mal in den amerikanischen Mittelwesten. Vor zwanzig Jahren hatte ich in Australien ein wenig von der neuen Landwirtschaft mitbekommen (genug, um vorauszusehen, was da auf uns zurollte), und der logische Endpunkt dieser Entwicklung war derzeit im Mittelwesten zu besichtigen. Das Effizienz-Endspiel der Agrarindustrie. Meine landwirtschaftliche Lehre endete damit, dass ich mir die Zukunft dieser Agrarindustrie in Reinkultur ansah.

~

Wir fuhren den Highway entlang, vorbei an schäbigen Höfen, an denen das Holz verfaulte und die Farbe abblätterte, vorbei an verfallenden tabakbraunen Scheunen, durch die das Sonnenlicht hindurchfiel wie riesige lange Glassplitter. Vorbei an Autowracks und rostenden Landwirtschaftsmaschinen, an schwarzem Vieh, das auf Weiden direkt neben den Gehöften stand. Vorbei an Städten, die halb verlassen schienen – viele Läden waren mit Brettern vernagelt, viele Häuser hatten Konföderierten-Flaggen in den Fenstern stehen und »VOTE TRUMP«-Schilder im Vorgarten. Fensterläden waren geschlossen, Laub sammelte sich auf der Veranda; Kirchen versprachen auf Reklametafeln Rettung für Drogenabhängige. Schneeflocken fielen, blieben aber nicht liegen.

Wir reisten ins Herz des amerikanischen Bauernlands, wo wir in Kentucky bei einem alten Freund wohnten. Es war Winter, ein Winter, der nicht enden wollte. Wir wurden herzlich in dem weißen, mit Holzbrettern verschalten Bauernhaus empfangen, das voller Bücher war. Wir aßen gute, einfache Speisen und redeten über unsere Familien und unsere Höfe. Aber so sehr wir uns auch bemühten, fröhlich zu sein, hatten wir doch das Gefühl, in ein trauerndes Haus hineingestolpert zu sein. Die nächsten Wahlen wurden in Weltuntergangsstimmung erwartet. Die Region war einmal ein blühendes Land gewesen, mit kleinen und mittelgroßen Höfen. Jetzt wirkte sie wie eine Geisterlandschaft, übersät mit Trümmern aus der Vergangenheit.

Unser Freund fuhr uns in seinem weißen Pick-up durch den Landkreis; der Schäferhund fuhr auf der Ladefläche mit, im Fußraum lagerten der rote Werkzeugkasten und diverse Schraubenschlüssel. Unser Freund erzählte uns von den Leuten hier, von der Vergangenheit und von der Gegenwart, und machte uns mit Bauern bekannt, die noch nicht aufgegeben hatten. Sie erzählten alle dasselbe: Amerika hatte sich für eine industrialisierte Landwirtschaft entschieden und die kleinen Familienbetriebe im Stich gelassen, und das war das Ergebnis: Die Landschaft und die Gemeinschaft gingen vor die Hunde. Sie zeigten uns Rapsfelder voller Unkraut, das resistent gegen die im Übermaß gespritzten Pestizide geworden war. Sie erzählten von Bergen, die zum Abbau von Mineralien aufgerissen wurden, von verschmutzten Flüssen, von Bauern, die das Land verließen oder weiterwurstelten und ihre Armut versteckten. Und je schlimmer es wurde, desto mehr liefen die Leute Scharlatanen nach, die vollmundige Versprechungen machten und schnell mit Sündenböcken bei der Hand waren, auf die sich dann die ganze Wut konzentrierte. Ich spürte, dass ich hier einer Zukunft begegnete, die nicht funktionierte, und die Leute, die ich traf, spürten mein Unbehagen. »Das ist noch gar nichts«, sagten sie.

~

Die weiten schwarzen Felder Iowas dehnen sich ewig aus. Der üppige, tiefe Boden ist von Maisstoppeln gesprenkelt. Das halbe Jahr liegt er so da, Wind und Regen ausgesetzt. In der zweiten Jahreshälfte wächst dann der Mais wie der Teufel. Ich hörte die junge Frau sagen, sie liebe diese Landschaft und im Sommer könne man »den Mais wachsen hören«. Aber in meiner altmodischen Wahrnehmung hatte diese Winterwüste wenig Romantisches an sich, wenig Geschichte hinter sich.

Eine Landschaft, über die sich ein riesiger Himmel spannt – aber darunter ist alles dunkel, flach und öde. Außer reinem Gebrauchswert hat diese Landschaft wenig zu bieten. Die Höfe sehen aus wie auf dem Gemälde *American Gothic* von Grant Wood. Doch der Kult gewordene Siedler und seine Frau oder Tochter müssen in die Stadt gezogen sein oder sitzen im Haus vor dem Fernseher, denn in dieser Landschaft sieht man kaum Menschen. Alles Alte verfällt. Scheunen sind vom Wind schief geweht, Dächer halb abgedeckt. Maissilos und Getreideheber, die in der Sonne silbern glänzen, durchbrechen die schwarze Linie des Horizonts. Unter den Armen der Getreideheber ragen riesige Pyramiden von orangefarbenem Mais auf. Die gepflügten Felder stoßen direkt an die Lattenzäune der heruntergekommenen Gehöfte und dehnen sich von Horizont zu Horizont. Eine einzige Fläche von Mais, Sojabohnen und Schweineställen. Das ist Agrarlandschaft, wie Earl Butz sie forderte.

Ich fuhr mit einer Agrarwissenschaftlerin herum, deren besondere Leidenschaft der Boden war und die Frage, was sich in der Landwirtschaft ändern musste, um ihn zu schützen. Die Probleme dieser Landschaft taten ihr weh, weil sie hier zu Hause war und die Bauern Verwandte von ihr. Ein hartes Urteil über diese Landwirte zu fällen ist leicht, wenn sie nicht zur eigenen Familie gehören und man bei Familienfesten nicht ihre Augenringe sieht und den Stress wahrnimmt, der auf ihren Schultern lastet. Sie erzählte mir, dass diese Landschaft in den Supermärkten Amerikas erschaffen wurde – von der Religion der billigen Lebensmittel. Die Leute in den Supermärkten schienen nicht zu wissen, dass diese Art der Lebensmittelproduktion nicht nachhaltig ist – oder es ist ihnen egal. Der amerikanische Durchschnittsverdiener gab 1950 etwa 22 Prozent seines Einkommens für Nahrungsmittel aus; dieser Anteil ist heute auf 6,4 Prozent gesunken. Das ist umso gravierender, weil der Anteil, den die Bauern von jedem für Nahrungsmittel ausgegebenen Dollar erhalten, ebenfalls massiv geschrumpft ist und nur noch 15 Cent beträgt. Und er wird weiter schrumpfen. Das Geld, das die Leute für landwirtschaftliche Produkte ausgeben, geht fast alles an die Industrie, die diese Nahrungsmittel verarbeitet, an den Groß- und Einzelhandel. Gewinn machen eine Handvoll riesiger Konzerne, die etliche Politiker und Abgeordnete aller Parteien in der Tasche haben.

Die Agrarwissenschaftlerin berichtete mir, dass Iowa davonweht. Die Hälfte des Jahres trägt der Wind, der über die gepflügten Felder fegt, langsam die Humusschicht ab und befördert sie woandershin, einen winzigen Partikel nach dem anderen. An einem einzigen Tag erscheint der Schwund klein, aber er hat kein Ende. An manchen Stellen ging in den letzten hundert Jahren über ein Meter Mutterboden verloren, ein endloser, nicht wiedergutzumachender Verlust des Bodens, der Amerika ernährt. Was da geschieht, kann man an den schmutzig braunen Schneewehen sehen, von denen der gestohlene Reichtum dieses Landes einen eisigen Moment lang festgehalten wird, bevor er endgültig verschwindet.

Wenn das die Zukunft sein sollte, dann war sie seltsam armselig und hässlich. Dort zu leben schien wenig verlockend. Viele der Höfe, auch die wohlhabend wirkenden Farmen, waren hoch verschuldet. Ökologisch gesehen war die Landschaft eine Katastrophe, steriler ging es nicht mehr. Sie war verantwortlich für eine Totzone im Golf von Mexiko, die entstanden war, wo der Mississippi den erodierten Boden samt Agrarchemikalien hinbeförderte. Ein Teil der Feldarbeit wurde von mexikanischen Einwanderern ausgeführt, die in Mexiko von amerikanischen Konzernen aus dem Geschäft gedrängt und so von ihren eigenen Höfen vertrieben worden waren. Was billige Arbeitsimmigranten nicht leisten können, wird von Maschinen verrichtet, die heute mit Autopilot fahren und, von Satelliten gesteuert, die Feldarbeit erledigen. Solche Farmen können dem Land ihren Willen aufzwingen wie nie zuvor, dafür muss der »Farmer« noch nicht einmal anwesend sein.

Wir parkten auf einem geisterhaften Gehöft, das neben den riesigen Massentierhaltungsställen voller Schweine und den silberfarbenen Getreidesilos ganz in der Nähe wie eine Zwergenbehausung aussah. Plötzlich erhob sich aus den Bäumen links ein großer, muskulöser schwarzer Schatten, der sich bei jedem Flügelschlag für den Bruchteil einer Sekunde in das Emblem der Vereinigten Staaten verwandelte: ein Weißkopfseeadler! Er kreiste über unseren Köpfen. Mir schlug das Herz bis zum Hals. Die Agrarwissenschaftlerin erklärte mir, die Adler seien in den letzten Jahren zurückgekehrt. »Wie schön«, sagte ich. »Was fressen die denn?« Verlegenes Schweigen. »Vielleicht die toten Schweine vor den Ställen«, antwortete meine Gastgeberin. Wir verstummten beide, während der Adler über die Felder davonflog.

~

Hier gibt es keine Gewinner mehr. Die Landwirtschaftsbetriebe, die über diese Felder herrschen, sind so groß geworden, dass sie vollständig von ein, zwei Monopolabnehmern abhängig geworden sind. Diese setzen den Farmern mit Niedrigstpreisen die Daumenschrauben an und können sie in den Bankrott treiben, wenn sie wollen. Das Geld fließt vom Land an die Banken, die die Schulden finanzieren, auf die alles aufgebaut ist, an die Landmaschinenhersteller, die Traktoren und Maschinen verkaufen, an die Hersteller von Dünger und Pestiziden, an die Saatguterzeuger und an die Versicherungen. Doch wenn man diese neuen Farmer als reine Unternehmer betrachtet und sie am Maßstab von Effizienz und Produktivität misst (den Einsatz fossiler Energien und den ökologischen Schaden allerdings unter den Tisch fallen lässt), kommt man zu einem erstaunlichen Schluss: Sie sind die besten Landwirte, die es je gegeben hat. Im Jahr 2000 produzierte der amerikanische Landwirt durchschnittlich zwölfmal so viel in der Stunde wie sein Großvater im Jahr 1950. Und diese erstaunliche Effizienz bedeutet für die meisten Bauern das Aus. Im Vereinigten Königreich hat sich die Zahl der Milchbauern seit 1995 mehr als halbiert: Waren es damals 30 000, so sind es heute nur noch ungefähr 12 000. Auch die Zahl der Milchkühe in Großbritannien hat sich in den letzten zwanzig Jahren halbiert. Die erstaunliche Produktivität der verbleibenden Bauern und ihrer Superkühe zeigt sich an der schlichten Tatsache, dass die Milchproduktion mehr oder weniger konstant geblieben ist.

Statistiken wie diese haben so manches Leben umgekrempelt; sie spiegeln Veränderungen in der Ernährung wider, in der Aufteilung des Haushaltsbudgets und im Lebensstil, der sich weltweit radikal gewandelt hat. Der Anteil des Einkommens, den die Briten für Essen und Trinken ausgeben, ist im durchschnittlichen Haushaltsbudget von 35 Prozent in den Fünfzigerjahren auf aktuelle 10 Prozent gesunken (ärmere Schichten geben allerdings einen größeren Teil ihres Einkommens dafür aus, etwa 15 Prozent). Das Geld, das wir einmal in Nahrungsmittel und Getränke umgesetzt haben, ist frei geworden für die Einrichtung unserer Wohnung, für Freizeitaktivitäten, für Konsumgüter wie Autos, Handys, Kleidung, Bücher und Computer oder für Dinge wie Hypotheken oder Mieten, und dazu für Urlaube im Ausland, die sich vor ein, zwei Generationen nur wenige leisten konnten. Aus diesem Zugewinn hat sich die moderne Welt entwickelt. Der Lebensstil und das Konsumverhalten der Menschen erzeugte gleichzeitig einen gewaltigen Druck, der sich zu Feldern zurückverfolgen lässt, auf denen die Bauern nach jedem nur möglichen Produktivitätszuwachs suchen mussten. Es gibt einen direkten Zusammenhang zwischen der Verfügbarkeit billiger Nahrungsmittel und dem Zwang zur Umstellung auf industrielle Bewirtschaftungsmethoden. Und je industrieller die Landwirtschaft wurde, desto größer die Entfremdung zwischen ihr und der Mehrheit der Gesellschaft.

Wenn Ihre Großmutter beim Metzger oder beim Bauern auf dem Markt ein Huhn kaufte, dann konnte sie verlangen, dass der Verkäufer für seine Erzeugung einstand. Jetzt kaufen wir anonymes Fleisch, das bereits von den Knochen gelöst, zurechtgeschnitten und in Plastik eingesiegelt ist. Die Realität des

Lebens und Sterbens eines Huhns wird vor uns verborgen, als wären wir Kinder. Die meisten denken gar nicht an die Karkasse oder an die Zubereitung verschiedener Mahlzeiten aus sämtlichen Teilen des Huhns. Wir kochen keine Brühe mehr aus den Knochen. Wir wissen nicht mehr, wie die grundlegenden Arbeiten zu verrichten sind, damit wir ein Huhn überhaupt essen können, wie wir es schlachten, rupfen und ausnehmen müssten. Genauso wenig haben wir einen Einfluss auf seine Haltung. Die Nahrungsmittelkonzerne sind so groß, dass sie unsere Bedenken, wenn wir im Supermarkt vor den Regalen stehen, höchstwahrscheinlich nicht zur Kenntnis nehmen.

Die lokale Erzeugung der Nahrungsmittel gab den Leuten mehr Möglichkeiten, den Landwirten beim Arbeiten auf die Finger zu sehen, sie zu beurteilen und zu beeinflussen. Bei diesen direkten Geschäften zwischen Bauern oder Metzgern und unseren Großmüttern konnten die Käuferinnen dem Anbieter der Hühner mitteilen, was sie gut fanden und was ihnen missfiel. Der lokale Lebensmittelmarkt war mehr als ein Austausch von Geld gegen Ware, es fand auch ein Austausch von Wissen und Werten statt, und die Menschen teilten ein gemeinsames Ethos, was wie zu tun sei. Das System der Lebensmittelversorgung durch Supermärkte suggerierte uns, dass wir uns über solche Themen keine Gedanken mehr zu machen brauchten. Es förderte bei uns Apathie und Desinteresse. Fast alle Lebensmittelskandale und landwirtschaftlichen Krisen, die unser Vertrauen in die Landwirtschaft untergraben haben, wurden durch das Streben nach Kosteneinsparung verursacht – durch zweifelhafte Methoden, mit denen Landwirte und andere Akteure in der Lebensmittelkette versucht haben, die Abläufe hinter den Kulissen zu verkürzen. Um Nahrungsmittel billiger zu machen, als sie sein sollten, griffen sie zu

Praktiken, die ihren Vätern und Großvätern nicht im Traum eingefallen wären.

Hier wurden Boden und Land ökonomischen Prinzipien unterworfen und die Themen Ethik und Natur an den Rand des Bewusstseins gedrängt. Es gab keinen Raum für Gefühlsregungen, Kultur und Tradition, keine Einsicht, welchen Rahmen die Natur vorgibt oder was auf ihre Kosten geht. Die Konzepte der modernen Landwirtschaft erfassten die Relevanz solcher externen Faktoren nicht. Ackerbau und Viehhaltung wurden auf finanzielle und technische Aspekte reduziert und nicht mehr als Arbeit mit der lebendigen Natur begriffen. Diese Haltung kam den Forderungen der Supermärkte entgegen, denn so konnte eine gleichmäßige Versorgung mit Nahrungsmitteln rund ums Jahr garantiert werden, bei einer absolut einheitlichen, gleichbleibenden Produktqualität. Wir haben uns eingeredet, Landwirtschaft sei lediglich ein Wirtschaftszweig wie jeder andere und denselben Regeln unterworfen – aber das stellt sich nun als der dümmste Irrtum aller Zeiten heraus.

Wir haben eine Gesellschaft hervorgebracht, die besessen ist von Fragen gesunder und ethisch korrekter Ernährung; gleichzeitig ist den meisten Menschen das praktische, landwirtschaftliche und ökologische Wissen abhandengekommen, das sie bräuchten, um die richtigen Entscheidungen zu treffen. Jetzt machen sich die Leute Sorgen, was sie essen sollen, haben aber die Frage nicht mehr im Blick, wie ihre unmittelbare Umgebung landwirtschaftlich genutzt werden sollte und welche Nahrungsmittel dort umweltfreundlich produziert werden könnten. Die meisten Menschen sind heute buchstäblich Analphabeten, wenn es um Landwirtschaft und Ökologie geht. Das ist eine kulturelle Katastrophe, denn die globale Herausforderung, wie wir auf diesem Planeten nachhaltig leben können, ist in Wirklichkeit eine lokale Herausforderung. Wie können wir das Land so bewirtschaften, dass seine Fruchtbarkeit dauerhaft erhalten bleibt, wie fügen wir ihm den geringsten Schaden zu? Und welche Nahrungsmittel produziert die Landwirtschaft vor Ort für uns? Dies soll keine Aufforderung sein, nur noch lokale und regionale Produkte zu essen – ich esse genauso gern Bananen wie jeder andere. Aber es ist nur vernünftig, wenn vieles von dem, was wir essen, in unserer Umgebung erzeugt wird, vor unseren Augen.

~

Die Wirtschaftsmanager haben unrecht. Landwirtschaft ist kein Wirtschaftsunternehmen wie jedes andere. Der entscheidende Unterschied: Bauern bewirtschaften eine natürliche Umgebung und üben einen unmittelbaren und tief greifenden Einfluss auf die Natur aus. Während die Bauern im Kollektiv das Land effizienter und steriler machten, verschwanden Zug um Zug ganze Arten von Vögeln, Insekten und Säugetieren, und Ökosysteme brachen zusammen. Alle Bestandsaufnahmen, die in den letzten Jahren von Wildtieren und Wildpflanzen gemacht wurden, zeigen dasselbe: einen bestürzenden, rasanten Verlust natürlichen Lebens auf landwirtschaftlich genutzten Flächen. Eine umfassende Studie kam zu dem Schluss, Großbritannien gehöre »zu den naturärmsten Ländern der Erde«.

Die ökologische Sicht stellt die Folgen der Agrarrevolution in Schwarz-Weiß-Malerei dar, weil wir das Ergebnis beurteilen und uns nicht mit den Ursachen und Prozessen befassen. Die menschlichen Schicksale, wie auch meine Familie sie erlebte, waren vielfältig, verwirrend und schwer zu steuern. Es wäre viel einfacher gewesen, hätte ich die Guten und die Bösen auseinandersortieren und eine moralische Fabel erzählen können. Aber die Wahrheit ist heikler und facettenreicher. Und ethisch komplex. Meine Verwandten und meine Freunde sind Mitverursacher – gute Menschen, keine Idioten oder Vandalen. Auf ihnen lastete und lastet noch immer ein enormer finanzieller Druck. Der ungeheure Stress und das Zuviel an Arbeitslast schaffen nicht die richtigen Voraussetzungen, um die Natur wahrzunehmen und wertzuschätzen oder vernünftigen Argumenten zu folgen. Ein Teil der öffentlichen Kritik zielt nicht auf die Großbetriebe, Konzerne und politischen Kräfte ab, sondern auf die übrig gebliebenen Bauern, von denen die meisten bei dem Versuch, an ihrem Land und ihrer Lebensweise festzuhalten, auf die Pleite zusteuern. Sie werden als diejenigen betrachtet, die die Landwirtschaft in die falsche Richtung treiben. Aber das ist, als würde man die schlecht bezahlten Kassenkräfte in den Supermärkten für die Sünden der milliardenschweren Konzerne verantwortlich machen, für die sie arbeiten.

~

Mit alldem will ich nicht sagen, die alten Methoden seien perfekt gewesen. Das trifft nicht zu. Manche Veränderungen waren gut und notwendig und vielleicht unvermeidlich. Und nicht überall hat ein krasser Wandel von der absoluten Idylle zur industriellen Agrarhölle stattgefunden. Manche Bauern bemühen sich immer noch tapfer, ihrem Land genauso viel Respekt und Liebe entgegenzubringen, wie es ihre Familie seit jeher getan hat. Manche der neuen Betriebe konnten die Gesundheit der Tiere verbessern und die Krankheitsrate verringern; nicht alle Tiere auf den alten, traditionellen Höfen wurden gut gehalten, und nicht alle Tiere auf den neuen Höfen werden schlecht gehalten. Manche Veränderungen waren Weiterentwicklungen alter Methoden, zum Beispiel der selektiven Züchtung. In der Praxis sind die landwirtschaftlichen Betriebe in Großbritannien und anderswo, einschließlich unseres eigenen Hofes, irgendwo im Spektrum zwischen industrieller Intensivbewirtschaftung und traditioneller Landwirtschaft verortet. Fast alle haben modernisiert, manche mehr als andere. »Landwirtschaft« ist zu einem Begriff geworden, der einen weiten, unscharf abgegrenzten Bereich von Tätigkeiten umfasst.

Und so müssen wir bei der verzweifelten Suche nach dem richtigen Wirtschaften allzu grobe Vereinfachungen vermeiden. Die Geschichte liefert viele Beispiele für reduktionistisches Denken in der Landwirtschaft, das die Lage nur verschlimmert hat. Wundermittel haben oft unvorhergesehene Folgen.

~

1915 machten sich deutsche Regierungsbeamte Sorgen, weil die Blockaden der Alliierten zu einem Nahrungsmangel führten. Sie kamen zu dem Schluss, es wäre von Vorteil, fünf Millionen von Deutschlands Schweinen zu schlachten. Die Schweine, argumentierten sie, konsumierten zu viele Pflanzenkalorien, die sonst den Menschen zugutekämen. Die Schlachtaktion ging als »Schweinemord« in die Geschichte ein. Sie schien durchaus sinnvoll. Aber die Beamten hatten die Rolle des Schweins nicht begriffen, das auf den Höfen Mist produziert, mit dem die Feldfrüchte gedüngt werden können. Außerdem fressen die Schweine Abfälle von Erntefrüchten und Haushalten und wandeln damit nicht verzehrfähige, ansonsten verschwendete organische Substanz in hochwertige Nahrung für den Menschen um. In der Praxis führte die Maßnahme zu einer

Katastrophe. Im nächsten Jahr sank der Ernteertrag, und Nahrungsmittel wurden noch knapper als zuvor.

~

Viele Menschen sind der Propaganda auf den Leim gegangen, die die Konzerne über die hoch industrialisierte Agrarwirtschaft in die Welt gesetzt haben. Vor allem der Behauptung, eine solche Landwirtschaft werde alle Probleme lösen, indem sie alte, wenig effiziente Wirtschaftsmethoden beseitige und die Produktionsintensität der technisierten Betriebe steigere; so werde irgendwie Land frei, das der Natur zurückgegeben werden könne. Dieser Plan hat einen großen Haken. Die neue hoch industrialisierte Agrarwirtschaft ist nicht nachhaltig – sie ist die zerstörerischste Wirtschaftsweise auf der ganzen Erde, sowohl wegen der klimatischen als auch wegen der ökologischen Folgen. Es sieht ganz danach aus, als könnte sie sich nicht mehr lange halten, einfach weil sie natürliche Ressourcen vergeudet und den Boden auslaugt und zerstört.

~

Den Vereinten Nationen zufolge gibt es auf der Erde immer noch zwei Milliarden Bauern. Die überwältigende Mehrheit ihrer Betriebe ist nicht hoch technisiert, verfügt nicht über riesige Flächen und arbeitet nicht mit hohem Maschineneinsatz. Diese Kleinbauern ernähren immer noch 80 Prozent der Menschheit, und ihre Erntefrüchte und Nutztiere tragen entscheidend dazu bei, unserer Landwirtschaft eine Zukunft zu ermöglichen, der hoch industrialisierten genauso wie anderen Betriebsformen.

Dank Autor*innen wie Jane Jacobs hat sich seit Langem die Erkenntnis durchgesetzt, dass Städte, die zu stark spezialisiert sind – zu modern, zu stark von fossilen Brennstoffen abhängig und in allen Bereichen zu einseitig ausgerichtet –, in der Praxis weniger gut funktionieren als Städte, in denen Diversität herrscht, eine Mischung aus Alt und Neu. Neues und Altes befruchten sich gegenseitig auf unerwartete Weise. Dasselbe gilt für die Landwirtschaft. Die alten landwirtschaftlichen Methoden, Nutzpflanzensorten und Tierrassen dürfen nicht als »veraltet« verdrängt werden, denn sie werden von der Intensivlandwirtschaft dringend gebraucht, damit sie überhaupt überleben kann. Die am intensivsten betriebene Agrarwirtschaft der Welt hängt für ihr Weiterbestehen stark von der genetischen Diversität ab, die von den älteren landwirtschaftlichen Methoden, Rassen und Sorten geliefert wird. Die »rückständigsten« Bauern der Welt sind also alles andere als anachronistisch und obsolet, sondern Hüter eines lebenswichtigen Pools von Ressourcen für die Zukunft.

Was sich an Landwirtschaft mit hoher Diversität noch erhalten hat, findet sich oft in Randbereichen – in den Bergen, an abgelegenen Orten, in Wüsten, Wäldern oder Dschungelgebieten. Dass sich an diesen Orten die industrielle Agrarwirtschaft nicht ausbreiten konnte, liegt an verschiedenen Faktoren: an Isolation, Armut, mangelnder Entwicklung, an der Art des Klimas, an der Lage in großer Höhe oder auf bestimmten Breitengraden, am Bodentypus, an Krankheitsrisiken oder an der kurzen Dauer der Vegetationsperiode. In solchen Landschaften wurden die traditionellen Wirtschaftsmethoden nicht weggefegt, hier gibt es eine Fülle spezialisierter Nutzpflanzensorten oder alter Nutztierrassen. Denn an allen möglichen und unmöglichen Orten haben die Menschen über zehntausend Jahre lang durch Versuch und Irrtum die unterschiedlichsten Ansätze entwickelt. Im globalen »Archiv« der Landwirtschaft lässt sich für Millionen verschiedener lokaler Herausforderungen und Probleme eine ganze Reihe von Lösungen finden.

Riesige industrielle Agrarkonzerne lassen durch diese historischen Landschaften ihre Späher ausschwärmen, um die Reichtümer darin zu identifizieren, in ihren Besitz zu bringen und patentieren zu lassen. Wenn die älteren Rassen und Sorten verloren gehen, dann kommt die intensivste Landwirtschaft schnell an ihre Grenzen. Sobald die produktivsten Weizen- oder Maissorten nicht mehr mit neuen Bakterienstämmen oder Klimaveränderungen zurechtkommen, suchen die Agrarwissenschaftler in den wenigen noch erhaltenen traditionellen Landwirtschaften mit ihrer Vielfalt an alten Weizen- und Maissorten nach der Lösung. Wenn die superschnell wachsenden, intensiv gehaltenen Schweine in ihren Riesenstallungen mit einer Krankheit oder sonstigem Stress nicht fertigwerden, forschen die Agrarwissenschaftler im Archiv alter Schweinerassen, entweder bei Wildschweinen oder in traditionellen Landwirtschaften, nach der gewünschten Robustheit, Vitalität und Widerstandsfähigkeit gegen Krankheiten. Ob unsere Nachkommen in der Lage sein werden, sich auch noch in vielen künftigen Jahrhunderten zu ernähren, ist möglicherweise davon abhängig, ob irgendwo noch eine unbekannte Weizen- oder Erbsensorte überlebt hat oder ob es auf irgendeinem schlammigen Hof eines »rückständigen« bäuerlichen Kleinbetriebs, den weder Sie noch ich besuchen würden, immer noch eine urtümliche Rasse winziger Kühe, behaarter, der Kälte trotzender Schweine oder hitzeresistenter Hühner gibt. Ein spezielles Teilchen des genetischen Puzzles, das dieses oder jenes unansehnliche Huhn oder Schaf in sich trägt, kann den Ausschlag geben.

Das Wesentliche, was wir über die Zukunft wissen – ob über die Zukunft der Wirtschaft, des Klimas oder der Lebewesen –, ist ihre Unvorhersehbarkeit. Sowohl für Probleme, die sich schon heute abzeichnen, als auch für Dinge, von deren künftiger Notwendigkeit wir heute noch gar nichts wissen, müssen wir unser Archiv der landwirtschaftlichen Diversität bewahren. Ihr großer Wert besteht darin, dass sie uns Resilienz und Robustheit für die Zukunft schenkt. Sie hält Optionen für uns bereit. Sie streut unsere Risiken.

Landwirtschaftliche Diversität überlebt nicht im Labor oder in Teströhrchen. Die DNS spezialisierter Tiere und Pflanzen und das zugehörige praktische Wissen, die womöglich über unsere Zukunft entscheiden, sind systemabhängig, das heißt, sie bleiben nur erhalten, wenn sie von Menschen genutzt werden. Nutztierrassen benötigen genügend große Populationen mit vielen verschiedenen Herden und einer funktionierenden lokalen Vermarktung, damit sie gesund und kräftig bleiben und ihre genetische Diversität fortbesteht. Das bedeutet, dass die Höfe, die mit diesen Pflanzen und Tieren arbeiten, und ihre Wirtschaftsmethoden irgendwie überleben und florieren, am Markt teilhaben und sich wirtschaftlich tragen müssen. Es wird nicht genügend gewürdigt, dass die intensivsten Betriebe oft die älteren Systeme mitnutzen, um sich ihr Rohmaterial oder ihre Zuchttiere zu beschaffen. Die Tiefland-Schafbauern Europas kaufen, wenn sie neue Zuchttiere brauchen, oft weibliche Jungtiere aus Kreuzungen mit Hochlandschafen, anstatt ihr produktivstes Land für eine eigene Zucht zu verschwenden. Dasselbe gilt bei Rindern.

Wir können nicht ausschließlich Intensivlandwirtschaft betreiben und alles andere über Bord werfen. Die Produktivität der Intensivwirtschaft verschleiert, dass sie auf ältere, traditionelle

Systeme angewiesen ist, damit sie auf lange Sicht zukunftsfähig bleibt. Dies verlangt nach einem Schutz der alten Systeme.

In Sachen landwirtschaftlicher Diversität ist Großbritannien immer noch eines der reichsten Länder der Erde, was seiner einzigartigen landwirtschaftlichen Geschichte zu verdanken ist und außerdem dem Vorzug, dass hier die weltweit besten Gebiete für den Anbau von Gras für die Viehhaltung liegen. Unsere Inseln sind die Wiege von vielen Hundert Rinder-, Schaf-, Schweine-, Ziegen-, Pferde- und Ponyrassen. Die meisten haben sich in den Randzonen der neuen Agrarwirtschaft über Wasser gehalten, weitergezüchtet von Kleinbauern und auf altmodischen Höfen in entlegenen Gegenden, denn sie haben in der Bauernschaft genügend dickköpfige Anhänger gefunden. Auf der ganzen Welt sind in den letzten zwei, drei Jahrhunderten große Landstriche auf moderne Viehzucht umgestellt worden, und viele der Tiere, die dort gehalten werden, sind entweder reine britische Rassen oder Kreuzungen dieser Rassen. Hereford- und Aberdeen-Angus-Rinder, Suffolk- und Bluefaced-Leicester-Schafe sowie Yorkshire-Schweine werden in so entfernten Gegenden wie Texas, Westaustralien, Südafrika und der Ukraine gehalten. In Großbritannien dreht sich das Leben vieler Bauern immer noch um die traditionelle Arbeit mit diesen verschiedenen Rassen. Das Wissen über ihre Haltung und die dafür notwendigen praktischen Kenntnisse sind unverzichtbar.

Die Welt hat im Lauf der letzten Jahrhunderte unser »Archiv« der landwirtschaftlichen Diversität schon oft genutzt, um Hunderte von Millionen Menschen zu ernähren. Jetzt ist nicht der Moment, um alte Tierrassen und Pflanzensorten aufzugeben. Wir sollten ganzheitlich denken, weil wir große Mengen gehaltvoller Nahrungsmittel auf nachhaltige Art produzieren müssen.

Wir brauchen die landwirtschaftliche Diversität, und wir brauchen viel Natur.

~

Aber auf Effizienz oder technologischen Wandel können wir auch nicht ganz verzichten, das wäre töricht, dafür sind wir viel zu zahlreich. Bis 2100 wird die Weltbevölkerung auf über zehn Milliarden Menschen anwachsen, und wenn dann jeder landwirtschaftliche Betrieb ineffizient ist, müssen wir mehr Fläche unseres Planeten für den Anbau von Nahrungsmitteln nutzen, was der Natur wenig oder gar keinen Raum mehr lassen würde. Der Grund, warum sich so viele Umweltforscher von der Effizienz moderner Agrarwirtschaft verführen lassen, liegt darin, dass sich damit die Möglichkeit eröffnet, unseren Nahrungsbedarf mit einer geringeren Landfläche zu decken. Die komplexe Wahrheit lautet, dass wir Effizienzzuwächse brauchen – wir können nicht komplett in der Vergangenheit leben. Es geht darum, eine Balance zu finden und uns bewusst zu werden, dass neben der Effizienz auch noch andere Dinge zählen. Wir müssen das Problem klar und in seiner Gesamtheit betrachten und nicht nur ein modisches Teilthema, das im Trend liegt. Und die Zeit läuft aus. Wir müssen handeln. Jetzt.

~

Wir kehrten aus Kentucky in den schlimmsten Winter zurück, den ich je erlebt hatte. Er wollte und wollte nicht enden und brachte viele Stürme. Wind, Regen, Schneeregen und Schnee fällten zahllose Bäume. Wochenlang war der Boden völlig durchnässt, überall bildeten sich Schlamm und Pfützen. Und dann kam das schlimmste Unwetter von allen: An einem einzigen Tag musste der bereits gesättigte Boden 350 mm Niederschlag verkraften. Die Seen waren randvoll, der Boden vollgesogen wie ein Schwamm, und dann fiel der heftigste Regen, der je in unseren Tälern aufgezeichnet wurde. Der Sturm tobte in riesigen, gewalttätigen, zerstörerischen Böen über unsere Dächer; wir kamen uns vor wie Krebse, die sich am Meeresgrund in eine Muschelschale kauern. Am nächsten Morgen flossen an den Hängen Bäche herab, wo nie zuvor Bäche gewesen waren.

Der felsige Talkessel unterhalb des Helvellyn, hinter der nächsten Hügelreihe, wurde zu einer breiten Schüssel, die das Wasser sammelte, um es auf das Dorf zuzuleiten. Das Wasser gewann zunehmend an Kraft und bildete einen breiten, schlammigen, reißenden Bach, der über die Felsen stürzte, immer schneller und ungestümer wurde, Steine und Felsbrocken mitriss, den Hügel hinunterdonnerte und die Flussufer abscheuerte. Er fand keinen Platz im kiesgefüllten Kanal, der durch das Dorf floss, riss die Mauern heraus, die den Bach normalerweise im Zaum hielten, und ergoss sich über die Ufer. Er grub sich neue Kanäle durch die Straßen, brach den Asphalt auf und spülte ihn davon. Er drang unter Haustüren durch, hinein in Läden, Hotels, Küchen. Während die Leute in den ersten Stock flüchteten, toste der zum Fluss angeschwollene Bach durch das Dorf, zum See hinunter. Mit jeder Stunde schwemmte er Tausende Tonnen Kies, Felsblöcke und Gestein heran, die er im Dorf auf den Wiesen rund um den See ablud.

Dieser Sturzbach und viele andere schossen hügelabwärts in die schäumende braune Suppe, zu der der Ullswater-See geworden war. Der Wasserpegel stieg, Straßen und Bauernhofküchen, Wiesen und Zäune wurden überschwemmt, Bäume entwurzelt und davongetragen. Nur die Hügel trennten uns von dem steigenden See; aus ihm floss ein Fluss heraus, der jede Minute an Gewalt zulegte. Flussabwärts wurden Flutwarnungen ausgegeben, die in halb Nordengland auf Computerbildschirmen blinkten. Und unaufhörlich prasselte der Regen.

Man begann, um die alte Bogenbrücke in Pooley Bridge zu fürchten, der Verkehr durfte nicht mehr hinüber. Der Druck der braunen Flut baute sich immer weiter auf, dann bröckelte die alte Brücke in sich zusammen, als bestünde sie aus Kekskrümeln, und wurde weggeschwemmt. Flussabwärts lief das Wasser in Wiesen, die normalerweise als sicher galten, und stieg um Kühe und Schafe herum. Die Bauern versuchten, ihr Vieh aus der Gefahrenzone zu treiben. Freunde von uns gingen mit ihren Schäferhunden hinaus, um ihre Herden von den schlammigen Fluten wegzuholen. Die Schafe standen auf einem leicht erhöhten Landstreifen, von Wasser umstrudelt. Ein Schäfer weiß, wie das läuft: Die Chancen stehen fifty-fifty, dass sie sich vernünftig verhalten und in Sicherheit gebracht werden können oder aber in Panik geraten, ins Wasser springen und davongespült werden. Ein Lotteriespiel auf Leben und Tod. Auch die Schäfer und die Hunde können leicht ertrinken. Manche Schäfer überlassen die Schafe sich selbst und hoffen, dass sie ihren Verstand gebrauchen und das Schlimmste auf erhöhtem Gelände überstehen. Andere schaffen es nicht, untätig zuzusehen und sich das Eingreifen zu verkneifen.

Unsere Freunde schickten ihren erfahrensten Hund zu den Schafen; er sollte sie zum Zaun hindrängen, wo die Schäfer sie packen könnten. Langsam wichen die Tiere vor dem tieferen Wasser zurück, zum notdürftigen Pferch, den der Zaun bildete – gerade noch rechtzeitig, denn das Gras, wo die Schafe noch ein paar Augenblicke zuvor gestanden hatten, lag schon unter Wasser. Und dann brach eines der wilderen Schafe aus dem Pferch aus und stürzte sich ins tiefe Wasser, und bevor die Schäfer sie aufhalten konnten, folgte die ganze Herde und wurde flussabwärts geschwemmt, in den Wellen auf und ab schaukelnd. Manche wurden ein paar Tage später, als das Wasser sich zurückzog, viele Meilen entfernt gefunden, mit aufgetriebenen Bäuchen. Manche hingen hoch in den Zweigen von Bäumen. Die meisten wurden nie gefunden. Viele Tiere ertranken, andere wurden in ihren Ställen von Schlammlawinen erdrückt oder erstickt.

Der Platzwart eines Golfclubs fand eine Kuh, die über den Rasen des Golfplatzes schlenderte. Schwarz-weiß und blitzblank, schön sauber gewaschen von dem Fluss, der sie in der Nacht mitgespült hatte. Und am Morgen hatte er sie auf dem Golfplatz wieder ausgespuckt wie Jonas in dem Bilderbuch mit Bibelgeschichten, das ich als Kind gehabt hatte. Der Bauer, dem sie gehörte, konnte es kaum fassen, als der Anruf vom Golfclub kam – die Kuh war über zwanzig Kilometer flussabwärts getrieben.

Unsere Landschaft war übel zugerichtet: Auf den Wiesen und Feldern zeigten Ränder von Unrat den höchsten Stand an, den das Wasser erreicht hatte; überall lag Treibgut herum. Trotzdem konnte des einen Leid dem anderen zur Freude werden: Ein Bauer, den wir kannten, hatte von einer kleineren Überschwemmung im Monat zuvor profitiert, als Hunderte Tonnen gutes Feuerholz auf seinen Wiesen anlandeten. Vor seinen Freunden hatte er große Töne über sein Finderglück gespuckt. Und dann schwemmte die zweite Flut in einer Nacht alles wieder davon, kein Stöckchen blieb auf seinem Land. Da lachten seine Freunde und spotteten: »Wie gewonnen, so zerronnen.«

Als das Wasser zurückging, standen die Leute unter Schock und waren bestürzt. In Carlisle gibt es eine Brücke über den Eden River mit einer Hochwassermarke, die vor eineinhalb

Jahrhunderten angebracht worden war. Sie wurde seither nicht übertroffen – erst in den letzten fünf Jahren wurde der Rekord zweimal gebrochen: das erste Mal um einen halben Meter, das zweite Mal um einen Meter. Niemand hier hatte je zuvor einen solchen Regen erlebt. Er verursachte einen Schaden von Hunderten Millionen Pfund und ruinierte in den Überschwemmungsgebieten viele Tausend Häuser. Auch in der Stadt drang das Wasser in Hunderte von Häusern ein. Als es abgezogen war, krempelten die Leute ihre Häuser von innen nach außen. Möbel und Besitztümer wurden auf die Straße hinausgeworfen, dann kamen die traurigen Haufen in Container. Die Wände waren fleckig von Schmutz.

In den Wochen und Monaten nach der Flut geriet verschärft in den Blick, was auf dem Land flussaufwärts von Carlisle, sogar viele Meilen flussaufwärts bis in unser Tal hinein, wasserwirtschaftlich für den Hochwasserschutz getan wurde. Die Bauern, die ich kannte, schienen verunsichert wegen des vielen Regens, der gefallen war. Die Flusssysteme, die bisher als zuverlässig galten, erwiesen sich jetzt als schwach und nicht in der Lage, die andrängenden Wassermassen aufzunehmen. Und es heißt, dass alles noch schlimmer werden soll, viel schlimmer.

~

Bauern sind immer davon ausgegangen, dass die Natur sich allen unseren Eingriffen in das Land anpassen und damit fertigwerden kann, egal, was wir tun. Aber daran kann keiner mehr so recht glauben. Unsere Macht, Mutter Natur kleinzukriegen, ist in meiner Lebenszeit exponentiell gewachsen; sie setzt sich die Maske des Fortschritts auf. Und so haben wir Zerstörungen in einem Ausmaß angerichtet, das unsere Vorfahren kaum für möglich gehalten hätten. Das alte Vertrauen, dass die Natur über grenzenlose Reserven und Ressourcen verfügt, ist überstrapaziert und beschädigt worden. Die Vorstellung, dass die Belastbarkeit der Natur ihre Grenzen hat, erschien meinem Großvater und sogar noch der Bauerngeneration, der mein Vater angehörte, als Hippiequatsch oder kommunistische Propaganda. Aber sie hat sich bewahrheitet: Die Natur ist endlich und verletzlich.

Unsere Gesellschaft ist zu Recht besorgt über die heutige Landwirtschaft. Das Wissen, was bereits passiert ist, jagt uns eine Gänsehaut über den Rücken, und die Tatsache, dass der Naturverlust sich galoppierend beschleunigt, ist sogar noch beängstigender. Wir brennen Wälder nieder, blasen Treibhausgase in die Luft, verschmutzen die Meere mit Plastik und vernichten Arten mit einer erstaunlichen, verheerenden Geschwindigkeit. Dass wir uns dieser traurigen Fakten bewusst sind, macht den Unterschied zwischen der Ära meines Großvaters und meiner eigenen aus. Als Bauern müssen wir nun die Notwendigkeit, mehr Nahrung zu produzieren als jede andere Generation in der Geschichte, mit der Forderung nach Nachhaltigkeit unter einen Hut bringen; wir müssen der Natur die Möglichkeit geben, neben uns zu überleben. Wir müssen die beiden gegensätzlichen Ideologien, die sich über die beste Art der Landnutzung streiten, zusammenbringen und die Landwirtschaft so nachhaltig und biodivers machen wie nur möglich.

~

Wir dachten, wir hätten die Zeiten hinter uns gebracht, in denen wir über schnöde Dinge wie Tiermist, Feldbau, Tierfütterung und Heumachen Bescheid wissen mussten. Und weil wir diese Dinge und die alten Methoden nicht zu schätzen wussten, haben wir ihnen, obwohl sie funktionierten, den Rücken zugekehrt und das lebenswichtige Wissen und die praktischen Fähigkeiten vergessen, die wir einmal besaßen. Wir haben den Wert des Patchworks bäuerlicher Familienbetriebe mit gemischten Habitaten, Fruchtfolge und Tierhaltung nicht erkannt und haben zugelassen, dass die Landschaft »effizienter« und mit ihren Monokulturen »steriler« wurde. Wir hatten keinen Respekt vor den Heuwiesen voller Wildblumen, Insekten und Vögel und haben zugelassen, dass auch sie verschwanden. Wir haben den lebenden Boden unter unseren Füßen nicht gewürdigt und zugelassen, dass er sich verdichtete, erodierte und das Leben in ihm nicht mehr gedieh. Wir haben die Hecken und den Niederwald nicht geschätzt und uns abgewandt, als sie herausgerissen wurden. Wir haben schlichte Dinge wie grasende Kühe auf den Weiden, sich im Schlamm suhlende Schweine und im Hofstaub herumpickende Hühner nicht geschätzt, und so endeten sie in riesigen, industriellen Stallungen. Wir haben den Mist nicht geschätzt, der kompakt aus den Hinterteilen unseres Viehs fiel und den Boden düngte, und so haben wir uns nie beschwert, als ihr Futter auf Silage umgestellt wurde und ihr Mist sich in saure Gülle verwandelte, die den Boden ruinierte.

Wir haben Maschinen zu Götzen erhoben und fanden es großartig, wenn sie immer riesiger wurden, die Felder umgestalteten und kaum ein Korn Gerste im Stoppelfeld zurückließen. Wir haben uns wenig darum gekümmert, wie unsere Feldfrüchte angebaut wurden, solange unser Brot billig zu haben war, und uns ist entgangen, dass sie mit Gift überschüttet werden. Wir haben nicht einmal bemerkt, dass die Saaten schon im Herbst statt im Frühling ausgebracht wurden und zu sterilen grünen Flächen heranwuchsen, in denen Vögel im Winter keine Nahrung mehr finden konnten.

Wir dachten, solche Dinge gingen uns nichts an, wir bräuchten nichts davon zu wissen und sie könnten uns gleichgültig sein. Und wenn die Großkonzerne uns gaben, was wir haben wollten, und uns wohlklingende kleine Lügen erzählten, wie sie es produzierten, dann nahmen wir das hin. Aber das war Augenwischerei, industrielle Arroganz, und führte nur in eine Zukunft, die keine war, sondern eine Dystopie. Erst jetzt erwachen wir langsam aus diesem Bequemlichkeitskoma und erkennen, dass wir uns weit von den Feldern entfernt haben, die uns ernähren, und von dem Wissen, das notwendig ist, um gute Entscheidungen zu treffen. Tief im Inneren wissen sogar die Optimistischsten unter uns, dass es Zeit und Vertrauen brauchen wird, um den Weg zurück zu finden, und dass radikale strukturelle Veränderungen in unserer Beziehung zu Nahrungsmitteln und zur Landwirtschaft nötig sind.

~

Mein Erbe ist uralt – und es ist die Chance, auf einem Stück viel geliebtem Land zu leben und zu arbeiten. Von dem Augenblick an, als ich in der Anwaltskanzlei diese vertrauten Wiesen und Felder auf den Urkunden sah, wusste ich, dass sie sowohl Segen und Privileg als auch eine gewaltige Herausforderung waren, finanziell und von der Arbeitsbelastung her. Mir war bewusst, dass wir an einem wunderbaren Ort leben könnten, umgeben von Natur und Schönheit, ich spürte aber auch die Last einer tiefen familiären Verpflichtung (ich durfte das Land nicht verkaufen und das Vertrauen, das mein Vater in mich gesetzt hatte, nicht enttäuschen). Ich wusste, dass ich nun mit diesem Land quasi verheiratet war, in guten wie in schlechten Zeiten.

Auf eine durch und durch praktische und realistische Weise begann ich, darüber nachzudenken, wie wir das Land umgestaltet hatten. Ich würde eine Möglichkeit finden müssen, einen rentablen landwirtschaftlichen Betrieb aufzubauen, der uns ernährte, und zugleich unser Land und seine Ökosysteme bestmöglich zu regenerieren. Ich wusste, dass wir die Vergangenheit und die Gegenwart ehrlich betrachten mussten und dass wir ein wenig Fantasie und Mut brauchen würden, um über die Zukunft nachzudenken. Ich wusste auch, dass ich bei allem Respekt für die Arbeit und das Wissen meines Vaters die Freiheit besaß, Dinge zu verändern, wenn wir gute Wege finden könnten.

Aber welche? Was für eine Zukunft konnten wir für unsere Kinder aufbauen? Ich war bereits entschlossen, nicht zu intensivieren und zu vergrößern, keine riesigen finanziellen Risiken auf mich zu nehmen und aus unseren Wiesen und Feldern keine Fabriken zu machen. Aber ich sah auch nicht, wie wir unser Land ausschließlich an der Natur ausrichten könnten, wie ich weniger produzieren könnte, ohne pleitezugehen. Ich wusste, wenn wir nachhaltiger wirtschaften wollten und uns niemand dafür bezahlen wollte, dann würden wir Bankrott machen. Der Beifall der Mittelschicht, der »die Natur wichtig« ist, bringt nicht viel ein, wenn der Filialleiter der Bank den Geldhahn zudreht. Ich wusste, dass wir einen schwierigen Kurs voller Kompromisse fahren mussten: Wir mussten als Landwirte produktiv genug sein, um unsere Rechnungen zu bezahlen, mussten aber gleichzeitig auf unserem Land gute Bedingungen für die natürliche Tier- und Pflanzenwelt erhalten, damit wir unseren Kindern und vielleicht eines Tages auch unseren Enkelkindern erhobenen Hauptes in die Augen blicken könnten.

UTOPIE

Nach über dreißig Jahren habe ich endlich den Freimut, auf diesem Teil der Erde zu stehen, die von meiner eigenen Geschichte ebenso erfüllt wie furchtbar beschädigt ist, und zu fragen: Was ist das für ein Ort? Was steckt alles in ihm? Was macht ihn aus? Wie sollten Menschen dort leben? Was muss ich tun?

Ich habe die Antworten noch nicht gefunden, glaube aber, dass sie begonnen haben, in Teilen und Bruchstücken auf mich zuzukommen.

Wendell Berry, »A Native Hill«

Ich glaube, jede Spezialisierung ist fatal. Das zeigt sich in Dingen jeglicher Art, und je mehr Diversität wir in allem haben, was uns möglich ist, desto besser.

Jane Jacobs in einem Interview von James Howard Kunstler

Die alten Männer sitzen in den »guten« Sesseln und auf ein paar Gartenstühlen, die hereingebracht worden sind, damit alle Gäste einen Platz haben. In der einen Hand halten sie Bierdosen, in der anderen halb volle Gläser. Das Esszimmer der alten Bauernhäuser bleibt noch oft Beerdigungen, Taufen und Feiern wie dieser vorbehalten. Der kleine Eisvogel aus Porzellan, der auf dem Kaminsims steht, schickt sich an, in den Wirbeln des Teppichmusters nach Fischen zu tauchen. Regen prasselt gegen die Fensterscheiben.

Das Haus ist makellos sauber und aufgeräumt, sicher wurde wochenlang geputzt, und es gibt genug Essen, dass jeder zweimal satt würde. Die stolzen Hausfrauen der Familie haben die Tische mit selbst gebackenem Brot beladen, mit Würstchen im Schlafrock, Sandwiches, Chutneys und Salaten, Bratenaufschnitt und Nachspeisen. Sie glucken um uns herum wie die Hennen und fragen ständig, ob wir genug gegessen haben und schon eine Tasse Tee hatten. Die jüngere Tochter der Familie, die vor Jahren ausgezogen ist und ein modernes, ganz anderes Leben führt, wirkt auf mich, als fühle sie sich wie auf einer Zeitreise, zurückgebeamt in die Siebzigerjahre. Aus Liebe zu ihrer Familie und Respekt vor ihren Eltern lässt sie tapfer diese altmodische Gastlichkeit über sich ergehen. Ich fange ihren Blick auf, und sie lächelt mich nervös an, als wolle sie fragen: »Du liebe Zeit, sind mir meine Gedanken so deutlich anzusehen?« Ich erwidere ihr Lächeln. Ist schon in Ordnung, signalisiere ich damit.

Wir feiern den siebzigsten Geburtstag von David, einem der besten Freunde meines Vaters. Der kleine, o-beinige Mann sieht mit seinem aufgeblähten Brustkasten aus, als könnte er vor Kraft kaum laufen. Er ist auch wirklich ein Dynamo, der nur so sprudelt vor neuen Ideen und Plänen.

Das Fest ist sehr typisch für unsere Gegend. Ich bin von den Freunden meiner Eltern umgeben, was in mir das Gefühl weckt, noch nicht ganz erwachsen zu sein. Aber das sind die Menschen, mit denen ich lebe, in guten wie in schlechten Tagen. Die Männer kommen alle nacheinander zu mir, um meine Neuigkeiten zu hören und mir die ihren zu erzählen. Andere lächeln mir vom anderen Ende des Raums ausgesprochen freundlich zu. Als ich jung war, dachte ich immer, in solchen Gesprächen würden Urteile über mich gefällt und diese Männer hielten mich vielleicht für einen Schwächling oder Trottel. Taten sie vielleicht auch. Aber heute sehe ich, dass uns die Geschichten, die wir einander hier erzählen, verbinden wie das aufgeregte Tschilpen die Spatzen in einem Dornbusch, wenn sie nervös vor einem Falken in Deckung gehen.

Einer der alten Männer sagt leise zu mir, er sei stolz auf mich, und ich sehe ihn scharf an, ob das vielleicht als Scherz gemeint war, aber seine Miene ist ganz ernst. So ein Lob hatte ich nicht erwartet. David kommt zu mir herüber. Ich kenne ihn, seit ich ein kleiner Junge war. Ich habe ihn immer gemocht, aber erst in den letzten Jahren erkannt, was für ein grundanständiger, freundlicher Mensch er ist. Er saß bei der Totenwache für meinen Vater neben mir, und wir teilten ein Bier miteinander. Er erzählte mir von seiner lebenslangen Freundschaft mit Dad, der einer seiner besten Freunde gewesen sei. Wir weinten und lachten miteinander, und er erzählte mir eine lustige Geschichte aus der Zeit, als mein Vater um die zwanzig gewesen war. Der Vater einer Freundin stauchte ihn zusammen, weil er das Mädchen zu spät nach Hause gebracht hatte. Plötzlich gab es im Stall Aufregung um eine kalbende Kuh, und der Abend endete letztlich damit, dass mein Vater Geburtshilfe für das Kälbchen leistete. David erklärte, jetzt, wo mein Vater tot sei, wolle er für mich ein genauso guter Freund sein wie für ihn.

Das klang nach einem großen Versprechen, und er hat es gehalten. Er kommt mich zwei-, dreimal im Jahr auf meinem Hof besuchen und bietet mir ganz unaufdringlich seinen Rat an, und er ist immer für mich da, wenn ich Fragen habe, die ich früher meinem Vater gestellt hätte. Er kauft von mir Böcke wie damals von meinem Vater und ist bei den Auktionen zur Stelle, um dafür zu sorgen, dass meine Schafe einen fairen Preis erzielen. Ich bin fünfundvierzig Jahre alt, und immer noch hält jemand seine Hand über mich. David bräuchte das nicht zu tun. Ich hatte es nicht erwartet und bin gerührt. Er hat mich unter seine Fittiche genommen und denkt sich nicht viel dabei – er tut es einfach, weil es seinem Wesen entspricht. Heute sagt er zu mir, er wünschte sich, mein Vater wäre hier, um mit ihm seinen Geburtstag zu feiern. Das wünschte ich mir auch, antworte ich.

Die beiden sind zusammen aufgewachsen, haben sich gemeinsam Geld mit Schafescheren verdient, sind zum Dorftanz gegangen, haben Mädchen nachgestellt, sind im Auto wie die Teufel durch die Gegend gebrettert, haben sich aus so manchen brenzligen Situationen gerettet. Auch später, als sie erwachsen wurden und ihre eigenen Familien gründeten, haben sie einander immer zur Seite gestanden. Sie haben miterlebt, wie der andere kämpfte, wie er zu viel Geld für den Kauf von Land aufnehmen musste und es irgendwie schaffte, es wieder abzustottern, und wie er schließlich seine Ziele erreichte. Vor einigen Jahren war David schwer erkrankt. Mein Vater besuchte ihn im Krankenhaus; bei seiner Rückkehr war er erschüttert. Er dachte, das war's. Aber David erholte sich wieder. Und jetzt kümmert er sich um alle Gäste, holt Getränke und nimmt sich Zeit, mit jedem zu reden, auch mit meinen Kindern. Er fragt sie nach ihren Schafen und nach der Schule und bittet seine erwachsene Tochter, Spielsachen für meinen Sohn Isaac zu suchen. Eine Schachtel taucht auf, die einmal Davids eigenem Sohn gehört hat, und Isaac spielt mit der einbeinigen Kuh, den Traktoren mit den drei Rädern und den blechernen Schweinekoben, von denen die Farbe abblättert.

Die alten Männer sehen den Kindern beim Spielen zu. Bald ziehen sie die Stühle näher heran, bis sie im Kreis sitzen, und beginnen zu reden. Sie sind der Meinung, dass die Landwirtschaft auf Abwege geraten und alles furchtbar schiefgelaufen ist. Ich höre aufmerksam zu. Einer von ihnen sagt, wir müssten zu Mischbetrieben zurückkehren, verschiedene Feldfrüchte anbauen und Kühe, Schafe und Schweine halten. »Das einseitige Wirtschaften bringt nichts«, sagt er. »Man macht sich abhängig, wenn man nur ein einziges Produkt erzeugt, man ist diesen wahnsinnigen Preisschwankungen ausgeliefert. Dann heißt es, ihr müsst eben noch mehr Kühe anschaffen, und die Bank will euch Riesensummen leihen, aber wenn es schiefgeht, dann reißt sich die Bank den Hof unter den Nagel, eiskalt. Denen darf man nicht über den Weg trauen.«

Ein anderer Mann, den ich nur vom Sehen kenne, erzählt, dass jetzt sogar die guten Bauernfamilien am Ende sind. Die Kreditzinsen steigen, oder der Preis für Schweinefleisch oder

Milch fällt, oder die Futterpreise gehen in die Höhe – und dann sind sie im Nu in den roten Zahlen. Wir waren alle schon dabei, wenn ein Hof unter den Hammer kam, und sind im Regen gestanden, während die Maschinen und die Tiere versteigert wurden. Der Bauer steht neben dem Auktionator und lässt sich nichts anmerken, seine Frau hält ihn fest am Arm und lächelt liebevoll, um ihm eine Stütze zu sein. Ihre Freunde sind zu Hunderten gekommen und kaufen Dinge, die sie eigentlich gar nicht brauchen, damit sie ihm ihren Respekt erweisen und ihr Name im Verkaufsprotokoll steht.

Wir alle kennen Bauern, die psychisch krank geworden sind. Wir alle kennen Bauern, die sich das Leben genommen haben.

Gerald, ein weiterer enger Freund meines Vaters, erzählt uns, er habe neulich auf seinem höchsten Feld gestanden und zum Eden Valley hinübergeschaut, und da sei ihm die Erkenntnis gekommen, dass sich da in letzter Zeit nur noch eine »grüne Wüste« ausbreite. Die Vögel, die es früher gegeben hat, gibt es nicht mehr. Und wo sind die Igel? Wo sind die Schmetterlinge? Die anderen Männer machen beunruhigte Gesichter. Ich bin schockiert, als ich ihn so reden höre. Er klingt ein bisschen wie die Umweltschützer, die wir alle einmal so gehasst haben.

Sie reden über ein Feld, das sie alle kennen. Früher wuchs darauf dichtes, üppiges, goldenes Getreide, das im Wind und in der Sonne schimmerte. Jetzt ist das Feld ausgelaugt und bringt nur noch die schlechteste, kränklichste Ernte, die sie je gesehen haben. Es wurde fünfzehn Jahre hintereinander für Getreide genutzt und müsste sich nun erholen. Es müsste wieder Gras gesät werden, damit weidende Tiere den Boden mit ihrem Dung regenerieren. Sie unterhalten sich über die Felder in der Gegend, als wären diese Felder alte Freunde – und für diese alten Freunde wird nicht mehr richtig gesorgt.

Dann erhebt ein anderer, mir unbekannter Mann, der in einem alten Sessel in der Ecke sitzt, die Stimme. Er sagt, alles werde vom Geld gesteuert, von der Gier der Großkonzerne und von einigen Bauern, die die Spirale immer höher schraubten und den restlichen Bauern den Boden unter den Füßen wegzögen. Wir sind verdammte Idioten, sagt er, die sich gegenseitig in den Abgrund jagen. Wenn wir mit hundert Kühen Geld verdienen, wollen wir noch fünfzig Kühe dazu, um noch mehr Geld zu verdienen. Oder wenn wir in den roten Zahlen sind, wollen wir erst recht fünfzig Kühe mehr im Stall, um aus dem Tief herauszukommen. So oder so, es geht nur noch um immer mehr, immer mehr.

Diese Männer waren immer ziemlich konservativ, wenn auch nicht im Sinne einer politischen Partei. Ich weiß das, weil ich ihnen schon als Kind zugehört habe, als sie noch jünger waren. Aber inzwischen hat sich etwas verändert. Was sie zu sagen hatten, zeugte immer von Klugheit. Jetzt kommt Radikalität dazu. Und sie haben recht, obwohl ich darüber erschrecke, dass sie die Dinge genauso sehen wie ich. Ich dachte, ich hätte mich von ihnen entfernt, aber in Wirklichkeit haben wir uns alle von denselben zerstörerischen Ideen entfernt. Wir alle bemühen uns verzweifelt zu verstehen, was passiert ist und wie wir aus dieser Lage wieder herauskommen. Und weil so großer politischer Ernst bei uns allen ein wenig Argwohn weckt, stehen wir spontan auf, um uns Nachspeisen zu holen, und schieben uns wie die Pinguine in einer Schlange Richtung Küche. Sherry-Trifle mit Sahne. Zitronenkäsekuchen. Obstsalat. Und dann sitzen wir und essen und suchen uns andere Gesprächsthemen, zum Beispiel Fußball.

~

Als wir von Davids Geburtstagsfeier nach Hause kommen, muss ich nach einigen Schafen sehen, die am Tag zuvor auf einem Hügel gestrandet sind, der vom Hochwasser eingeschlossen wurde. Die Schafe waren in Sicherheit, aber ich muss nachsehen, ob es ihnen allen gut geht. Ich bin froh, dass ich auf unsere alte Fell-Farm zurückgekehrt bin. Das platt gedrückte Gras an den Ufern des Bachs zeigt an, wie weit das Wasser gestiegen ist. In den riesigen Pfützen auf den gemähten Heuwiesen spiegelt sich der Himmel. Alles ist sauber, die Farben leuchten. Auf dem eierschalenblauen Himmel schwimmen weiße Wolkeninseln. Je weiter ich stromabwärts gehe, desto breiter wird der Bach, er schwillt von einem Rinnsal fast zu Flussgröße an.

In unzähligen kleinen Dingen zeigt sich, wie unser Land wieder zum Leben erwacht. Wildblumen hängen über die vom Hochwasser angenagten Ufer und wachsen aus dem kiesigen Bachbett. Fingerhut zittert in der Brise. Kleine braune, orangefarbene und weiße Motten und Schmetterlinge irrlichtern zwischen den Blütenbüscheln hin und her. Hundert Meter vor mir erhebt sich ein Fischreiher schwerfällig aus dem Schilf. Seine segelartigen Schwingen tragen ihn im Schlingerflug talabwärts; zwei Wiesen weiter gleitet er wieder zum Bach hinunter. Unser Tal glänzt nach einem Hochwasser immer wie neu. Aber anders als bei den biblischen Fluten, die die frevlerische Vergangenheit hinwegschwemmten, taucht nach dem Rückzug des Wassers unser allzu menschliches Gerümpel aus der Vergangenheit und der Gegenwart wieder auf.

~

Unser Land ist wie ein Gedicht, eingebettet in den Flickenteppich anderer Landschaftsgedichte, die von Hunderten von

Menschen geschrieben worden sind, Menschen, die jetzt hier leben, und Menschen, die vor uns kamen. Jede Generation fügt neue Bedeutungsschichten, neue Erfahrungen hinzu. Und so enthüllt uns das Gedicht, wenn wir es lesen können, eine komplexe Wahrheit. Es enthält Momente großer Schönheit, aber auch herzzerreißendes Leid. Es erzählt von Triumph und Versagen, vom Guten im Menschen und von seinen Fehlern, von dem, was wir brauchen, und wie wir in unserer Gier Kostbares zerstören können. Es erzählt von dem, was bestehen bleibt, und von den Veränderungen – und von rechtschaffenen, hart arbeitenden Menschen, die sich über zahllose Generationen hinweg hier festgeklammert haben, um nicht von den gewaltigen Sturmböen des weltweiten Wandels mitgerissen zu werden. Es ist auch die Geschichte derjenigen, die sich nicht haben halten können und vom Land weggefegt wurden, die mit dem Herzen aber immer noch hier sind und versuchen, wieder nach Hause zu finden.

~

Der Tod meines Vaters liegt nun fünf Jahre zurück, aber wir hatten seinen Pachthof schon lange davor verlassen. Als wir endgültig davonfuhren, vergoss ich stille Tränen um den Ort, an dem ich einen so großen Teil meiner Kindheit und Jugend verbracht hatte. Diese Felder waren mein Spielplatz, mein Klassenzimmer und mein erster Arbeitsplatz gewesen. Unzählige Erinnerungen drängten in mir hoch, Erinnerungen an Dinge, die ich hier gelernt hatte, an zahllose wunderbare Momente. Dieser Hof war die Brille, durch die ich die Welt sehen lernte: Hier erfuhr ich Grundlegendes über das Wetter, über Landwirtschaft, Arbeit, Gemeinschaft und die Natur ringsum mit ihren

Pflanzen und Tieren. Ich hatte das Gefühl, ich sähe einen lieben Freund zum letzten Mal und nähme endgültig von ihm Abschied. Und ich gab ein geliebtes Stück Land dem Verfall preis. Aber dieses Land gehörte nicht uns und würde uns nie gehören. Wenn wir eine Chance hätten, als Bauern zu überleben und Gutes zu bewirken, dann auf unserem kleinen Hof in den Hügeln.

Unser Zuhause ist nun die kleine Fell-Farm meines Großvaters geworden, mit 185 Morgen – knapp 75 Hektar – eigenem Land. Das wäre vor fünfzig Jahren eine stattliche Größe gewesen, aber nach den Maßstäben der Agrarindustrie ist der Hof winzig. Der Filialleiter unserer Bank meint, er sei zu groß für ein Hobby und zu klein, um etwas abzuwerfen. Aber er gehört uns.

~

Ich fahre immer noch gelegentlich zu dem alten Pachthof hinüber. Es ist wie ein Besuch bei einem Menschen, den man einmal geliebt hat, der einem aber fremd geworden ist. Der Ginster auf dem Hang, den mein Vater alle paar Jahre abbrannte, ist verschwunden, mit einem großen Bagger oder Bulldozer ausgerissen. Die Landwirte dort haben das alte »Quarry Field« beim aufgelassenen Steinbruch in die Moderne überführt. Die Heuwiesen sind umgepflügt und »verbessert«. Es gibt keine Felder mit Gerste, Hafer oder Rüben mehr. Alles ist ordentlicher, knallgrün, mit neuen Saaten bepflanzt, kurzum, effektiver bewirtschaftet. Die Hänflinge, die zu den Telefonleitungen hinaufschossen, wenn wir Verstecken spielten, die Kaninchen, die durch die Lücken in den Weißdorngebüschen flitzten, die Goldammern, die ganz oben im Ginster sangen – sie alle gibt es nicht mehr.

Ich muss daran denken, wie mein Vater mit wildem Blick zwischen den Flammen stand, als er im knisternden, zundertrockenen Ginster Feuer legte. Und ich würde gern ins Dorf gehen zu der Frau des Rektors, die sich damals darüber beklagte, und ihr sagen, dass die Vögel mit meinem Dad und den alten Wirtschaftsmethoden, zu denen das Niederbrennen des Ginsters gehörte, besser gefahren seien. Aber auch die Frau gibt es nicht mehr, die Welt hat sich verändert und ist nicht mehr die Welt, in der ich mich einmal heimisch fühlte.

~

Eine alte Bauernregel empfiehlt, unser Land so zu bewirtschaften, als würden wir tausend Jahre alt werden. Dahinter steckt der Gedanke, dass wir unsere natürlichen Ressourcen besser schützen würden, wenn wir die langfristigen Folgen unseres Tuns im Blick behalten müssten, anstatt anderen ein Chaos zu übergeben, das sie dann wieder in Ordnung bringen sollen. Ich finde die Zukunftsperspektive von tausend Jahren allerdings beängstigend, sie übersteigt mein Vorstellungsvermögen. Wer ist reich genug, dass er es sich leisten kann, so edel zu sein und in solchen Zeiträumen zu denken? Ein paar Aristokraten oder große Naturschutzorganisationen vielleicht? Niemand, der einen Funken Verstand hat, zweifelt die Notwendigkeit von Veränderungen an. Die Statistiken über die Abnahme von Wildtieren und Wildpflanzen auf britischem Agrarland in den letzten Jahrzehnten sind erdrückend, das Klima verhält sich seltsam, erschreckend, unberechenbar. Wir wissen, dass ein Wandel nötig ist, aber wir müssen herausfinden, wie dieser Wandel aussehen soll und wie wir ihn stemmen können, wenn uns gleichzeitig das Wasser bis zum Hals steht.

Wir leben auf dieser Erde, in dieser Realität, und können nicht wie Engel über ihr schweben oder uns völlig von ihr abkoppeln. In der Zeit der Aufklärung entstand zugleich ein schwärmerischer, törichter Idealismus, der sich während der industriellen Revolution noch verstärkte. Menschen zogen vom Land in die Städte, und ein, zwei Generationen später kehrten sie, nachdem sie Bildung und ein finanzielles Polster erworben hatten, aufs Land zurück, das für sie nun ein Ort der Freizeit und Weltflucht war. Damit entwickelten sie eine neue Beziehung zur Landschaft. Als wir das Land verließen, waren wir Bauern, als wir zurückkehrten, waren andere, derbere Menschen die Bauern, und wir liebten nur »die Natur«. Wir waren von den harten Realitäten befreit und hatten uns weit von dem entfernt, was andere in unserem Namen taten, um uns zu ernähren. Wir fanden die alten Traditionen schwer zu verkraften und wollten dem Schlachten und Töten entkommen. Solcher Utopismus spricht unser besseres Selbst an, aber der Grat zwischen Idealismus und Unsinn ist schmal.

Das Beste, was wir in den meisten Landschaften für die Natur tun können, wäre streng genommen, uns komplett daraus zurückzuziehen. Die Verzweiflung über das Ausmaß an Umweltzerstörung, das wir mit unserem Eingreifen anrichten, hat hier und da zu genau diesem Vorschlag geführt: Wir sollten in gewissen Gebieten Intensivlandwirtschaft in ihrer brutalsten Form betreiben, damit wir in anderen Gebieten, zum Beispiel in Mittelgebirgen und Hochlagen, so viel Land wie möglich der Natur überlassen können. Die Verzweiflung ist verständlich, aber dieser Ansatz wird nicht funktionieren: Das theoretisch »verschonte« Land wird sich selten zu der versprochenen Wildnis entwickeln. Und der Götze der »Effizienz« verführte die Landwirte dazu, dass sie mit ihrem riesigen chemischen und mechanischen

Arsenal intensivieren, wo es nur geht, und ihre Felder bis zur Sterilität ruinieren. Ohnehin könnten große Landschaftsflächen aufgrund der vorhandenen Infrastrukturen – Straßen, Bahnstrecken, menschliche Siedlungen – nicht wirklich »verwildern«. Und selbst wenn wilde Hochlandgebiete möglich wären, könnten sie nie als isolierte Ökosysteme existieren. Damit sie auch nur annähernd den Status einer »Wildnis« erreichten, müssten umfangreiche Herden großer Pflanzenfresser zwischen Hochland und Tiefland im Zyklus der Jahreszeiten hin- und herziehen, getrieben von großen Beutegreifern. Diese Art echter Wildnis mit bestimmten Arten darin, die für ihr Funktionieren sorgen, ist längst verschwunden und wird nicht zurückkehren. Agrarland aufzugeben bedeutet noch lange nicht, das Land als ein wildes Ökosystem wiederherzustellen. An die Stelle der Schafherden träte dann einfach eine schädliche Überzahl von Rotwild, und damit wäre nichts gewonnen. Wir wünschen uns vielleicht, es wäre anders, aber der Mensch nimmt unter den Prädatoren die Spitzenstellung ein und kann diese Funktion entweder auf eine kluge, die Natur nachahmende Weise erfüllen, oder Arten wie Rotwild oder Wildschweine werden die Gegend in eine ökologische Wüste verwandeln, wenn sie nicht von Prädatoren im Zaum gehalten werden.

Zum Glück müssen wir keine vergangenen Zustände wiederherstellen, was unmöglich wäre. Denn in traditionell bewirtschafteten Agrarräumen können zahlreiche Arten gut gedeihen, besonders wo es Heuwiesen, Niederwald und Hecken gibt. Viele der Arten, die in landwirtschaftlich genutzten Gebieten leben, sind heute selten geworden, deshalb müssen wir gut aufpassen, dass wir nichts von den traditionell genutzten Landschaften verlieren, die noch übrig sind. Brachvögel zum Beispiel leben schon so lange in Koexistenz mit dem Menschen, dass niemand ganz sicher ist, wo sie in einer ferneren, wilderen Vergangenheit gelebt hatten. In einer wirklich wilden, der Natur überlassenen Welt würden alle Arten ihren Platz finden, aber es ist nicht klar, ob unsere dicht besiedelten und vom Menschen umgestalteten Landschaften ausreichend Möglichkeiten bieten würden, um alle notwendigen ökologischen Nischen zu schaffen. Und wenn nicht sämtliche Elemente eines natürlichen Ökosystems nachgebildet werden, dann gäbe es in manchen Landschaften letzten Endes eine geringere Artenvielfalt als in traditionell genutzten Agrarräumen. Das heißt nicht, dass wir keine Wildflächen brauchen – natürlich brauchen wir sie, je mehr davon, desto besser. Aber die komplexe Wahrheit lautet, dass wir überall Natur brauchen, sogar auf dem intensivst genutzten Land. Damit diese Nutzung nachhaltig ist, brauchen wir tragfähige Kompromisse. In den meisten Gebieten wird die Lösung niemals einseitig sein – entweder reine Wildnis oder reine Produktivität. Wir müssen die landwirtschaftliche Nutzung und die Natur wieder in Einklang bringen, anstatt sie wegen unseres großen Bedarfs an Nahrungsmitteln noch weiter auseinanderdriften zu lassen.

England hat eine Bevölkerungsdichte von rund 430 Einwohnern pro Quadratkilometer; 56 Millionen Menschen müssen dreimal täglich satt werden. Der größte Teil Englands wird landwirtschaftlich genutzt, und realistisch betrachtet wird das auch so bleiben, deshalb ist es unsere größte und wichtigste ökologische Aufgabe, auf den landwirtschaftlichen Betrieben sehr viel bessere Bedingungen für die Natur zu schaffen. Wir können die Schiefertafel nicht einfach wieder abwischen, aber jeder Landwirt kann von seinem Istzustand ausgehen und vieles verbessern. Einige der Lösungen liegen in der Vergangenheit, in unseren früheren Methoden, die wir anwenden mussten, bevor wir die Natur mit neuen Technologien austricksen konnten. Andere Lösungen fordern Neues und die Nutzung wissenschaftlicher Erkenntnisse von uns (zum Beispiel Bodenanalysen, um die Gesundheit unseres Bodens zu prüfen, Versuche mit verschiedenen Beweidungskonzepten, um zu sehen, was am besten funktioniert, oder die Aneignung ökologischen Wissens über Habitate und natürliche Prozesse, die wir wieder in Gang bringen müssen). Wir können das Land bewirtschaften und trotzdem gesunden Boden und gesunde Flüsse, Feuchtgebiete, Wald und Niederholz haben. Wir können Wiesen voller Wildblumen und einer Vielfalt von Gräsern haben, Wiesen reich an Insekten, Schmetterlingen und Vögeln. Unser Wunsch danach muss nur dringend genug sein, um die nötigen Gesetze zu schaffen und auch dafür zu bezahlen. Dazu müssen wir uns von dem Dogma lösen, dass Lebensmittel billig sein müssen. Dieses Dogma hat in den letzten Jahrzehnten die Landwirtschaft und die Nahrungsmittelpolitik beherrscht. Wir dürfen nicht mehr leichtgläubig jeder neuen Technologie, jeder neuen Ideologie hinterherlaufen und sollten uns stattdessen für einige alte, ziemlich einfache Methoden und Konzepte interessieren und einer guten Mischwirtschaft mit Fruchtfolge und einer nachhaltigen Fürsorge für das Land wieder einen hohen Stellenwert einräumen. Um wieder eine bessere Agrarlandschaft zu schaffen, ist es mit das Beste, an die Liebe der Bauern und anderer Landbewohner zu ihrem Land und an ihren Stolz zu appellieren, damit sie das gesamte noch vorhandene Wissen über ihre alte Kultur der Landnutzung mobilisieren und anwenden. Wir können neue idyllische Landschaften schaffen – kein Utopia, sondern einen stimmigen Ort für uns alle.

~

In seinen letzten Lebenswochen fuhr mein Vater gern unser ganzes Land mit mir ab und redete offen darüber, was geschehen würde, nachdem seine letzte Stunde geschlagen hatte. In diesen Gedankenspielen beförderte er mich zu meinem großen Unbehagen zum verantwortlichen Bauern, und er selbst hatte keine Bedeutung mehr, war zu meiner Vergangenheit geworden. Ich versuchte, ihn zu bremsen. In meiner Vorstellung gehörte der Hof immer noch ihm, und ich klammerte mich an die Hoffnung, dass er vielleicht doch nicht sterben würde. Aber er erklärte mir klipp und klar, dass er das Seine getan und den Stab weitergetragen habe und nun sei ich dran. Diese Übergabe war für ihn kein Grund zur Trauer, kein Endpunkt und keine Niederlage, sondern schien ihn sehr zu trösten, denn er hatte das Gefühl, erledigt zu haben, was er sich vorgenommen hatte.

Monate zuvor, als feststand, dass er sich nicht mehr erholen und vielleicht nur noch wenige Wochen leben würde, hatte er entscheiden müssen, wie er seine restlichen Tage verbringen wollte. Meine Mutter fragte ihn, was er tun wolle, und seine Antwort war einfach und überraschte uns nicht im Geringsten. Er wollte nach Hause auf den Hof zurückkehren und dort sein gewohntes Leben weiterführen, so lange er konnte. Er machte sich eine Liste aller Arbeiten, die auf dem Hof getan werden mussten, eine Liste, die er weder aufschrieb noch mit jemandem besprach. Dann arbeitete er die einzelnen Posten langsam ab, und manchmal verließen ihn dabei die Kräfte.

An einem Samstag nahm er meinen ältesten Sohn Isaac und meine jüngste Tochter Bea mit, um ein Tor gleich gegenüber unserem Hof einzuhängen, denn ich, erklärte er, würde »das nie auf die Reihe kriegen«. Das Tor liegt in der alten Mauer zwischen einer Weide, auf der gerade unsere Schafe grasten, und einer Wiese voller Wildblumen und Futterwicken, auf der wir jeden Sommer Heu machten. Die Mauer ist von Moos und Flechten überzogen, und je nach Licht und Tageszeit leuchtet sie grün, gelb, purpurfarben oder silbern.

Im Lauf der Jahrhunderte ist die alte Mauer durch ihr Eigengewicht ein wenig in die Erde eingesunken, an manchen Stellen zwei Handbreit tief. Und sie ist auch nach links oder rechts gesackt und macht ganz leichte Schlängelbewegungen, wie ein loser Schnürsenkel. Auf der Windseite der Mauer liegen im Herbst angewehte, kupferbraune Buchenblätter, die sehr trocken und spröde sind und unter den Füßen knistern wie Chipstüten.

Mein siebenjähriger Sohn Isaac nennt das Tor nun »Granddads Tor«. Er erzählt mir oft, dass es von ihm, seiner Schwester und seinem Großvater repariert worden ist. Sein Großvater hatte dafür zwei kaputte Tore »recycelt« und ein neues daraus gemacht. Eines der Tore hatte meine Frau geschrottet, als sie die Kinder zur Schule fuhr. Sie hatte es geöffnet, aber der Wind hatte es wieder halb zu geweht, und abgelenkt von den Kindern, die auf dem Rücksitz zankten, stieß sie beim Zurücksetzen dagegen. Das neu entstandene Tor sieht ein bisschen eigenartig aus, funktioniert aber perfekt. Ich fahre fast jeden Tag durch. Es lässt sich optimal schwenken. An dem Tag, als die drei das Tor reparierten, regnete es, aber das machte ihnen nichts aus. Sie kamen durchnässt zurück, aber mit einem breiten Lächeln im Gesicht, stolz darauf, was sie gemeinsam geschafft hatten. Mein Vater wusste, dass es eine Million Dinge gab, die er den Kindern nun nicht mehr beibringen konnte, dass so vieles, was möglich gewesen wäre, nun nicht mehr stattfinden würde, aber an jenem Tag hatte er einem kleinen Bauernjungen und einem kleinen

Bauernmädchen gezeigt, dass man aus kaputten Dingen etwas Neues herstellen kann.

~

Ich brauchte nach dem Tod meines Vaters zwei, drei Jahre, um die einfachste aller Tatsachen zu begreifen: Ich hatte seinen Platz eingenommen. Wir haben nur einen flüchtigen Moment zwischen denen, die vor uns da waren, und denen, die nach uns kommen werden. Ich bin jetzt derjenige, der die Entscheidungen trifft, die unserem Hof sein Gesicht geben. Aber meine Wahlmöglichkeiten sind fast genauso begrenzt wie die der ersten Bauern, die sich hier niedergelassen haben. Das hügelige, zuweilen bergige Land, die Lage weit im Norden, die Höhenlage, der Boden, das gemäßigte, vom Golfstrom temperierte Klima und die Dauer unserer Wachstumsperiode diktieren in hohem Maß, wie wir das Land nutzen können. Eine Fell-Farm in den Lakelands wie unsere muss immer in erster Linie auf Weidehaltung setzen; sie gehört zu den etwa drei Vierteln der britischen Landschaft, die sich für den Ackerbau nicht eignen. Doch auch wir müssen unsere Ausgaben bestreiten, auch wir haben Verpflichtungen unserer Familie und der Allgemeinheit gegenüber. Wir müssen also auf unserem Land etwas produzieren, das wir verkaufen können.

Unser Hof lebt immer noch von der harten Arbeit der Aufzucht und des Verkaufs von Tieren, die auf unseren Grasweiden herangewachsen sind. Wir müssen unser Land und uns selbst erhalten, bis die Zeit der Übergabe kommt. Ich habe keine Ahnung, ob eines meiner Kinder den Hof wird übernehmen wollen oder ob eines von ihnen sich das überhaupt leisten kann. Das Leben ist komplex, und es lässt sich schwer abschätzen, was es für meine Kinder bereithält. Ich hoffe nur, dass sie alle in ihrer Kindheit so viel wie möglich über Landwirtschaft lernen, dazu auch Respekt vor der Natur und Liebe zu ihr. In diesem Tal aufzuwachsen ist ein Geschenk. Kinder können frei und unbeaufsichtigt durch die Felder und Wiesen streifen und in den Wäldern und Bächen spielen.

Wir werden das Land weiter so bewirtschaften, als würde es eines Tages von einem oder mehreren unserer Kinder übernommen werden. Ob sie das wirklich tun, darüber brauchen wir uns in den nächsten Jahren noch keine grauen Haare wachsen zu lassen. Im Moment stehen wir einfach jeden Tag auf und geben unser Bestes.

~

Schlaflos liege ich in den frühen Morgenstunden im Bett, meine Gedanken rasen auf Hochtouren wie ein aufheulender Motor. Der Hof besetzt mein ganzes Denken mit den Entscheidungen, die ich zwischen mehreren Möglichkeiten treffen muss. Das verdrängt alles andere, ich bin ein einziges Nervenbündel, geplagt von Sorgen, Versäumnissen und Schulden. Ich schlafe bei offenem Fenster, damit ich die Geräusche der Nacht mitbekomme – die rauen, zischenden Schreie der Schleiereulen, den Wind in den Eschen, die Rufe der Gänse, die über uns hinwegziehen. Mit einem Schlag flutet das Licht der aufgehenden Sonne herein, lässt die Eichenbalken über mir silbern schimmern und malt dreieckige Schatten auf die vergipste Zimmerdecke. Im Raum ist ein Leuchten, als fiele Sonnenlicht durch ein Glas goldenen Honig.

Ich gehe nach unten. Mein Sohn Isaac folgt mir oft, halb angezogen, mit kleinen Augen und verstrubbelt, um beim ersten Morgengrauen mit mir auf die Wiesen hinauszugehen, aber heute schläft er weiter. Ich muss hinaus, nach der Kuh sehen, die am Kalben war. Gestern Abend kam es mir vor, als hätte sich ihr Becken schon geweitet und sie stünde kurz vor der Geburt. Vor der Haustür strecke und recke ich mich erst einmal dem fahlen, von blaugrünen Bäumen gesäumten Himmel entgegen und gehe dann in die frühmorgendliche Kälte hinaus.

Als ich ungefähr sechs war, besaß ich ein Aufklappbilderbuch vom Gestiefelten Kater. Wenn ich umblätterte, erhoben sich Bäume und Berge von den Buchseiten; drei, vier solcher Kulissen standen aufrecht in der Papplandschaft. Wenn ich jetzt von unserem Haus nach Patterdale hinüberblicke, erinnert mich der Horizont an dieses Buch. Das Blau über mir verspricht einen wunderbaren Maivormittag. Ich gehe den Hang zum Stall hinauf und sehe unter mir in den Senken weißen Nebel liegen, ein milchiges Meer, von Bergen und Hügeln umschlossen. Wenn man an einem solchen Morgen aus dem kühleren Talgrund in die Höhe steigt, wird die Luft, die einem um die Wangen streicht, immer wärmer. Der Hof liegt nun im ersten Licht, und in Erwartung des Schauspiels, das sich gleich entfalten wird, halte ich kurz den Atem an. Die Sonne beginnt, den Nebel unten wegzusengen. Die Wipfel der Eichen neben dem Stall beben im Morgenlicht, die Hügelkuppen glühen orangefarben.

~

Im ersten Licht des Tages sind wir immer »hüten« gegangen – so nenne ich den Rundgang über das Land unseres Hofs, bei dem wir kontrollieren, ob mit den Rindern und Schafen alles in Ordnung ist. Der fachkundige Umgang mit dem Weidevieh bestimmt zu einem wesentlichen Teil, wer wir sind, und ist so notwendig wie eh und je. Aber bei meiner Morgenrunde zu den Tieren ist etwas Neues hinzugekommen: Ich beobachte sehr genau unser Land und unser Tal und versuche, die Natur in unseren Wiesen und Feldern sowie deren Umgebung wirklich wahrzunehmen und wertzuschätzen und zu überlegen, wie wir sie noch besser fördern können. Ich versuche, die Dinge zu verstehen, die wir einmal für selbstverständlich gehalten oder gar nicht bemerkt haben – den lebendigen Boden, die Frage, ob wir mit unserer Art der Beweidung die Photosynthese optimal nutzen, die Menge und Vielfalt von Wildblumen und Wildgräsern, die bewaldeten Bereiche neben unseren Weiden.

Seit über fünf Jahren setzen wir auf unserem Hof keinen Kunstdünger mehr ein und verlassen uns ausschließlich auf einen gesunden Boden und auf das Sonnenlicht. Wir haben auf unserem Land viele kleine Veränderungen durchgeführt, haben neben unseren Bächen neue Habitate geschaffen, haben Feuchtgebiete und Viehweiden auf eine Weise renaturiert, dass sich dort wieder mehr Arten ansiedeln können, haben auf Wiesen die Samen und Pflanzen ausgebracht, die wir im letzten Jahrhundert verloren haben, haben mehr Bäume und Hecken gepflanzt. Ich habe gelernt, kaum sichtbare, aber äußerst wichtige Lebewesen wertzuschätzen, die wir in meiner Kindheit nie beachtet hatten: Motten, Würmer, Mistkäfer, Fledermäuse, Fliegen und das wimmelnde Leben unter den Steinen in unseren Bächen.

Zwei Wiesen weiter fliegen Brachvögel in die warmen Luftschichten hinauf, auf dem Hügel ruft im Schatten der Wälder leise ein Kuckuck, immer wieder. Zorniges Krähengekrächz schallt aus den Ahornbäumen bei den Häusern von Bald Howe. Irgendwo im erwachenden Morgen stoßen Dohlen ihre hellen Schreie aus und beginnen zu schwatzen. Nur zwanzig Schritte steige ich mit meinem Hund Tan an der Seite vom Stall abwärts, in die Wiese hinunter, und bin in die Zeit vor Tagesanbruch zurückgekehrt, in den Schatten und die Kälte. Bis die Sonne ihre Strahlen in die blaugrauen Talgründe hinabschickt, wird eine weitere Stunde vergehen. Tan ist nass und mit weißen Grassamen und gelben Blütenblättern übersät. Die Kälte beißt mich unter dem aufgeknöpften Hemdkragen in den Hals, dass ich fröstle, meine Lederstiefel triefen vor Nässe.

Die Sonne hat jetzt fast die Hügelkuppe im Südosten erklommen, und am Grat deutet sich eine Linie aus orangefarbenem, zitronengelbem und weißem Licht an. Aber hier, unterhalb des neuen Tages, sind die zarten Blüten noch fest geschlossen wie kleine, gegen die Kälte geballte Fäuste. Die Köpfchen der Butterblumen sind noch wie in der Nacht gebeugt, die geschlossenen Blütenstände des Löwenzahns tropfnass vom Tau. Eine Ricke mit Kitz, die sich im Gras versteckt hatte, springt, als wir vorbeigehen, auf und läuft zum Rand der Wiese, immer dicht bei ihrem Kitz, wie von einem Magneten gehalten. In der nächsten Wiese liegt wiederkäuend die Kuh, ihr neugeborenes Kalb schmiegt sich an ihre Flanke. Ihre Zitzen glänzen, das Kalb hat also getrunken. Die Kuh scheint mich anzulächeln, als wäre ihr bewusst, dass ich mich umsonst gesorgt habe. Als ich mich nähere, schnaubt sie ein wenig und schüttelt den Kopf, um mich wissen zu lassen, dass es weder notwendig noch hilfreich ist, wenn ich hier störe. Also ziehe ich mich wieder zurück.

~

Ich arbeite hier schon mein ganzes Leben, aber erst jetzt lerne ich dieses Stück Land wirklich kennen. Wenn ich die Wiese zu einer anderen Tageszeit, in einem anderen Licht überquere, habe ich das Gefühl, ich hätte sie noch nie gesehen, zumindest nicht so, wie sie sich in diesem Moment zeigt. Je mehr ich über unseren Hof und unser Tal lerne, desto mehr Schönheit entfaltet sich vor mir. Wenn ich manchmal wegfahren muss, schmerzt mich das richtig; ich möchte von diesem Land, das ständig in Bewegung ist, niemals fortmüssen. Je länger ich hier bin, desto deutlicher höre ich die Musik dieses Tals: die Zaunkönige im Dickicht, die Kiefern, die im Wind ächzen und knarren, das Flüstern der Wiesengräser. Der Unterschied zwischen mir und diesem Ort verwischt, ich werde ein Teil davon, und wenn ich einmal in dieser Erde begraben werde, dann ist das der Abschluss einer lebenslangen Rückkehr. Das »Ich« wird blasser und bröckelt jeden Tag ein wenig weiter ab, bis es schon Mühe macht, mich daran zu erinnern, wer ich bin und welche wichtige Rolle ich spielen soll. Die moderne Welt treibt einen Kult um das Ego, das Individuum, aber es ist ein goldener Käfig: In einem kleinen Leben auf dem Land aufzugehen schenkt eine andere Art von Freiheit. In einer lauten Zeit ist der Versuch, ein »ruhiges Leben« zu führen, vielleicht eine Tugend.

~

Ein Krähenpaar fliegt krächzend und laut raschelnd durchs Zwielicht des Morgenhimmels. Jeder Flügelschlag schabt an der Luft, es klingt, als ränge ein alter Mann keuchend um Atem. Als ich über die Mauer in die Wiese steige, entdecken sie mich, stoßen ihren Warnruf aus und sind bald verschwunden. Diese Wiese sieht im Winter nach nichts aus, es fällt kein Unterschied zwischen ihr und den intensiv bewirtschafteten Wiesen ein paar Meilen weiter im Tiefland auf. Aber vor drei Wochen habe ich sie abgezäunt, damit die Tiere nicht mehr auf ihr weiden und wir Heu darauf machen können, und sie hat sich zu einem Ort erstaunlicher, wilder Schönheit entwickelt. Jeden Tag sieht sie anders aus und durchläuft etliche Farbwechsel und Phasen, während über hundert verschiedene Pflanzen sich ein Wettrennen dem Himmel entgegen liefern, blühen und Samen bilden.

Ich steige am Rand der Wiese über den Zaun und nehme den »malerischen Weg« nach Hause, am Bach entlang. Dort störe ich zwei Stockenten, die auf der Sandbank stehen, wo sich die Schafe zum Trinken sammeln, und sie stieben himmelwärts. Hinter mir muht die Kuh, die gerade gekalbt hat, ihren Freundinnen in der Herde zu und bekommt Antwort von ihnen.

Früher hätte ich diese abgezäunten, großteils unbeweideten Landstreifen als unnütz betrachtet, aber sie sind zu meinem Klassenzimmer geworden, in dem ich lerne, wie sich mit der Zeit eine wildere Vegetation entwickelt, wie sich Fließgewässer verändern, wenn man sie nicht daran hindert, und wie Bäume wachsen, altern, sterben, verrotten und wieder in die Erde zurückkehren. Vor einem Jahrzehnt hat es auf unserem Hof solche Orte nicht gegeben. Dass sie existieren, ist Lucy zu verdanken. Diese junge Frau konnte mich und meinen Vater zu einem Umdenken bewegen, was es heißt, sein Land gut zu pflegen.

~

Lucy kam auf unseren Hof, um mit uns über unsere Fließgewässer zu reden. Dad meinte, sie sei vom »Wasserwirtschaftsamt«. Man nahm an, alle, die mit Flüssen oder Wasser zu tun hätten, seien vom Wasserwirtschaftsamt, und betrachtete sie ein wenig von oben herab. Lucy kam allerdings nicht vom Wasserwirtschaftsamt, sondern von einer gemeinnützigen Initiative zum

Erhalt regionaler Flüsse. Unsere Begegnung fand in dem Wohnwagen statt, der uns als Ersatzhaus diente, bevor wir die Scheune meines Großvaters ausgebaut hatten. Mein Dad hatte Spaß an diesem Wohnwagen, den wir neben der Straße aufgestellt hatten; er nannte ihn »seinen Wohnwagen«, obwohl wir für ihn zahlten. Er lud Freunde zum Kaffee oder Bier dorthin ein, und bald hieß er nur noch »der Matterdale-Treff«.

Damals wohnten Helen und ich in Carlisle; das Einzige, was wir uns leisten konnten, war ein Reihenhäuschen aus roten Ziegeln, das zwischen ehemaligen Baumwollspinnereien und Fabriken lag. Von dort fuhr ich jeden Tag zum Arbeiten auf den Hof. In jenem Jahr gab es in der Stadt die bereits geschilderten verheerenden Überschwemmungen, und das Wasser kam bis ein paar Meter vor unsere Haustür. Wir erlebten mit, wie Hunderte Menschen durch die schlammigen Fluten obdachlos wurden. Und als sich das Wasser zurückzog, warfen sie ihre durchnässten, stinkenden Sachen auf die Straße. Breitbildfernseher. Teppiche. Sessel. DVDs. Tische und Stühle. Läufer. Spielzeug. Das alles wurde aus Fenstern und Türen in Container geworfen. Man redete viel darüber, wo das Wasser herkam und was sich dagegen tun ließe. Unser Hof lag zwanzig, dreißig Meilen flussaufwärts, ein winziger Teil eines weitläufigen Wassereinzugsgebiets – und deshalb ist Lucy wohl zu uns gekommen. Man durchkämmte die Landschaft und untersuchte, ob sich nicht ein Teil des Wassers zurückhalten ließe, um die Überschwemmungsgefahr zu verringern.

Wir saßen im Wohnwagen, wo der Gasofen brannte, und warteten auf Lucy und darauf, was sie zu unseren Gewässern zu sagen hätte. Mein Dad witzelte herum, als erwarte er, dass sie uns eins aufs Dach geben würde, und war entschlossen, ihr Gerede nicht allzu ernst zu nehmen. Vielleicht würde sie uns auch wegen Verbrechen, die uns noch gar nicht bewusst waren, in den Knast bringen.

Sie kam und nahm es tapfer mit einem von Dads Teebechern auf. Mein Vater war nicht gerade für seine Küchenhygiene bekannt; die Becher starrten vor Schmutz. Er schwenkte sie meistens nur aus, in verdächtig trübem Wasser. Lucy war entwaffnend normal, sympathisch und völlig gelassen. Sie stellte klar, dass sie nicht hier war, um uns bei Fehlern zu ertappen und uns zurechtzuweisen. Nach dem ersten Austausch von Freundlichkeiten legte der Regen eine Pause ein, und wir konnten einen Gang über unser Land machen. Lucy sprach davon, wie unnatürlich die meisten Flüsse geworden seien und was dagegen getan werden müsse. Sie zeigte uns ganz ohne Herablassung und Besserwisserei, was bei unseren Bächen gut und was weniger gut war. Sie erklärte uns, dass unsere Bäche, die wir seit jeher kannten, im neunzehnten Jahrhundert begradigt und ausgeräumt worden seien, oft von Hand. Im Grunde waren sie künstlich angelegte Entwässerungskanäle – zu geradlinig, zu tief und zu reguliert, als dass Lachs und Forellen etwas mit ihnen anfangen könnten. Ein gesundes Fließgewässer, erläuterte sie uns, braucht Strecken mit langsamer Strömung und Strecken mit rascher Strömung, weite und schmale Abschnitte, flache Kiesbänke und tiefe Tümpel, dazu Stellen, wo das Wasser Kies und Schlamm ablädt und wo Fische ablaichen können. Das alles legte sie dar, ohne zu urteilen oder uns gar zu verurteilen. Sie informierte uns einfach. Mein Vater und ich saugten alles auf, denn noch nie hatte sich jemand die Mühe gemacht, uns diese Dinge zu erklären. Alles hatte Hand und Fuß und leuchtete uns ein.

Lucy hatte viele vernünftige Vorschläge, wie wir die Fließgeschwindigkeit unserer Bäche von unserem Hof talwärts verringern könnten. Fließgewässer müssten renaturiert werden, weniger manipuliert, müssten Raum bekommen, um zu mäandern, zwischen Ufern mit Auwäldern und viel Altholz, die die Bäche zu einem besseren Habitat für Fische und andere Lebewesen machen würden. Gut platzierte Neupflanzungen von Bäumen könnten ebenfalls überschüssiges Wasser aufnehmen und im Boden versickern lassen, damit es nicht einfach ablief. Hügel und Heideflächen, durchsetzt mit Grashorsten, gesunden Moosen und Torfmooren, würden wie Schwämme funktionieren. Gesunder, lebendiger Boden auf den Weiden hielte das Wasser besser als verdichteter, toter Boden. Und wenn alle diese Dinge zusammenwirkten und dadurch natürlichere Flussläufe entstünden, dann würde das auch unsere ganze Landschaft zum Guten verändern. Es war vielleicht unrealistisch anzunehmen, sämtliche Maßnahmen ließen sich überall umsetzen, aber es gab viele Stellen, wo es tatsächlich möglich war, auch auf Land wie unserem. Lucy stellte viele vernünftige Fragen, wie wir wirtschafteten, und erläuterte uns eingehend, was wir auf unserem Land vielleicht anders machen könnten – mit ihrer Hilfe. Und das war nicht nur so dahingesagt. Sie verfügte über Mittel. Sie könnte vieles finanzieren, *wenn* wir mit ihr arbeiten wollten.

Wie viele Bauern verschlossen wir vielleicht immer noch die Augen vor der Tatsache, wie sehr sich unser Land verändert hatte. Sogar schon auf Granddads geliebter Fell-Farm hatten sich die Dinge mit der Zeit gewandelt – nicht so radikal wie auf den »verbesserten« Böden jenseits unseres Tals, zugegeben, aber dieselben Kräfte nagten überall. Zwischen unseren kleinen Feldern und Weiden waren die alten Hecken in die Höhe gewachsen und schütter geworden, die Zäune waren rostig und die Zaunpfähle verrottet. Wir konnten es uns nicht leisten, sie in Schuss zu halten oder zu ersetzen, und so hatten wir kleine Landstücke zu größeren zusammengelegt, die alle auf dieselbe Weise bewirtschaftet und oft von Schafen vollständig abgegrast wurden.

Lucy bot uns an, sich an den Kosten für die Wiederherstellung der alten Feldgrenzen und die Einrichtung vieler neuer zu beteiligen, damit unser Hof wieder zu einer Flickendecke kleinerer Landstücke werden konnte. Aber sie wollte auch, dass die Bachufer, die sumpfigen Stellen und die Wälder abgezäunt und anders genutzt, nur gering und gelegentlich beweidet würden. Sie wollte breitere Hecken und die Pflanzung Tausender Bäume.

Nach einer Stunde in Lucys Gesellschaft fiel mir auf, dass sich gerade etwas Denkwürdiges ereignete. Meine Familie führte sonst keine Gespräche dieser Art. Wir waren immer misstrauisch gegenüber jeglicher Einmischung von außen gewesen. Aber aus irgendwelchen Gründen war mein Dad begeistert. Die Atmosphäre war konstruktiv und voller Respekt. Lucys Vision eines Tals, das zu einem besseren Ort für Gewässer und Fische werden würde, deckte sich in vielem mit unseren eigenen Gedanken, wie viel besser die alte Bauernlandschaft doch gewesen sei. Ihr Plan würde uns helfen, rings um unser neues Zuhause die ursprüngliche Feldeinteilung wiederherzustellen und die Fell-Farm, die uns zu entgleiten drohte, wieder in ihren alten Zustand zurückzuversetzen. Wenn wir mit Lucy kooperierten, wie sie es wollte, dann würden wir viele neue Zäune bekommen, die uns nur die Hälfte kosteten. Dass wir ihr so aufmerksam zuhörten, lag mit daran, dass bei uns eine kräftige Portion Eigennutz im Spiel war: Wir waren wahrscheinlich mehr an den billigen Zäunen interessiert als an dem, was sich zwischen ihnen abspielen würde.

Mein Vater hörte sich alles an und – man höre und staune – schob mir die endgültige Entscheidung zu, denn: »Der Hof wird ihm gehören. Soll *er* das letzte Wort haben.« Als ich ihn später um seine Zustimmung für die doch recht radikalen Veränderungen auf unserem Hof bat – für die abgezäunten Bäche, die Baumpflanzungen, eine Meile neuer Hecken, die Wiederherstellung der alten Feldgrenzen –, sagte er, wir sollten jetzt bloß »in die Pötte kommen, außer du hast einen Geldscheißer, dass du die ganzen neuen Zäune selber zahlen kannst«.

Wochen später kam mitten im Winter ein Trupp Polen und begann, den Hof nach den mit Lucy abgesprochenen Plänen umzukrempeln. Die Männer schufteten im Schnee und machten mit ihrer Zähigkeit großen Eindruck auf meinen Vater.

~

Rückblickend erkenne ich, wie klug das Abzäunen der Bäche war, zu dem Lucy uns bewegen konnte. Und vielleicht verdient auch mein Vater Anerkennung dafür, dass er diesen Veränderungen seinen stillen Segen gegeben hat. Lucy hat uns die Uferstreifen nicht weggenommen oder uns die Verantwortung dafür entzogen – sie hat sie uns lediglich mit neuen Regeln in Obhut gegeben. Zum ersten Mal würden wir Land für andere Zwecke pflegen als für die Landwirtschaft. Diese Landstreifen würden fast ganz an die Natur zurückfallen, damit sie sich darauf entfalten könnte. Obwohl mir das damals noch nicht ganz klar war, haben Lucy und mein Vater mich zum Hüter einiger halb wilder Flächen gemacht. Das war für einen Landwirt ein Riesenschritt, der anfangs nicht leichtfiel, aber auf längere Sicht revolutionär war. Wahrscheinlich zum ersten Mal seit Generationen hatten wir Land, das nicht »verbessert« wurde. Dieser erste Schritt hat mich genauso verändert wie unseren Hof. Und sobald man einmal in Gang kommt, werden die nächsten Schritte leichter.

~

Bald nachdem die Polen unsere Uferstreifen abgezäunt hatten, begann dort das Gras zu wuchern, viel härtere Grasarten als je zuvor, und die Wühlmäuse vermehrten sich rasant. Sie flitzten zwischen den Grashorsten, den Wurzeln, den Felsbrocken hin und her. Es dauerte nur wenige Wochen, da kehrten nach vielen Jahren Abwesenheit die Schleiereulen zu uns zurück, um sich an den Wühlmäusen gütlich zu tun. Unsere ganze Familie war stolz auf die Rückkehr der Eulen. Wir fühlten uns sofort belohnt; es passte perfekt ins Bild, das wir von uns selbst hatten, und auch mein Großvater hätte wohl seine Freude daran gehabt.

Danach begann eine wildere Pflanzengemeinschaft Fuß zu fassen, obwohl das länger brauchte und schwerer zu sehen war. Die ersten drei, vier Jahre schossen an den Ufern kräftige, raue Gräser hoch und erstickten die zarten kleinen Blütenpflanzen; eine Weile nahm die Biodiversität ab. Doch im vierten und fünften Jahr blühten plötzlich überall lila und gelbe Blumen, die sich über das Gras hinaus in die Höhe reckten, und im Sommer lag über diesen wilderen Bereichen bei Sonnenuntergang ein goldener Schleier aus flitzenden Insekten, Schmetterlingen und Bienen. Die kleinen Bäche schufen sich langsam wieder ihr eigenes Bett, nachdem wir ein bisschen nachgeholfen hatten und sie aus ihren Zwangsjacken, den Kanalisierungsmaßnahmen aus dem neunzehnten und zwanzigsten Jahrhundert, befreit hatten. Die Wasserläufe zogen nun Windungen und Schleifen wie gekochte Spaghetti, die auf den Boden fallen. Kleine Weiden und Erlen siedelten sich an den Ufern an, und im Wasser begannen sich kleine Kiesbänke zu bilden, die anfangs winzig, bald aber raumgreifend waren, bis sie den Bachlauf veränderten. Hinter den Bäumchen floss das Wasser langsamer und setzte feineren Kies ab, auf dem Fische laichten.

~

Heute sind die Uferbereiche belebte kleine Schnellstraßen für Wildtiere. Sie sind reich an purpurfarbenen, gelben und rosa blühenden Blumen, an Motten und Schmetterlingen, hier leben zahlreiche Wiesel, und die vielen kreuzenden, tief im Gras liegenden Pfade stammen von Füchsen, Hasen und Dachsen. Eine Ottermutter mit zwei Jungen erhebt Anspruch auf einen Teil dieses vielversprechenden Territoriums. Rings um mich schallt das Gezwitscher von Buchfinken, Amseln, Drosseln, Grasmücken, Blau- und Kohlmeisen. Waldtauben gurren. Als ich mich dem Haus und dem Frühstück nähere, spurtet die Ricke mit ihrem Kitz davon, den Hügel hinter unserem Haus hinauf, ihre übliche Route von den Wiesen zum dahinter liegenden Wald.

~

Als ich zehn Jahre alt war, forderte mich mein Großvater auf, Bäume zu pflanzen. Ich war von der Anweisung etwas verblüfft, denn meines Wissens hatte er selbst in seinem Leben keinen einzigen Baum gepflanzt. Heute glaube ich, dass Bäumepflanzen zu den Dingen gehört, die er, wie er sehr wohl wusste, hätte tun sollen. Er sprach mit großer Zuneigung von den Kiefern, die einmal hinter dem Lagerplatz gestanden hatten, als er in den

Vierzigerjahren den Pachthof übernahm. Ich kannte nur ihre verrottenden Stümpfe, auf denen ich meine Plastiksoldaten hatte aufmarschieren lassen, bis ich versehentlich ein Stück Holz abbrach und von den roten Ameisen, die hervorströmten, gebissen wurde. Aber über die Jahre tönten mir Granddads Worte immer wieder in den Ohren und verrichteten ihr Werk.

~

Letzten März, an einem milden grauen Samstag noch vor der Ablammzeit, gingen wir gemeinsam mit allen Kindern zu einem eingezäunten Stück Wildnis auf unserem Land. Wir hatten Jutesäcke mit Setzlingen dabei, kleine Eichenstämmchen, die schon hervorspitzten und zu knospen begannen; höchste Zeit, sie einzupflanzen. Dazu stießen wir unsere Spaten in die Grasnarbe und hebelten Spalten für die Wurzeln aus. Behutsam schoben wir die knapp fünfzig Zentimeter hohen Bäumchen in den offenen Boden und drückten ringsum die Erde und die Grasnarbe mit den Stiefeln fest. Meine älteste Tochter Molly trug den Verbissschutz und die Pfosten. Sie brachte den Schutz an allen Setzlingen an, damit sie nicht von Rotwild angefressen würden. Als sie am Bach vorbeiging, kam sie ins Trödeln und sah ein paar kleinen Fischen zu, die in den Schatten flitzten, um dort Deckung zu suchen. Isaac stolperte mit einer Handvoll weiterer Setzlinge über die hohen Grashorste. Er erklärte mir, er werde wieder herkommen, wenn er ein Großvater sei, und nachsehen, ob diese Bäume »wirklich gewachsen sind oder nicht«. Er traute der Sache nicht ganz.

Meine Mutter arbeitete ein Stück entfernt, auf der anderen Seite des Bachs, wo sie Bündel von Haselnuss- und Weißdornsetzlingen aufschnürte. Ihr Haar wurde jetzt grau, und sie war nicht mehr so kräftig, half uns aber von Herzen gern bei den leichteren Arbeiten auf dem Hof, wann immer sie konnte. Dann fühlte sie sich meinem Vater näher und glaubte zu spüren, dass er immer noch mitten unter uns arbeitete. Seine Asche war hoch oben auf einer Wiese namens »Pferdekoppel« verstreut worden, damit er »uns im Blick behalten« konnte. Als meine Mutter trauerte und es ihr schlecht ging, half es ihr am besten, wenn sie auf dem Hof die Arbeiten übernahm, die er einst verrichtet hatte. Sie wurde zum Gedächtnis des Hofs und erinnerte mich daran, dass mein Vater in jeder Hecke, die er niederlegte, alle zehn, zwölf Meter eine kleine, gerade gewachsene Eiche oder Esche stehen ließ, damit sie als Bäume über den Rest der Hecke hinauswachsen konnten. Und als wir letztes Jahr nach dreißig Jahren Vernachlässigung wieder einige dieser Hecken auf die traditionelle Weise niederlegten, waren die Bäume, die mein Vater beim letzten Mal hatte stehen lassen, halb erwachsen. Sie erhoben sich stolz über die Hecke, ihre Kronen wölbten sich ihren Nachbarbäumen entgegen und berührten schon deren Blätter.

~

Am Ende des kleinen Waldstreifens gehe ich am »Gespaltenen Stein« vorbei, einem riesigen Felsbrocken, der hier vor Jahrtausenden von einem Gletscher abgeladen worden ist. Durch das Holztor gelange ich zu unserem Haus. Das Tal ist nun von der Sonne zweigeteilt. Hinter unserem Gehöft leuchtet der Südhang im jungen Tag. Ein Feldhase springt hinter dem Bach durch die Wiese. Er steigt und sinkt wie ein Karussellpferd auf dem Jahrmarkt, mit jedem Sprung schnellt seine obere Hälfte aus dem Gras und taucht dann wieder darin ein. Plötzlich bleibt der Hase stehen, um mich zu beäugen, während ich vorbeigehe; seine schräg zurückgelegten Ohren spitzen aus dem Gras empor.

~

Ein kleiner Junge schaut aus dem Fenster unseres Hauses, ein stämmiger kleiner Mann mit dicken blonden Haaren und einem schelmischen, hoffnungsfrohen Lächeln. Tom, unser Jüngster, ist noch keine zwei Jahre alt. Er scheint genauso stur zu sein wie sein Großvater, nach dem er heißt, und genauso besessen von unserem Bauernhof. Er presst das Gesicht an die Scheibe, alles da draußen fasziniert ihn. Schon im zarten Alter von wenigen Monaten saß er da und beobachtete die Hühner im Garten, oder später die Eichhörnchen, die den Vögeln Nüsse stahlen, und den Schafen auf dem Hügel gegenüber rief er ein lautes »Mäh!« entgegen. Er wird wütend, wenn ich ihn nicht jeden Tag zum Füttern der Schafe und Kühe mitnehme. Wenn ich ihn zurücklasse, bleibt er an der Tür stehen und heult, dass ihm die Tränen nur so über die Backen kullern, oder er rüttelt wütend am Gartentor und tobt über die Ungerechtigkeit dieser Welt. Etwas zieht ihn hinaus, weg von Haus und Garten. Oft nehme ich ihn mit, und manchmal kommt dann auch seine Mutter mit, um auf ihn aufzupassen, während ich arbeite. In seinem Overall und den Fäustlingen scheint ihm das schlechte Wetter egal zu sein, und an manchen Regentagen sitzt er im tropfnassen Overall auf dem Quad, und seine Bäckchen leuchten rot in der Kälte, aber er harrt mit einer eisernen Entschlossenheit aus, komme, was da wolle.

Rufe ich die Schafherde zum Heu, ruft auch er. Rufe ich den Hunden Befehle zu, macht er mich nach und schreit aus vollem Hals: PLATZ, TAN! Die Hunde lecken ihm das Gesicht ab, trotz seiner Versuche, sie wegzuschieben. Nachdem wir unsere Runde bei den Schafherden gemacht und unsere Kühe gefüttert haben, fahren wir wieder nach Hause. Wenn ich die Arme ausstrecke, um ihn vom Quad zu heben, schüttelt er den Kopf, als würde er lieber sitzen bleiben und die ganze Nacht im Regen warten, als morgen die Runde zu verpassen. Ich muss ihn mir greifen und erzähle ihm, während ich ins Haus gehe, dass er später noch einmal mitkommen und das neugeborene Kälbchen sehen darf. Während des Frühstücks muss ich ausführlich über alles berichten, was ich gesehen habe. Aber wenn ich anfange, von Drachen zu erzählen, wird sein Blick sehr skeptisch.

~

Nach dem Frühstück hole ich Tan und meinen anderen Hund Floss, und wir gehen die bewaldete Schlucht neben unserem Haus hinauf. Der riesige v-förmige Einschnitt, den der Bach in den Hügel gefräst hat, verbindet unsere tiefer gelegenen Wiesen und Felder mit den höchsten. Bei Unwettern rauscht der Bach mit viel Getöse an unserem Haus vorbei. Im Winter braust der Wind über die Fells und über unser Haus, in immer neuen Wellen jagt er über die Schieferplatten auf unserem Dach, und wir kauern darunter wie Entenmuscheln, die sich im Meer an Felsen klammern. Die Schlucht ist fast vierhundert Meter lang und an ihrer tiefsten Stelle etwa fünfundzwanzig Meter tief. Am Grund der Schlucht wachsen Fichten, von unbekannter Hand vor über einem Jahrhundert gepflanzt, und füllen sie mit ihren immergrünen Zweigen. Von oben kann man in die Kronen dieser prächtigen Bäume blicken. In einem nisten Bussarde, auf einer kinderbettgroßen Plattform, die sie aus Zweigen gebaut haben. Wenn diese Bäume umstürzen oder von einem Sturm gefällt werden, krachen sie hinüber auf die andere Seite des Bachs und bleiben als luftige, moosige Stege liegen, über die trittsicher die Eichhörnchen flitzen. Beim Aufsteigen bücke ich mich unter ihnen durch. Solche Schluchten sind Lebensadern, die sich von den wilderen Waldbereichen oberhalb unseres Landes zum Talboden ziehen. Es ist, als hätten die ramponierten, krummen und schiefen alten Bäume die Schlucht zu ihrem Reich erklärt. Isaac meint, dass sie vielleicht zum Leben erwachen, wenn wir nicht hinschauen, wie die Ents bei Tolkien. Ihre ineinander verknoteten Wurzeln stehen manchmal so weit vom Boden hoch, dass ich stolpere; dann sausen Mäuse und ihre Feinde, die Mauswiesel, davon. Als ich oben ankomme und in die Sonne hinaustrete, höre ich, wie in der Ferne jemand einen Pfosten in den Boden treibt – dumpfe Hammerschläge auf Holz, die von den Hügeln widerhallen.

~

Ich gehe durch das Gatter auf die »Neue Wiese«, die von allen unseren Wiesen am höchsten liegt. Der Boden ist karg, ein steiler, nach Süden weisender Grashang nimmt zwei Drittel der Fläche ein, das letzte Drittel besteht aus Sumpf. Wir kauften dieses Stück Land in den Monaten nach dem Tod meines Vaters, aus gutem Grund. Es eignet sich nur als Weide für zähe Rinder und Schafe, und weil es so abgelegen an dem Hochsträßchen oberhalb unseres Hofs liegt, hätte außer uns kaum jemand einen Nutzen davon. Der Hang ist im Sommer ein Meer von blühenden Gräsern, Kümmel, Rotklee und Weißklee, Günsel, Hahnenfuß, Vergissmeinnicht, Schlüsselblumen, Wicken, Orchideen und Kratzdisteln. Als wir das Land kauften, waren damit Umweltauflagen verbunden, wann und wie es beweidet werden darf, um diese Wildblumen zu schützen. Der Sumpf unten ist so nass, dass man kaum darauf stehen kann, die Grasnarbe scheint zu schwimmen und hält mit Müh und Not, wie dicke Haut auf einem Pudding. Das Stück Land ist von Hügeln eingeschlossen, von denen das Wasser in dieses Sumpfbecken fließt, und weil es kaum daraus ablaufen kann, ist der Sumpf immer nass und moorig, überwuchert von Binsen und langen Gräsern. Kleine Fische, Groppen, flitzen vor meinem Schatten davon und tauchen in das Laichkraut ab, das ein paar Meter weiter wächst.

Die meisten Zäune auf dieser Wiese waren vor dem Verkauf erneuert worden, nur der Zaun nicht, der quer durch den Sumpf verläuft und umzufallen drohte. Womöglich hatte sich der Zaunbauer die Füße nicht nass machen wollen. Um das Land zu sichern, gab ich nach dem Kauf den Zaun woanders in Auftrag, bei Männern, die aus einem anderen Holz geschnitzt waren. Als wir die Zaunlinie abschritten, um die Länge zu messen und einen Preis auszuhandeln, fanden wir im Sumpf ein totes Mutterschaf, das aus der Herde meines Nachbarn stammte. Dachse hatten dem Tier das Gesicht abgefressen. Ich erwartete halb, dass die Kerle mir daraufhin freundlich zu verstehen geben würden, ich könne mir meinen Zaun selbst bauen, aber sie nahmen die Sache sportlich und sind jetzt oben bei der Arbeit. Ich bin gekommen, um nach ihren Fortschritten zu sehen.

Fünf, sechs Schäferhunde spielen auf den Grashängen in der Sonne, jagen einander und balgen sich. Ein breitschultriger Schwarzhaariger watet durch den Sumpf auf mich zu. Seine nackten, braun gebrannten Arme glänzen vor Schweiß; er schleppt auf den Schultern die schweren Zaunpfosten durch die Binsen zu den Stellen, wo seine Kumpel sie in den Boden rammen. Mit der freien Hand wischt er eine Bremse weg, die ihn in den Arm gestochen hat. Feuchtgebiete mit hohem Gras sind Brutstätten für diese stechenden Insekten, die Blut saugen und riesige Quaddeln auf der Haut hinterlassen. Weitere Bremsen umschwirren ihn gemächlich und warten auf eine Landechance. Ich wate ihm bis zur Reihe neu eingeschlagener Pfosten entgegen, durchnässt bis zu den Knien, und als ich dort ankomme, sehe ich, dass der größte der Typen, der den Hammer schwingt, bis zum Bauch im dunklen Wasser steht. Sie verwenden sehr lange Pfähle, die bis in die tieferen, festeren Erdschichten vordringen; die Spannung der Drähte hält dann den Zaun dort, wo er hingehört. Der Schwarzhaarige berichtet, sie hätten ein paar ausgerissene Schafe von uns auf dem Sträßchen gesehen, zwei Mutterschafe und drei Lämmer. Einige der Schafe auf der eingezäunten Weide nebenan werden von Fliegen geplagt, um die werde ich mich auch gleich kümmern.

Wenn diese Männer nicht mit Bauarbeiten beschäftigt sind, treiben sie mit ihren Schäferhunden die Schafe anderer Bauern von den Hügeln. Oder sie scheren Schafe und arbeiten auf den Höfen ihrer Familien. Leute ihres Schlags haben diese Landschaft geschaffen. Sie wirken nicht gerade leichtfüßig, haben aber viel Spaß bei der Arbeit im Trupp. Sie ziehen sich gegenseitig auf mit ihren Freundinnen oder ihren gescheiterten Anbandelversuchen, oder sie machen sich über den Dicksten lustig, der triefnass bis zum Bauch geworden ist, und tönen herum, dass sie nach Feierabend in ein Kentucky Fried Chicken in der nächsten Kleinstadt gehen wollen. Dem Dicken kann die Arbeit gar nicht dreckig genug sein, klärt mich sein Kumpel auf. Dann fällt Regen, silbrig und schwer; er fängt das blendende Sonnenlicht ein wie Millionen Quecksilbertropfen. Wir stellen uns unter eine Weide, auf deren olivgrüne Blätter der Guss herunterprasselt, und warten.

Blaue und smaragdgrüne Libellen flitzen unter den weit ausgestreckten Ästen der Eschen hin und her. Die dicken Regentropfen klatschen auf das Sumpfwasser und hinterlassen kreisrunde kleine Wellen, die sich nach außen ausbreiten. Ein Molch hängt reglos ein paar Zentimeter unter der Wasseroberfläche und beobachtet uns, die Beinchen und Zehen ausgestreckt; der Regen ist ihm egal. Bald ist der Schauer vorbei. Die Männer waten davon und nehmen sich weitere Zaunpfähle. Schau mal, sagt einer zu mir und zeigt mit dem Finger. Isaac kommt über die nasse Wiese gerannt, seine Beine streifen durch die Blumen. Er läuft zwischen den Schafen durch, die im Gras liegen und wiederkäuen. Ich rufe ihm zu, er soll auf dem trockenen Hang auf mich warten, und gehe mit den Hunden zu ihm hinüber. Floss erreicht ihn zuerst und wird geknuddelt. Wir vier machen uns auf die Suche nach den ausgebüxten Schafen und laufen das Sträßchen entlang, das ansteigt und abfällt, sich schlängelt und windet und von unserem Land zu den fernen Hügeln führt. Ausreißer kosten Nerven, am besten fängt man sie möglichst schnell wieder ein, wenn sie noch nicht weit gekommen sind, bevor sie Ärger in den Dorfgärten machen können.

~

Als wir oben auf der ersten Hügelkuppe ankommen, sehen wir sie schon – die ausgerissenen Schafe und Lämmer trotten das Sträßchen entlang. Ich schicke Tan zu ihnen. Er schießt los wie eine Pistolenkugel und hat sie bald erreicht und überholt. Die Schafe machen kehrt und rennen auf uns zu. Isaac öffnet ihnen das Gatter zur Wiese, die wir »Top Rigg« nennen, und Floss treibt sie hinein. Die Schafe galoppieren die Wiese hinunter. Sie scheuchen einen braunen Hasen aus seiner Kuhle auf, und er nimmt Reißaus. Hasen lieben dieses offene Grasland. Im Frühling jagen sie einander wie verrückt, den ganzen Tag können diese Rennen dauern, und plötzlich stellen sie sich auf die Hinterläufe, um mit dem Rivalen zu boxen. Sie bringen ihre Jungen in den Wiesen zur Welt und verstecken sie in den Binsen und Grashorsten. Wenn wir vorbeigehen, sitzen sie reglos da und beobachten uns aus ihren großen, haselnussbraunen Augen.

Hier oben ist das Land offener, fast heideartig, nur gelegentlich zieht sich eine Weißdornhecke durch das Wiesengrün. Diese Wiesen werden seit zahllosen Jahrzehnten auf dieselbe Art beweidet. Sie eignen sich nicht zum Anbau von Feldfrüchten. Hier weiden den Sommer über unsere Mutterschafe mit Zwillingslämmern, während die Mutterschafe mit nur einem kräftigen Lamm ganz hinauf auf die Hügel ziehen, wo sie sich von der kargen Bergvegetation ernähren. Ein paar Kühe haben sich hinter uns versammelt und strecken die Köpfe über das Tor, das zu den Weiden meines Nachbarn führt. Sie gehören meinem Freund Alan. Er ist im Ältestenrat der Gemeinde, ein Mann mit gesundem Menschenverstand, vom selben Schlag wie mein Vater. Wir tauschen oft über den Zaun hinweg Kommentare aus, über den Preis von Schafen, über das Wetter oder über die Wildtiere, die wir gesehen haben. Er scheint traurig darüber, wie sich die Dinge verändert haben, und weist darauf hin, dass wir jetzt – preisbereinigt – nur noch ein Viertel dessen bekommen, was er als junger Mann für seine Schafe erzielt hat. Weil Lebensmittel insgesamt so billig geworden sind, sind auch die Preise hochwertiger landwirtschaftlicher Produkte in den Keller gegangen.

Und doch sind unsere Tiere immer noch das, was uns hier hält; sie stellen unsere Arbeit dar und erwirtschaften zumindest einen Teil unseres Einkommens. Wir verdienen an unseren Schafen und Kühen immer noch das Doppelte bis Dreifache dessen, was wir an Vergütung für unsere Umweltschutzleistungen erhalten (obwohl wir bei den verfügbaren Programmen in der höchsten Kategorie eingestuft sind). Unser Lamm- und Rindfleisch erzielt nicht den Preis, der unserer Arbeit gerecht würde: Unsere Produktionsweise ist weniger effizient, aber dafür den Wildpflanzen, Insekten, Vögeln und anderen Tieren zuträglich. In einer Zeit, in der sich alles um die Massenproduktion billiger Nahrungsmittel dreht, sehe ich keine Zukunft für unsere Art der Landwirtschaft. Fleisch ist zu einer erbärmlich billigen Handelsware im Supermarkt verkommen, obwohl es ein hoch geachtetes und geschätztes Lebensmittel sein sollte – auch wenn das bedeutet, weniger davon zu essen. Viele Menschen haben den Bezug zu den Lebensmitteln verloren, die nachhaltig in ihrer eigenen Region erzeugt werden können, und wissen auch nicht mehr, wie man sie schmackhaft zubereitet. Das Fleisch von älteren Schafen, die nicht mehr lammen, hätte bei uns überhaupt keinen Markt mehr, wenn es nicht die Muslime gäbe, die es zum Glück immer noch gern kochen und essen. Die älteren Bauern in unserem Tal wissen genau, wann das Fest des Fastenbrechens beginnt und endet, weil sie sich mit dem Verkauf ihrer Schafe danach richten.

~

Als ich jung war und zu erkennen begann, wie kaputt und kompliziert die Welt war, dachte ich, wir könnten dem Ganzen einfach den Rücken zukehren und uns auf unserem Hof verkriechen wie in einem schützenden Kokon. Und als ich widerstrebend fortging, um zu studieren und meinen Lebensunterhalt in der größeren, weiteren Welt zu verdienen – in meinen Zwanzigern und Dreißigern saß ich die meiste Zeit vor dem Computer und verrichtete eine Arbeit, die mir von anderen zugewiesen wurde –, da war ich sehr froh, einen Ort zu haben, an den ich mich zurückziehen konnte. Hier konnte ich mich durch eine Arbeit erden, die sich für mich echt anfühlte. Dem Hof habe ich es zu verdanken, dass ich psychisch gesund geblieben bin.

Menschen, die von einer »Rückkehr aufs Land« träumen, geben sich oft eskapistischen Fantasien hin. Wenn man viele Jahre seines Lebens in der Enge eines Büros verbringen und dazu lange Fahrten im Zug oder auf Straßen voller Staus auf sich nehmen musste, mag einem das Bauernleben vielleicht wie Freiheit vorkommen. Aber ich musste inzwischen erkennen, dass die Realität des Lebens als Landwirt alles andere ist als eine Flucht vor der Welt, im Gegenteil, man fühlt sich oft wie ihr Sklave. Alles, was auf einem landwirtschaftlichen Betrieb geschieht, ist abhängig von der Zeit, in der er existiert; er steht unter dem Einfluss einer Unmenge mächtiger Kräfte, die von außen auf ihn einwirken. Wir zappeln wie die Marionetten, von unsichtbaren Fäden gezogen. Irgendwo außer Sichtweite sind diese Fäden mit unserem Konsum-, Ess- und Wahlverhalten verbunden – so war es schon immer. Aber in den letzten fünfzig Jahren haben wir zugelassen, dass Supermärkte und andere Großkonzerne die Fäden in die Hand nahmen, bis die meisten Landwirte auf den Status von Produzenten billiger Massenware herabgesunken waren und kaum noch Verhandlungsspielraum hatten. Wir kämpfen gerade damit, uns mit der ökologischen Katastrophe auseinanderzusetzen, der Folge dieser Entwicklung, die zur Produktion der billigsten Lebensmittel in der ganzen Geschichte geführt hat. Und anstatt gegen die strukturellen Probleme eines Lebensmittelsystems anzugehen, in dem die ganze Macht und der Profit bei Großkonzernen liegen, die sich um die Gesundheit der Bevölkerung, der Höfe oder der

Ökosysteme wenig scheren, bieten Politiker unzureichende, spärlich verteilte Subventionen oder »Umwelt-Ausgleichszahlungen« an, um die schlimmsten Auswüchse dieses Systems abzupuffern, damit es weiterbestehen kann.

~

Die Bauern, mit denen ich befreundet bin, lassen sich grob in drei Gruppen einteilen. Ein Drittel hat begonnen, die eigenen Bewirtschaftungsmethoden zu verändern und Nischen zu suchen, in denen sich Geld verdienen lässt; diese Bauern sind engagiert und bemüht, ökologisch gut zu wirtschaften. Ein zweites Drittel ist offen für Veränderungen, hat aber wenig Gestaltungsspielraum, da diese Bauern finanziell dazu gezwungen sind, einen profitablen Betrieb zu führen; oft sind sie nur Pächter und haben große Schulden. Das letzte Drittel schließlich ist sehr skeptisch. Oder glaubt immer noch an das Nachkriegsmodell der intensiven Agrarwirtschaft. Du hast gut reden, wenden sie ein. Stattdessen richten sie ihre Energie darauf, das zu liefern, wofür die Gesellschaft in den Supermärkten bezahlt: billige, massenproduzierte Lebensmittel.

Unsere führenden Landwirtschaftsschulen spucken immer noch »geschäftsorientierte« junge Bauern aus, für die Produktivität alles ist. Den Studenten werden die modernsten Methoden der Intensivlandwirtschaft beigebracht, sie lernen, die Naturwissenschaft und neueste Technologien einzusetzen, um die Natur zu kontrollieren. Man lehrt sie, das Land rein ökonomisch zu betrachten, lehrt sie nichts über Tradition, Gemeinschaft oder ökologische Grenzen. Rachel Carson steht nicht auf dem Lehrplan. Anderswo verlassen junge Ökologen die Schulen und Universitäten ohne die leiseste Ahnung von Landwirtschaft und das Leben der Bauern. Die Bildung zerfällt in Spezialisierungen und teilt die jungen Leute in zwei separate Volksstämme, die einander kaum verstehen können.

Ein Student einer landwirtschaftlichen Hochschule kam letztes Jahr auf unseren Hof. Als ich ihm unsere Heuwiesen zeigte und ihm die Vielfalt der Wildblumen und Gräser erläuterte, sah er mich halb verwirrt, halb verächtlich an, als wäre ich ein charmanter Narr aus einem anderen Zeitalter, der an Wahnvorstellungen litt. Er erklärte mir rundheraus, seine Dozenten würden mir empfehlen, meine Wiesen umzupflügen, um das »Unkraut« loszuwerden, und moderne Grassorten zu säen. Die Vorstellung, dass ein Hof mehr als eine Produktionsstätte sein könnte, war ihm völlig fremd.

Ich bin meinem Vater sehr dankbar, dass er mich nie auf eine Landwirtschaftsschule geschickt hat. Er war von altem Schrot und Korn und vertrat die Ansicht, aus diesen Schulen kämen nur Leute heraus, die von allem den Preis und von nichts den Wert kannten. Ich erinnere mich, wie ich ihm voller Bewunderung vom Hof eines meiner Freunde erzählte, Anfang zwanzig war ich da; auf diesem Hof wurde mit den neuesten Technologien gearbeitet. Dazu sagte er nur: »Geben wir ihm fünfundzwanzig Jahre Zeit und schauen, was daraus wird, bevor wir uns vor Begeisterung überschlagen.« Die Zeit diente ihm als Qualitätsmaßstab, nicht kurzfristiger Profit oder was gerade modern war.

Bei der Ausbildung zum Landwirt spielen Modernisierung, Innovation und die Sicht der Natur als »Störfaktor« immer noch die Hauptrolle; das Augenmerk liegt nicht auf dem, was nachhaltig ist und auf lange Sicht funktioniert. Aus der Modernisierungsperspektive betrachtet hatte der Student mit meiner Heuwiese durchaus recht. Die wirtschaftliche Realität auf dem

Agrarsektor ist so beschaffen, dass echte Nachhaltigkeit für den Bauern fast nie profitabel ist. Einen Hof im Einklang mit der Natur zu bewirtschaften ist ökonomischer Selbstmord. Die Produktion von Fleisch unter größeren Kosten, als bei der Massenproduktion von Hühner- und Schweinefleisch anfallen, wird im Supermarktregal als Anachronismus angesehen.

Ich muss bei meiner Entscheidung für eine nachhaltige Landwirtschaft meinen Kontostand ignorieren und hoffen, dass der Rest der Welt bald wieder zur Vernunft kommt. Das ist natürlich keine Basis für solides Wirtschaften, aber ich habe schon vor Jahren beschlossen, wenn es denn nötig ist, neben dem Hof noch woanders zu arbeiten, damit ich unser Einkommen aufstocken und es mir erlauben kann, mich gut um unser Land zu kümmern. Es ist nichts Neues, dass ein Landwirt sich anpassen und seine Brötchen anderswo verdienen muss. Ich weiß, wenn wir zu stolz, zu dickschädelig und zu unnachgiebig sind, dann ist das unser Ende. Wir müssen versuchen, ein paar neue Tricks zu lernen. Aber ich werde unseren Hof nicht ruinieren, indem ich das konventionelle Modell industrieller Landbewirtschaftung kopiere, das, wie ich gesehen habe, destruktiv ist. Da bin ich genauso stur wie mein Vater.

~

Isaac und ich gehen das Sträßchen entlang, bis wir das Loch in der Hecke entdecken, durch das die Schafe entwischt sind. An den Dornen hängen verräterische Wollbüschel. Gute Zäune, Hecken und Mauern helfen uns, die Schafe dort zu halten, wo wir sie haben wollen, aber die Schafe haben natürlich ihre eigenen Vorstellungen. Ich schiebe einige Zweige über das Loch und auf der anderen Seite noch ein paar, bis die Stecken kreuz und quer über dem Loch liegen. Isaac bezweifelt, dass sich die Schafe davon abschrecken lassen, also ramme ich noch einen zusätzlichen Zweig hinein und ziehe ihn zurecht, bis er sicher feststeckt und das Loch mit einem stabilen Geflecht aus Dornenzweigen geflickt ist.

Unsere Mutterschafe mit den Lämmern sind in drei separate Herden aufgeteilt, wie es zur Parzellierung unserer Wiesen passt. Wir lassen die Schafe im Turnus so auf ihnen weiden, dass sich das Gras zwischen der Beweidung wieder erholen kann. Isaac, Tan, Floss und ich laufen über die Wiesen. Schwalben schießen an uns vorbei, dicht über dem Gras, und schnappen nach den Insekten, die wir mit unseren Tritten aufgestört haben. Isaac findet, sie sehen aus wie die X-Flügel-Sternjäger in *Star Wars.* Er schiebt ein paar Galoppschritte ein, um mit mir Schritt zu halten. Als die Schafe und Lämmer uns sehen, heben sie den Kopf oder traben ein paar Schritte davon, aber die meisten lassen sich von uns nicht stören, denn sie kennen uns. Der Gang über das Land ist durch nichts zu ersetzen, dieses Gefühl, wie der Boden unter den Stiefeln leicht nachgibt, wie gesunder Boden es tun soll.

Ich versuche, Isaac zu erklären, dass wir planen müssen, wie, wann und mit welchen Tieren wir unsere Wiesen beweiden wollen – ob wir uns für die Umtriebsweide mit rotierend beweideten kleinen Parzellen entscheiden sollen oder für Standweiden, auf denen die Tiere eine ganze Saison lang grasen. Welche Besatzdichte ist günstig, wie viel Vegetation lassen wir stehen, wie lange sollen die Ruhezeiten dauern, in denen sich die Weiden erholen können? Gerade so lange, dass eine Handbreit üppig grünes Gras nachwächst, wie es die konventionellen Bauern machen, oder länger, damit Orchideen und Wildblumen blühen und aussamen können, also dreißig bis vierzig Tage oder länger? Wir versuchen jetzt, unser Land so zu beweiden, dass wir seine Biodiversität erhöhen und die Bodengesundheit verbessern, und dafür müssen wir anders arbeiten als mit unseren traditionellen Methoden. Wir brauchen längere Ruhezeiten und eine Mischbeweidung mit mehreren Tierarten gleichzeitig. Die Schafe schätzen das längere, ältere Gras nicht immer, sondern fressen lieber das kürzere, süßere Grün, deshalb brauchen wir gute Zäune und Hecken, damit sie nicht eigenmächtig auf die Suche gehen wie die Ausreißerinnen auf der Straße.

Solche Entscheidungen spielen eine große Rolle. Von ihnen hängt es ab, ob sich auf diesem Land ein gesunder Boden bildet oder ob er erodiert, sich verdichtet und stirbt. Ob wir Wildblumen, Insekten, Vögel und Bäume auf unserem Land haben und wie viele davon, ob die Hecken buschig wachsen oder ihren dicht verflochtenen Kern verlieren; ob die Bäche in den Feuchtgebieten Kurven und Schleifen ziehen oder gerade fließen. Diese Entscheidungen addieren sich in einer Region und prägen die Landschaft. Sie bestimmen darüber, ob die Natur, ob Menschen darin einen Raum haben. Von diesen sehr speziellen Entscheidungen wird kaum gesprochen, und außerhalb der Welt der Landwirtschaft sind sie selten bekannt und werden nur unzureichend in ihrer Bedeutung erfasst.

~

Ein Bussard kreist im Blau über uns und ruft seinem Weibchen zu. Isaac beobachtet ihn, wie er am Hang in der Ferne die Aufwinde zum Steigen nutzt, über unserem Jungvieh. Die Tiere senken alle den Kopf und grasen, ich zähle sieben Stück und sehe, dass alles in Ordnung ist, also brauchen wir nicht näher heranzugehen. Vor fünf Jahren haben wir angefangen, wieder

Rinder zu halten, fast zwanzig Jahre, nachdem alle Rinder meiner Eltern beim Ausbruch der Maul- und Klauenseuche von einem Scharfschützen der Polizei erschossen worden waren. Es ist eine wahre Freude, eine neue Herde aufzubauen, die richtigen Kühe für die Zucht zu suchen und zu kaufen, mit ihnen Bekanntschaft zu schließen und mitzuerleben, wie ihre Kälber zur Welt kommen und aufwachsen. Mein Vater wäre begeistert gewesen, und mir fehlt sein Rat, er kannte sich mit Rindern besser aus als ich.

Wir bauen eine Herde von Belted Galloways auf, schwarze Kühe mit lockigem Fell und einem breiten weißen Streifen um den Bauch. Sie kommen genau von der anderen Seite des Solway Firth, des Meeresarms, der England und Schottland trennt. Mit ihren breiten weißen Streifen sind die Tiere über einen Kilometer weit zu sehen. Kühe sind ein wichtiger Teil des bäuerlichen Patchworks, das es einmal in unserem ganzen Tal gegeben hat und das langsam verloren ging, als wir in den letzten dreißig Jahren unsere Landwirtschaft immer stärker spezialisiert und vereinfacht haben. Aber ich möchte, dass meine Kinder umgeben von Kühen aufwachsen. Ich möchte, dass sie etwas über ihre unterschiedlichen Weidegewohnheiten lernen, die wir auf einigen unserer neuen Waldweiden und an den Flussufern nutzen können.

~

Wir fuhren zu einer namhaften Züchterin, um ihre Kühe zu besichtigen. Tom saß auf meinen Schultern. Sie nannte den Kindern den Namen jeder Kuh und erzählte ihre besondere Geschichte, und als die Tiere sich neugierig um uns sammelten, kratzte sie ihnen den Rücken. Ein großer Bulle trottete zwischen den Kühen herum und schnüffelte an ihren Schwänzen, brüllte und scharrte mit den Hufen Staub auf wie ein wilder Bison in der Prärie. Tom krallte sich mit seiner kleinen Faust in meinen Haaren fest. Aber der Bulle war friedlich. Er war letzten Herbst beim Verkauf der Zuchtelite in Castle Douglas zum Sieger gekürt worden.

Ich hatte das starke Gefühl, dass die Züchterin am liebsten keines ihrer Tiere verkauft hätte, aber natürlich müssen Landwirte verkaufen. Sie bot uns zwei wunderschöne trächtige Färsen zur Wahl an und nannte dann einen Preis, der mir Tränen in die Augen trieb. Es war klar, dass sie keine Kuh abgeben würde, wenn der Preis nicht stimmte. Wir fuhren unverrichteter Dinge nach Hause, leicht entmutigt und mit der Erkenntnis, dass der Aufbau unserer Herde wesentlich länger dauern und wesentlich mehr kosten würde als die Summe, mit der wir gerechnet hatten. Aber mit schwachen Kühen lässt sich keine Herde gründen. Drei Wochen später riefen wir die Züchterin an, kauften die Färse, die uns gefiel, und fuhren sie abholen. Im Januar brachte sie unser erstes Kalb mit Stammbaum zur Welt: Racy Ghyll Lily die Erste.

~

Ich hatte vergessen, wie sehr ich Kühe liebe – ihren Hang zur Cliquenbildung, ihre Freundlichkeit und ihr ständiges Mampfen. Ich hatte vergessen, wie sehr sie zu unserer Region gehören. Unsere Belties fühlen sich in dieser nördlichen Landschaft wirklich heimisch. Sie haben einen vierschrötigen Körperbau, sind stämmig und haarig, haben kurze, breite Köpfe, einen runden Brustkorb und einen runden Bauch – wenn man mit kargem Futter zurechtkommen muss, braucht man schon einen

Rettungsring um die Mitte herum. In dem zweilagigen Wintermantel und mit den dichten Locken im Kopfbereich kann diese Rasse kalte, nasse Winter überstehen. Sie ist das Ergebnis einer langen Zucht mit dem Selektionsziel, zäh und robust zu werden. Diese Rinder brauchen keine schicken Ställe oder Gerätschaften und auch an den schlimmsten Tagen nicht mehr als eine Handvoll Heu. Im Winter werden sie dünner, können ihre Körpersubstanz aber besser halten als moderne Rassen, die unter widrigen Umständen schnell »dahinschmelzen« – Belted Galloways wissen, wo sie auch in den härtesten Zeiten etwas zu fressen finden.

Für mich war es eine Offenbarung, wie sie die Landschaft gestalten. Sie befreien die Wiese von Binsen und erleichtern mit ihren Hufabdrücken die Verbreitung von Pflanzen wie Orchideen. Sie grasen selektiver als unsere Schafe und lassen zu wichtigen Zeiten des Frühlings und Sommers einige Teile der Weide länger wachsen, sodass etliche Pflanzen bis zur Blüte und Samenbildung gelangen; andere Stellen weiden sie kürzer ab, wovon wiederum lichthungrige Pflanzen profitieren. Bodenbrüter wie der Brachvogel scheinen diesen Mix von Standorten zu mögen und nisten oft auf Kuhweiden. Ohne die Kühe würden die aggressiv wuchernden Gräser die kleineren, zarteren und selteneren Pflanzen ersticken. Die Weide, auf der die Kühe den ganzen Sommer grasen, tönt nur so vom Gezirp der Heuschrecken und dem Gesang der Feldschwirle; hier flattern Wolken von Motten und Schmetterlingen umher. Orchideen schieben sich im Juli aus dem Gras. Eintagsfliegen tanzen über den Tümpeln, wo die Kühe trinken. Schwalben beäugen scharf die Kuhfladen und fangen die Fliegen, die sie umschwärmen. Saatkrähen graben darin nach Würmern, Larven, Käfern und Maden und verbreiten die Nährstoffe über die ganze Weide.

Auf unseren Schaf-Dauerweiden wächst eine andere Mischung von Gräsern und Wildblumen, fast fünfzig Arten, die eine gleichmäßigere Beweidung vertragen und auf einer kürzeren Grasnarbe gedeihen. Vögel wie Feldlerchen und Wiesenpieper lieben diese kurzrasigen, von Schafen beweideten Wiesen. Zwei- bis dreimal im Jahr sehe ich einen Baumfalken, einen winzigen Greifvogel, der Jagd auf sie macht. Ich habe aus alledem die Lektion gelernt, dass Rinder nicht nur gut und Schafe nicht nur schlecht sind, sondern dass wir ein gesundes Mosaik unterschiedlich genutzter Flächen brauchen: Unsere Tiere sind die Werkzeuge, die diese Flächen durch ihre besondere Form der Beweidung verbessern oder verschlechtern können. Alle unsere beweideten Habitate weisen eine unendlich viel größere Biodiversität auf als jedes intensiv bewirtschaftete, mit einer Monokultur bebaute Feld.

Isaac und ich machen uns auf den Weg nach Hause. Ich bin durchnässt bis zu den Knien, Isaac bis zum Bauch. Unterwegs kicken wir in die Maulwurfshügel, die die Wiese sprenkeln, und verteilen so die Erde über das Gras.

~

Erstaunlicherweise haben die Bauern im Lauf der Jahrhunderte nicht wirklich viel über die Biologie der Pflanzen und des Bodens gelernt. Der Boden war einfach der Dreck, in dem wir Erntefrüchte anbauten, das Zeug unterhalb der Weidefläche, nichts von großartiger Bedeutung. Wir nahmen ihn als selbstverständlich hin. Wir wussten zwar, dass er einen PH-Wert hatte, aber nicht, dass er ein lebendes Ökosystem war. Falls wir überhaupt einen Gedanken an ihn verschwendeten, dann nur, wenn wir uns fragten, ob wir ihn mit der Egge fein genug zerkrümelt hatten, damit er ein gutes Saatbett abgab, oder ob er vielleicht eine Oberflächendüngung mit Kalk oder Kunstdünger brauchte. Aber wenn Sie meinen Vater, meinen Großvater oder mich gefragt hätten, was Boden eigentlich sei oder wie das Leben der Mikroorganismen im Boden funktioniere, dann hätten Sie von uns nur verwirrte Blicke geerntet.

Isaac und ich haben in den letzten zwei Jahren gemeinsam einiges über den Boden gelernt; unterrichtet hat uns eine Freundin, die »Regenerative Landwirtschaft« lehrt. Sie ging mit uns auf unsere Wiesen und Felder und brachte uns ein paar einfache Dinge bei. Mit dem Spaten stach sie fünfzehn Zentimeter große Quadrate aus dem Boden heraus, und wir zählten, wie viele Regenwürmer sie enthielten. Das zeigte uns, wie viel gesünder der Boden an einigen Stellen war, und wir überlegten, welche unserer früheren Nutzungsmethoden hinter diesen Unterschieden stecken könnten. Unsere Lehrerin rammte eine Plastikmanschette in den Boden, goss Wasser hinein und zeigte uns, wie viel mehr Wasser gesunder Boden rasch aufsaugen und halten kann als schlechter Boden. Und sie verzieh mir meine Ignoranz in Sachen Photosynthese und erklärte geduldig, wie viel besser Pflanzen wachsen, wenn sie mehr Blattmasse und tiefere Wurzeln haben, als wenn sie immer durch Abweiden kurz gehalten werden.

Sie brachte uns bei, dass der lebendige Boden das wichtigste Habitat auf unserem Hof ist, die Grundlage der Nahrungskette, und dass Landwirtschaft letztlich immer »Tierhaltung« ist – ob wir nun auf einer Fläche Pflanzen anbauen oder Tiere weiden lassen, immer machen wir uns eine unglaubliche Zahl von Lebewesen oberhalb und unterhalb der Oberfläche zunutze und »beuten sie aus«. Ungefähr die Hälfte aller Lebewesen auf der Erde lebt im Boden. Er ist ein eigener Mikrokosmos mit allen möglichen mysteriösen und wunderbaren Beziehungen zwischen Pflanzenwurzeln und Algen, Bakterien, Nematoden, Käfern, Protozoen, Pilzen und einer Unmenge anderer Organismen – ich will gar nicht so tun, als würde ich sie verstehen. Eine Handvoll gesunder Boden kann mehr Bakterien und zahllose andere winzige Lebewesen enthalten, als es Menschen auf der ganzen Erde gibt. Das Gute am Boden auf unserem Land ist, dass er im Gegensatz zu gepflügtem und »verbessertem« Land dauerhaft von einem dicken, artenreichen Teppich aus Gräsern und Wildblumen bedeckt wird. Das heißt, er ist nie der prallen Sonne, dem Regen und dem Wind ausgesetzt, die ihn aufheizen, davonwehen oder erodieren würden. An manchen Stellen können die Pflanzenwurzeln fast einen Meter tief in die Erde hinunterreichen. Sie halten den Boden zusammen und bilden Leitungsbahnen für Nährstoffe.

Heute wissen wir, dass das Geheimnis der Bodengesundheit darin besteht, das Verhalten großer wilder Pflanzenfresser nachzuahmen: Der Boden braucht plötzliche Phasen massiven Abweidens, bei dem das Gras niedergetrampelt und mit Dung, Urin und Speichel durchsetzt wird. Diese Flächen mit zerstampftem altem Gras sehen dann verwüstet aus, aber für den Boden ist dieser Zustand das Paradies. Mistkäfer, Würmer und zahllose andere Lebewesen beginnen, das Blattwerk und den Mist der Pflanzenfresser, der auch voller verdichtetem und halb verdautem Pflanzenmaterial ist, wieder in den Boden zurückzuführen. Dort folgt ein riesiges Festgelage, ein wahrer Fressrausch, den wir noch weiter unterstützen können, wenn wir mehr Bäume und Hecken pflanzen, die Blätter und verrottendes Holz auf dem Boden verstreuen. Sie alle sind wertvoll für den Boden- und Humusaufbau, mit der Zeit wird neuer Mutterboden gebildet und Kohlendioxid im Boden gespeichert. Unser

Boden ist jetzt sicher an seinem Platz verankert, ihm droht keine Erosion, und verschont von Kunstdünger und Pflug, kann das unterirdische Ökosystem prächtig gedeihen. Die Vögel erzählen mir, dass das tatsächlich funktioniert, weil sie die ganze Zeit ihr Futter auf den beiden Wiesen suchen, die ich seit Jahren als Experiment auf diese Weise pflege. Der Boden ist das Fundament unseres gesamten Ökosystems.

Leider können wir uns nicht alle von Weideflächen ernähren. Der Pflug und die jährlichen Ernten, die er ermöglicht – Mais, Weizen, Gerste, Soja, Hirse, Maniok, Kartoffeln und Reis – liefern die Nahrung für die meisten Menschen. Aber in den letzten dreißig Jahren haben wir gelernt, dass Pflügen ökologisch katastrophale Auswirkungen hat: Es zerreißt die mikrobiellen Netzwerke des Bodens; es erhöht oder senkt die Bodentemperatur, weil es die Vegetationsschicht auf der Oberfläche des Bodens entfernt und ihn den Elementen aussetzt; es tötet Bakterien und Mikroorganismen und führt zu einer Erosion durch Wind und Regen in einer massiven Größenordnung, die mit Nachhaltigkeit unvereinbar ist. Diese neuen Erkenntnisse sind niederschmetternd und für manche Landwirte schwer annehmbar. Wenn wir dazu noch die Tatsache einbeziehen, dass Kunstdünger und Pestizide viel Bodenleben zerstören, dann stehen Landwirte – und mit ihnen alle Menschen – vor einem Riesenproblem. Unsere Zivilisation gründet auf dem Pflug (und den chemischen Erzeugnissen der Nachkriegszeit), doch der Pflug ist problematisch. Daher müssen wir uns hochproduktive landwirtschaftliche Methoden überlegen, die im Einklang mit der Natur und mit Respekt vor ihr arbeiten, und das verlangt Veränderungen in der Landwirtschaft und ein neues Nachdenken über die Hilfsmittel, von denen wir abhängig geworden sind.

Wir können tatsächlich jährliche Erntefrüchte ohne den Einsatz eines Pflugs anbauen und die Samen bei minimaler Störung des Bodenlebens direkt in den Boden säen (was man als Direktsaat und »Ackerbau ohne Pflug« bezeichnet.) Aber das bringt neue Herausforderungen: Wie beseitigt man die abgeernteten Reste einer Feldfrucht, um Platz für den Anbau der nächsten zu schaffen, ohne diese Reste mit dem Pflug unterzugraben und ohne Chemikalien, die das Weiterwachsen verhindern und Unkraut vernichten? Vielleicht können wir eines Tages ausdauernde Getreidepflanzen entwickeln und anbauen, die das Pflügen unnötig machen (kluge Leute arbeiten schon daran, haben aber noch keine allgemein praktikable Methode entwickelt). Und wie bringt man Nährstoffe auf die Felder, ohne Kunstdünger zu benutzen?

Die Lösung für diese Fragen ist vielerorts eine Rückkehr zu einem Mischbetrieb mit Fruchtfolgen und Viehhaltung. Anstatt Kunstdünger werden Vieh und Zwischenfrüchte wie Klee und Leguminosen eingesetzt, um den Boden zu nähren und zu heilen. Rinder- und Schafherden fressen nach dem Ernten die Reste ab und unterdrücken ein neues Austreiben, und wenn auf dem Feld in der Rotationsfolge wieder Gras ausgesät wird, fressen sie die Ackerunkräuter gleich mit. Es stellt sich heraus, dass die meisten alten Regeln der Landwirtschaft immer noch Gültigkeit haben – wir müssen nur das Pflügen einstellen oder auf ein Minimum beschränken. Die Tatsache, dass die besten nachhaltigen »Technologien«, um erschöpfte Ackerböden wieder gesund und fruchtbar zu machen, Kühe und Schafe sind, bringt einen doch zum Schmunzeln. Hoch gelegenes Land war schon immer die Kinderstube für das Vieh im Tiefland; um Ackerbau früher überhaupt zu ermöglichen, wurde eine riesige Anzahl von Schafen und Rindern benötigt, und es war nur vernünftig, einen

Großteil der Tiere auf dem Land mit dem geringsten Wert zu produzieren.

~

Zu Hause werden wir erst einmal von Helen zusammengestaucht, weil wir klatschnass hereingekommen sind und alles dreckig gemacht haben. Tom hat jede Menge Fichtenzapfen gesammelt und lässt sie bei unserer Ankunft im Flur fallen, was es auch nicht besser macht. Isaac zieht sich bis auf die Unterwäsche aus und verschwindet nach oben, um sich umzuziehen. »Nimm deine Sachen mit und tu sie in die Wäsche!«, ruft Helen ihm nach. Ich ziehe meine Socken aus und setze mich in den ältesten Sessel. In unserer Küche duftet es himmlisch. Helen hat einen Lauch-Pie mit Hähnchenfleisch gemacht. Ich erzähle ihr vom Loch in der Hecke, das wir geflickt haben, und den anderen Arbeiten an diesem Vormittag, und sie ist so nett und tut, als würde sie zuhören, obwohl sie mit ihrer Arbeit beschäftigt ist: mit der Post auf der Arbeitsplatte, mit ausgebreiteten Rechnungen. Ihr Laptop ist an. Sie hat den Vormittag damit verbracht, unser Medikamenten-Buch durchzugehen, weil wir nächste Woche eine offizielle Hofinspektion haben. Sie erledigt die zahllosen unerwähnten Arbeiten, die unser Zuhause und den Hof am Laufen halten. Und manchmal macht sie ein Gesicht, als würde sie mich am liebsten erwürgen oder anbrüllen, weil ich sie mit vier Kindern und einer Million Sorgen im Haus zurücklasse. Aber dann sehe ich sie auch wieder lächeln, wenn unsere Kinder draußen auf den Wiesen oder am Bach spielen oder wenn sie uns in den Schafpferchen oder in der Scheune helfen, und dann sieht es so aus, als würde auch Helen dieses Leben lieben. Sie wärmt uns alle mit ihrem inneren Feuer und spielt Tag für Tag eine zentrale Rolle für unsere Familie. Ich kann meine Arbeit nur tun, weil Helen ihre ganze Zeit dem Hof und der Familie widmet. Sie sorgt dafür, dass hinter den Kulissen alles reibungslos klappt. Wenn ich Zeichen von Schwäche zeige, dann bleibt sie immer stark.

~

Wie viel ich als Bauer tauge, weiß ich nicht. Die Aufgabe ist überwältigend, ich schaffe es nicht, alles zu tun, geschweige denn gut. Immer jongliere ich mit meinen Verpflichtungen, damit ich die Rechnungen zahlen kann. Der Hof wirft fast kein Geld ab, und wenn doch, dann verschlingt er es gleich wieder. Ich habe große Angst, Bankrott zu machen und zusehen zu müssen, wie alles in die Binsen geht. Jetzt weiß ich, warum mein Vater manchmal so resigniert wirkte. Die Liste der Arbeiten, die ich noch nicht erledigt habe, wird jeden Monat länger. Ich könnte zwei Leben damit füllen, unsere Zäune und Mauern zu reparieren, unsere Hecken niederzulegen, jedes kränkelnde Schaf zu heilen und unsere Schafherde zu verbessern. Ich könnte Riesensummen ausgeben, die wir nicht haben, um Bäume zu pflanzen und mehr wilde Bereiche zu schaffen. Ich könnte sogar noch mehr dafür ausgeben, eine großartige Herde von Belted Galloways mit Stammbaum und herausragende Schafherden zu züchten. Traurig, aber wahr: Ein Hof verschlingt einen mit Haut und Haaren, nimmt alles, was man hat – und verlangt dann noch mehr. Er ist auch eine Übung in Demut: Man kann ihn nicht alleine bewirtschaften.

Die wichtigste Lektion, die ich gelernt habe, lautet: Ein Landwirt ist kein heroischer Einzelkämpfer; diese Vorstellung darf man ruhig ins Reich der Macho-Mythen verbannen. Damit ein guter Hof funktionieren kann, braucht es ein ganzes Dorf. Ein großer Teil der Arbeit wird von Frauen geleistet. Meine Frau, meine Mutter und meine Großmutter haben diesen Hof mitgetragen, haben ihn zum Mittelpunkt ihres Lebens gemacht und die von ihm besessenen Männer ausgehalten. Aber die Abhängigkeit geht weit über die eigene Familie hinaus. Wir sind auf so viele Menschen angewiesen, die die traditionellen Methoden zum Erhalt dieser Landschaft kennen. Die die alten Werkzeuge einsetzen können, um Hecken und Niederwald in Schuss zu halten, um gesunde Bäume zu pflanzen und zu pflegen. Wir suchen Rat bei guten Züchterinnen und Züchtern, die sich mit Rindern und Schafen auskennen – wann und wie sie auf andere Weiden umgesetzt werden sollten und wie man widerstandsfähige, den lokalen Gegebenheiten angepasste Tiere erhält. Wir brauchen diese sachkundigen und umsichtigen Fachleute mehr denn je.

Außerdem habe ich erkannt, dass wir eine kleine Armee von Naturexperten brauchen, die uns helfen, unseren Beitrag zur Wiederherstellung der Landschaft zu leisten. Die Ökologie eines landwirtschaftlichen Betriebs ist so komplex, dass man von einem Bauern nicht erwarten kann, umfassend darüber Bescheid zu wissen. Anfangs fand ich es beängstigend zuzugeben, dass ich nicht alles leisten oder wissen kann. Ich machte mir Sorgen, dass ich vielleicht nicht so klug oder kompetent bin, wie ein Bauer sein soll. Aber je mehr ich mich nach außen gewandt und Hilfe angenommen habe, desto mehr hat sich unser Hof zu einer Gemeinschaft entwickelt. Bei der Bewirtschaftung unseres Hofs spielen heute mehrere Umweltfachleute eine Rolle; einige kommen von Regierungsbehörden, andere sind Freunde, die uns unterstützen, und manche bezahlen wir dafür, dass sie uns verstehen helfen, was wir haben und warum es wichtig ist. Das gebündelte Wissen aus alledem verändert unser Verständnis von unserem Land und unserem Tal. Auf unserem Land kommen altes und neues Wissen zusammen, und das macht unsere Arbeit so aufregend und lohnend wie noch nie. Und wenn wir immer mehr andere Menschen in unseren Hof einbinden, wächst bei uns das Gefühl, dass er wichtig ist. Ich kehre der Welt nicht mehr den Rücken zu.

Auf unseren Feldern und Wiesen geht es jetzt lebendiger zu als in den Achtziger- und Neunzigerjahren, als es dort manchmal einsam und still war, da viele Bereiche abgebaut wurden und für die Arbeit und die Menschen verloren gingen. Dieses Tal wird nun immer mehr zu einem Ort der Neubelebung, wo wieder Arbeit geleistet wird, gute, sachkundige Arbeit. Es gibt immer jemanden von außen, der bei uns arbeitet, lernt oder uns hilft. Die Landschaft in einen natürlichen Zustand zurückzuversetzen bedeutet nicht, alte Gemeinschaften und traditionelle Lebensweisen zu zerstören, zumindest sollte es nicht so sein. Es geht vielmehr darum, neue, starke ländliche Gemeinschaften aufzubauen, die das Alte und das Neue respektieren.

Schulgruppen kommen auf unseren Hof und nutzen unsere Wiesen und Felder als Klassenzimmer, in denen die Kinder viel über Landwirtschaft, Nahrungsmittel und Natur lernen. Es ist eine Freude, Kinder zu beobachten, die miterleben, wie ein Lämmchen zur Welt kommt, die ein Wollvlies berühren oder nachverfolgen, wie Nahrungsmittel vom Feld auf den Teller kommen. Sie halten staunend die Luft an, wenn sie in einer Petrischale Köcherfliegenlarven sehen, die sie aus den Bächen geschöpft haben. Sie legen in verrotteten Baumstämmen Asseln frei. Sie stöbern im Unterholz unserer wilderen Bereiche nach Fröschen und Kröten. Sie laufen durch unsere Wiesen und zählen die Wildblumen darin. Und sie helfen uns, Hecken zu pflanzen und Weidenschösslinge in die Ufer zu stecken. In den Pausen kosten sie die Freiheit auf den Wiesen und Feldern aus, rennen herum, rufen und schreien und erfüllen unser Land mit einem wilden Glück und dem Gefühl von Freiheit.

Eines Tages kam eine Klasse aus einer weit entfernten Stadt, und wir erfuhren, dass einer der kleinen Jungen es zu Hause sehr schwer hatte. Er konnte kaum sprechen, war grau wie Beton im Gesicht und zuckte jedes Mal zurück, wenn ein Erwachsener sich ihm näherte. In der Mittagspause nahmen sein Lehrer und ich ihn mit, um die Eier aus dem kleinen, hüfthohen, mobilen Hühnerstall einzusammeln, der im Gras neben der Scheune steht. Wir erzählten ihm leise von den Hühnern, die jetzt im Hof herumgackerten und später in ihre Nestboxen zurückkehren und ihre Eier ins Heu legen würden. Der kleine Junge griff hinein und hob die warmen Eier heraus, und einen Moment lang leuchtete sein Gesicht auf vor Freude. Im weiteren Verlauf des Tages schien die Farbe in seine Wangen zurückzukehren, er fand seine Stimme wieder und fasste ein wenig mehr Vertrauen zu uns. Richtig toll war es für ihn, unseren Schäferhunden zuzusehen, wie sie mit unseren Schafen arbeiteten. Und als er sich von uns verabschiedete, lächelte er uns an, und dieses Lächeln schien wirklich aus dem Herzen zu kommen. Sein Lehrer sagte, der Junge habe einen erstaunlich guten Tag gehabt, den besten seit Langem. Als die Klasse fort war, weinte ich vor Frust und Trauer.

~

Nach dem Mittagessen kommen meine Töchter mit mir mit, weil ich sie brauche, um eine unserer Schafherden über ein Sträßchen zu den Pferchen zu treiben. Manche Lämmer haben schmutzige Hinterteile und müssen entwurmt werden. Die Herde ist oben, jenseits des Dorfs, auf einer »zugewiesenen Fläche«, ein Stück raues Weideland, das vor langer Zeit vom Gemeinland abgezäunt wurde. Molly bleibt am unteren Ende des Sträßchens, setzt sich auf die Grasböschung und sonnt sich, während Bea und ich die Schafe am oberen Ende des Sträßchens holen. Bea stoppt den Autoverkehr, dann lasse ich die Herde aus der Weide heraus. Wir treiben sie mithilfe unserer fünf Hunde die Straße hinunter, und als sie bei Molly ankommt, sorgt sie dafür, dass die Schafe richtig abbiegen; dann ziehen wir alle zwischen den Weidenbäumen nach Hause. Die Mädchen lassen entrindete Eschenstecken durch die Luft sausen, die sie aus den Hecken geschnitten haben.

»Was ist das für ein Baum?«, frage ich.

»Eine Eberesche – babyleicht!«, antworten sie.

»Wem gehört diese Wiese?«

»Peter Lightfoot.«

»Was haltet ihr von diesem Herdwick-Bock?«

»Der ist ganz gut. Aber ein bisschen zu hellhäutig für dich, Dad.«

Die beiden sind stolz auf ihre bäuerliche Kultur; sie präsentieren und verkaufen Schafe, seit sie klein sind.

~

Ich habe versucht, meinen Kindern alles beizubringen, was ich selbst gelernt habe, zum Beispiel, wie man in wenigen Sekunden die Qualität von Schafen beurteilt und erkennt, wem sie gehören. Sie haben verstanden, was den Stil und Charakter unserer Herde und der anderen Herden ringsum ausmacht, und sie besitzen auch selbst Schafe. Molly hat vor zwei Wintern ihr ältestes Mutterschaf verloren. Und weil sie beim Ablammen für mich gearbeitet hat, durfte sie sich als Ersatz aus hundert oder mehr Schafen, die gerade in der Scheune waren, ein junges Schaf aussuchen. Für die meisten Menschen hätte ein Schaf ausgesehen wie das andere. Molly brauchte nur ein paar Minuten, um das beste Schaf zu finden, und warf mir, als wir die Scheune verließen, ein cooles Teenie-Lächeln zu. Sie wusste genau, dass sie die beste Wahl getroffen hatte, ein Schaf, das ich eigentlich nicht hergeben wollte, aber der Verlust war leichter zu verschmerzen, weil ich so stolz auf Mollys fachkundiges Urteil war. Nicht viele Schäfer hätten so gut gewählt.

Als Tom zur Welt kam, kaufte ich ihm von unserer Nachbarin und Konkurrentin Jean Wilson für 500 Pfund ein weibliches Lamm, als Grundstock für seine eigene Herde. Jean schrieb ihm eine Karte: Wenn er größer sei, werde er mich mit den Lämmern, die dieses kleine Schaf bekommen werde, auf den Ausstellungen hoffentlich übertrumpfen. Sie gab ihm »Glücksgeld«, das ihm ein gutes Los bescheren sollte – zwanzig Pfund, die sie vom Kaufpreis abzog. In künftigen Jahren wird ganz bestimmt auch er seine eigenen Schafe auf den Ausstellungen präsentieren, genauso gut wie meine Mädchen, die sich mit den meisten Schäfern messen können.

~

Ich möchte auch, dass meine Kinder wissen, was für ein Glück wir haben, dass wir in diesem malerisch kargen Tal mit der alten bäuerlichen Kultur leben, wo uns so viel Natur umgibt. Dass sie anders als ich in ihrem Alter das größere Bild jenseits unseres traditionellen Horizonts erkennen und unseren Hof in einem weiteren Zusammenhang sehen. Dass sie begreifen, dass ein

Hof keine Insel ist, sondern Teil eines größeren Ökosystems, eines Tals, des Wassereinzugsgebiets eines Flusses, einer Welt, in der alles mit allem verbunden ist. Ich weise sie auf die Schwarzspanner hin, die kleinen schwarzen Motten, die die Schafe mit ihren Hufen aufscheuchen, auf die Mohrenfalter mit den kleinen Punkten, auf die rötlich braunen Großen Ochsenaugen an den Böschungen. Ich zeige ihnen die lavendelblauen Blüten des Günsels, die sich alle paar Zentimeter aus dem Gras erheben, die schlichten kleinen gelben Blüten der Blutwurz und das Moos auf der feuchten Seite der Eichenstämme. Als wir durch unser offenes Tor kommen und über die Kuhweiden gehen, hebe ich ein Stück von einem brüchigen, papiermascheeartigen Kuhfladen auf, und meine Mädchen sehen mich an, als wäre ich nicht ganz richtig im Kopf. Das Stück, das mir in den Händen zerbröckelt, wuselt vor Leben – fette graue Larven, kleine schwarze Mistkäfer, winzige türkise Käfer und Insektenpanzer funkeln in der Sonne.

~

Die Schafe zucken mit den Ohren und nicken heftig, um den Fliegen zu entkommen, die sie umschwirren. Die ältesten führen die Herde an, ihre Lämmer trotten hinterher. Die Hunde laufen von einer Seite zur anderen und machen den Schafen Beine, die Zunge hängt ihnen aus dem Maul. Ich versuche zu erklären, was ich da treibe, warum mir Kuhfladen, Käfer, Torfmoore, Pilze und Würmer wichtig sind. Ich versuche zu erklären, dass die Zukunft unseres Hofs darin liegt, die Habitate und natürlichen Abläufe dieses Tals, das vor Jahrtausenden eine Wildnis war, zu reproduzieren, so gut wir nur können.

»Aber wie war es denn damals?«, fragt Molly.

Ich muss zugeben, dass ich das den größten Teil meines Lebens gar nicht gewusst habe. Mein Großvater verhielt sich, als wäre unser Tal so, wie es immer gewesen war und immer sein würde. Aber die jungen Ökologen erklären uns, dass es einst viel bewaldeter war und Arten beherbergte, die ich nie gesehen habe, zum Beispiel Wiesenrallen, Iltisse, Baummarder, Luchse, Wildschweine, Bisons, wilde Rinder, Biber, Bären und Wölfe; dazu Arten, die schon ausgestorben sind, wie das Wollhaarmammut, Rhinozerosse, Riesenhirsche und Höhlenlöwen. Die Ökologen sind nicht ganz sicher, wie das alles zusammenspielte, weil es keine Beschreibungen, keine Fotos, keine Filme gibt, die uns helfen könnten, uns diese Vergangenheit vorzustellen. Manche glauben, dieses Land sei von hohen Bäumen mit geschlossenem Kronendach überzogen gewesen, vom tiefen, dunklen Wald europäischer Märchen wie »Rotkäppchen«, aber immer mehr Erkenntnisse deuten darauf hin, dass das falsch oder zumindest stark vereinfacht ist. Menschen haben seit Zehntausenden, vielleicht seit Hunderttausenden von Jahren in dieser Landschaft gelebt und sie gestaltet. Wir sind vor der letzten Eiszeit, bevor sich der Wald ausgebreitet hat, als Jäger und Sammler hierhergekommen, weil wir Herden von Rentieren und anderen Grasfressern folgten, wie es die Menschen im hohen Norden immer noch tun.

Die Vorstellung, dass hier alles bewaldet war, ist wahrscheinlich eine Rückwärtsprojektion dessen, was jetzt passieren würde, wenn wir den Wald sich selbst überlassen würden, und nicht die prähistorische Wildnis, in der große Beutegreifer große Herden von Pflanzenfressern vor sich hergetrieben haben. Natürliche Systeme sind voller »Dynamik« und »Störungen«, wie die Ökologen sagen. Große und kleine Pflanzenfresser weiden Bäume ab, scheuern sich daran und werfen sie um; so schaffen sie Lichtungen und grasiges Weideland. Wir neigen zu der Vorstellung, Habitate seien statisch und unveränderbar, aber in der Natur werden alle Habitate gezwungen, sich ständig zu verändern – dafür sorgen Tierbeweidung, Unwetter, Krankheiten, Gewalteinwirkung, Zertrampeln, Verrottungsprozesse, Tod und Verfall. Und alle diese Vorgänge sind notwendig, weil sie einzigartige Nischen schaffen. Ein gesundes Ökosystem ist ständig in Bewegung. Echte Wildnis sah niemals so aus wie ein gepflegter englischer Wald. Es herrschte ein Durcheinander, und die drei Haupttypen von Habitaten – Wald, Buschwerk und Wiesenlichtungen – wanderten hin und her in einem niemals zur Ruhe kommenden, wirbelnden Tanz von Geburt, Leben und Tod.

Molly meint, das klinge ein bisschen wie der Dokumentarfilm über die Serengeti, den wir neulich gesehen haben. Da mag sie recht haben. Wir können unsere traditionellen Bewirtschaftungsmethoden weiterentwickeln und dazu einsetzen, ein ähnliches, sich immer wieder verwandelndes Patchwork von Habitaten zu gestalten; wir brauchen dazu unsere einheimischen Tierrassen und das Wissen um die traditionellen Arbeitsweisen der Landbevölkerung. Wir können Wiesen und Weiden schaffen, die den Waldlichtungen der Vergangenheit ähneln und unterschiedlich intensiv und immer wieder anders beweidet werden. Wir können breite Hecken anpflanzen wie die, an der wir jetzt mit unserer Herde vorbeiziehen, Hecken voller Vögel, die glauben, sie befänden sich am Rand eines wilden Waldes. Wenn wir mehr von diesen wichtigen Habitaten anlegen und ihre Prozesse in Gang bringen, wenn wir natürlichere Flüsse und Teiche schaffen, weidenartiges und dorniges Gebüsch wachsen lassen, dann werden die Arten, die wir einmal verloren haben, langsam zu uns zurückkehren. Bezeichnenderweise finden wir die naturverträglichste Landwirtschaft Europas in den am wenigsten entwickelten oder »rückständigen« Ländern wie Rumänien und Ungarn.

~

Die Schafe vor uns haben einen Bach erreicht. Sie stauen sich und zögern, bis eines an der schmalsten Stelle hinüberspringt, dann folgt der Rest. Bald biegen wir in unsere Einfahrt ein und gelangen zu den Pferchen, in denen die Schafe zusammengetrieben werden. Die Mädchen packen die schmutzigen Tiere, und wir halten sie fest, während ich mit einer Handschere die verschmutzten Zotteln von ihren Hinterteilen wegschneide. Bei einem Lamm finde ich an einer feuchten Stelle im Vlies einige Maden, die wir wegschnippen; dann betupfe ich die Stelle mit Madenöl. Das Lamm zittert und wirkt erleichtert. Eine halbe Stunde später sind wir fertig. Wir jagen die Herde durch die Weide oberhalb der Pferche auf eine frische Wiese. Ein Gartenrotschwanz fliegt den Schafen im Wellenflug voraus. Ein zweiter kommt dazu, dann noch einer, bis fünf kleine Rotschwänzchen neben den Schafen von einem Strauch zum nächsten flattern. Ihre Schwänze blitzen mit jedem Flügelschlag auf, kleine dreieckige Keile von der Farbe frisch geschnittenen Mahagoniholzes. In der Luft liegt der kräftige Duft von Pfefferminze, über die die Schafe mit ihren Hufen hinweggetrampelt sind. Dann sind die Schafe auf der neuen Wiese, senken die Köpfe und grasen oder heben die Köpfe und rufen nach ihren Lämmern. Ich schicke meine Töchter nach Hause, und sie liefern sich ein Wettrennen die steile Böschung hinunter, die mit weißen, rosa und gelben Blüten übersät ist. »Danke«, schreie ich ihnen noch nach, aber sie hören mich nicht mehr.

Ich muss noch nach der Kuh und dem Kalb sehen, ob es ihnen gut geht.

~

Jetzt bietet die Wiese einen völlig anderen Anblick als bei Morgengrauen. Diese Felder und Wiesen sehen immer anders aus. Langsam lerne ich, unsere Wiesen richtig zu lesen, und bin stolz auf sie und mein neues Wissen, das zu meinem Wissen über meine Schafe und Kühe dazukommt. Die Schönheit der Wiesen, ihre wogenden Farben habe ich schon immer gesehen, aber die Biodiversität ihrer Wildpflanzen habe ich nicht erkannt, weil ich nichts davon wusste. Mein Großvater hat mir etwas über die Gräser beigebracht, aber die Wildblumen hat er nie erwähnt. Meine Großmutter und meine Mutter unterhielten sich über die hübschesten Blumen auf unseren Wiesen, waren aber oft unsicher, wie sie hießen, und nahmen sich immer vor, im Wildblumenführer nachzusehen, der in der Schublade unter dem Telefon lag.

Im Lauf der Monate nach dem Tod meines Vaters erkannte ich mehr und mehr, wie wenig ich über die Natur unseres Tals wusste. Ich beauftragte einen Botaniker, eine Bestandsaufnahme unserer Pflanzenarten zu machen. Nachdem ich mit ihm zu unserer besten Heuwiese gegangen war, dauerte es nur Sekunden, bis ich begriff, dass er die Wiese ganz anders lesen konnte als ich. Er pflückte etliche Blumen, spreizte sie in seiner Hand zu einem Fächer und besprach sie mit mir, erfreut, dass ich so interessiert war. Nach ein, zwei Stunden wurde klar, dass unsere Wiesen viel besser in Schuss waren und eine höhere Biodiversität aufwiesen, als wir gedacht hatten. Unsere Wiesen waren nicht ruiniert – es war noch nicht zu spät für sie. Der

Botaniker fand entlegene Arten, die er selbst in seinen Büchern nachschlagen musste, Pflanzen, die er selten gesehen und hier nicht erwartet hatte. Am Ende des ersten Tages hatte er einen Sonnenbrand, aber nicht weniger glühte er vor Begeisterung. Er hatte in der ersten Wiese über neunzig Arten verzeichnet. Auf einigen der modernen, intensiv bewirtschafteten Wiesen leben nur noch vier, fünf Arten, manchmal sogar nur noch eine einzige. Der Botaniker zeigte mir Pflanzen, die mir in meinen Wiesen noch nie aufgefallen waren, und erzählte mir ihre Geschichten: Arktischer Augentrost, *Euphrasia confusa*, Großer Wassernabel. Und er nannte mir Pflanzen, die ich schon mein ganzes Leben kannte, ohne etwas über sie zu wissen, zum Beispiel den Waldstorchschnabel, das Sumpf-Blutauge, die Alantdistel, die Kuckucks-Lichtnelke, die Rundblättrige Glockenblume, die Floh-Segge, das Wasser-Greiskraut. Er fand auf unserem Hof fast zweihundert Pflanzen und Gräser, von denen viele auf der Roten Liste stehen. Er erkannte auch, dass ein halbes Dutzend wichtiger Arten auf unseren Wiesen fehlte; also machten wir uns an die Arbeit und pflanzten, um sie wieder einzuführen, 6500 winzige Setzlinge von Hand in den Boden.

Der Botaniker brachte mir auch noch eine andere wichtige Tatsache bei: Natur ist nicht etwas, das rings um meine Wiesen auf den naturbelassenen Rändern wächst, sondern sie lebt auch mitten in den Wiesen, im Boden und in der Grasnarbe. Seltene Pflanzen sind ein Wunder, aber wir brauchen auch viele gängige Pflanzen. Eine Wiese mit zwanzig Arten von Blumen und Gräsern ist vielleicht ökologisch nicht so unberührt wie eine wilde Wiese, die ihr Dasein einem Biber verdankt, oder eine Waldlichtung, auf der Bisons grasen, aber deshalb ist sie noch lange nicht wertlos. Sie ist für die Natur viel reichhaltiger und besser als ein blütenloses Feld Silagegrün. Einige ziemlich alltägliche

Pflanzen wie Rotklee und Weißklee, Gänseblümchen oder Butterblumen liefern Insekten wie Bienen eine Menge Nahrung.

Die Vorstellung, ein Stück Land sei entweder vollkommen naturbelassen oder auf Höchstertrag getrimmt und steril, ist unklug, eine falsche, unhaltbare Vereinfachung, die blind macht. Wenn wir verzweifeln und unsere Welt nur noch in Schwarz-Weiß sehen – »Landwirtschaft« ist schlecht, »Natur« ist gut –, dann entgehen uns wichtige Nuancen und Unterschiede. Wir zählen gern alle Landwirte, die keine Heiligen sind, zu den Bösen. Dabei werden wir der Komplexität der heutigen Landwirtschaft nicht gerecht, uns entgeht das breite Spektrum zwischen den beiden Extremen mit seiner großen Bandbreite an naturverträglicher Nutzung. Einige recht bescheidene Änderungen in der Landwirtschaft könnten, im großen Stil durchgeführt, eine Revolution bewirken. Egal, welche Methoden ein Landwirt einsetzt, er hat immer Möglichkeiten, ein paar Kleinigkeiten anzustoßen und viel Natur zurückzubringen. Wegen eines geringfügigen Mehrgewinns wurde die Natur in den letzten fünfzig Jahren zunehmend aus unseren Wiesen und Feldern vertrieben, doch der Prozess lässt sich umkehren.

~

Wir werden für unsere Bewirtschaftungsmethoden weder irgendwelche Preise gewinnen noch viel Geld damit verdienen. Wir werden damit auch nicht »die Welt ernähren« (ein Anspruch, mit dem sich die Systeme der am wenigsten nachhaltigen Agrarmethoden brüsten), doch beitragen können wir dazu durchaus. Einige Landwirte am intensiveren, industrielleren Ende des Spektrums werden unsere Methoden als nostalgische Tagträumerei betrachten. Sie treffen andere Entscheidungen und erzeugen für mehr Menschen billigere Nahrungsmittel, als wir es tun. Nicht jeder landwirtschaftliche Betrieb kann genau wie der unsere arbeiten und sollte es auch nicht – das ist ganz in Ordnung. Für eine stabile, belastbare Nahrungsmittelversorgung brauchen wir viele unterschiedliche Typen von Landwirten. Diversität ist wie in so vielen anderen Bereichen auch im Agrarsektor eine Stärke. Aber unabhängig vom Betriebstyp können alle Landwirte weit naturverträglicher wirtschaften, wenn sie die Stellschrauben ein wenig nachjustieren und Unterstützung bekommen, um schädigende Praktiken nach und nach aufzugeben.

~

Es ist jetzt spät am Nachmittag, die Schatten auf dem Südhang des Bergs werden länger. Ich habe gesehen, dass es dem Kalb gut geht; es hat sich satt getrunken, und die überaus fürsorgliche Mutter hat ihm das Fell geleckt, dass es nun ganz lockig ist. Ich gehe über unser Land und sehe voller Freude, wie es sich verändert. Meine einfache Regel lautet: Wo immer ich stehe, nie sollte ein wertvolles Habitat, das sich von den übrigen unterscheidet, weiter als dreihundert Meter von mir entfernt sein. Ich möchte einen Hof voller Vogelgezwitscher, Insekten, Tiere und schöner Pflanzen und Bäume. Die Energie für den Betrieb sollte zum allergrößten Teil von der Sonne stammen, nicht von fossilen Brennstoffen. Wir arbeiten daran, weniger Medikamente und Chemikalien einzusetzen und weniger Futter zuzukaufen. Wir verwenden fast keine Pestizide, und ich hoffe, wir können bald ganz darauf verzichten. Wir sind nicht mehr an das öffentliche Stromnetz angeschlossen und versorgen uns über Solarzellen, und als Nächstes kommt eine kleine Wasser- oder

Windturbine. Vor Kurzem wurde unsere CO_2-Bilanz geprüft, und es stellte sich heraus, dass wir viel mehr Kohlendioxid einlagern als verbrauchen oder ausstoßen, und ich glaube, die Speicherung von Kohlendioxid lässt sich noch erheblich steigern.

Nichts davon steht im Widerspruch zur Zucht einer hochwertigen Schaf- oder Rinderherde. Die Kunstdünger, Medikamente, Pestizide, Brennstoffe, Futtermittel, Traktoren und Maschinen, die wir früher kauften und die den Hof in die roten Zahlen trieben, sind die Ursache der Schäden auf unserem Hof, wie wir nun herausgefunden haben. Wir sind auf dem Weg, uns zu einem Agrarbetrieb zu entwickeln, der mit einem Minimaleinsatz von Kunstprodukten Nahrungsmittel erzeugt. Das bedeutet, dass wir notfalls auch noch woanders Geld verdienen müssen. Dieses neue Verständnis unseres Hofs verdrängt nicht meine ursprünglichen Träume oder mein Identitätsgefühl, sondern fügt neue, interessante Aspekte hinzu.

In der Praxis kehren wir teilweise zu einem älteren Modell der Landwirtschaft zurück, das mehr Schweiß und harte Arbeit kostet. Die Arbeit richtet sich wieder mehr an den Jahreszeiten aus und erfordert wieder stärkeren körperlichen Einsatz; sie verlangt von uns, vor Ort zu sein, die Dinge zu beobachten und uns die Hände schmutzig zu machen. Das ist kein Rezept für ein leichtes Leben. In der Vergangenheit haben die Bauern sehr hart gearbeitet und mussten immer wachsam sein. Die Arbeit war kraftraubend, was nicht mit dem ökonomischen Prinzip zusammenpasst, die Arbeit zu minimieren und die Produktivität zu maximieren. Ein Bauer sollte seinen Ehrgeiz nicht darauf richten, möglichst wenig Zeit auf seinem Land zu verbringen. Wir sollten ständig draußen sein, um die Rhythmen und Abläufe besser zu erfassen und zu nutzen, und bereit sein, mehr Hand anzulegen.

Unser neues Bauernleben bedeutet, dass wir weniger Macht und Kontrolle besitzen. Wir müssen wieder mit der Natur ringen und ziehen dabei oft den Kürzeren. Letzten Winter habe ich versucht, den Einsatz von Medikamenten und Antibiotika bei den Tieren auf ein Minimum zu reduzieren, und als wir im Spätfrühling einen heftigen Schneesturm hatten, wurden meine Schafe plötzlich krank und kamen sehr schlecht mit dem heulenden Wind und der beißenden Kälte zurecht. Sie waren, was ich nicht wusste, von Leberegeln befallen, einem Parasiten, der in einem Teil seines Lebenszyklus eine winzige Süßwasserschnecke als Zwischenwirt benutzt, von den Schafen mit dem Gras gefressen wird und ihre inneren Organe, vor allem die Leber schädigt. Dieser Prozess verläuft unsichtbar, aber als der lange Winter meinen mageren und müden Schafen noch einmal so richtig zusetzte, machten sie schlapp, Lungenentzündung grassierte, manche wurden sehr krank und starben. Hätte ich sie mit einem der starken Medikamente behandelt, die Leberegel vernichten, dann wäre uns das wohl erspart geblieben. Manchmal kommt es mir naiv vor, auf Medikamente verzichten zu wollen, und ich muss einen hohen Preis dafür zahlen. Wäre die Vergangenheit einfach gewesen, dann hätten wir sie nicht ganz so bereitwillig aufgegeben. Wenn Ihre Kinder krank sind, dann möchten Sie die besten Medikamente für sie haben, und bei meinen Tieren geht es mir nicht anders. Aber wir werden es weiter versuchen und nur einheimische Rassen behalten, die an die Lebensbedingungen auf unserem Land angepasst sind, und werden sie mit dem Ziel selektieren, dass sie mit einem Minimum an Chemikalien und Medikamenten zurechtkommen.

~

Mein Vater hat mir in den Monaten vor seinem Tod eingebläut, dass ich nicht gegen die ganze Welt kämpfen muss. In seinen letzten fünfzehn Lebensjahren hat er eine gewisse Weisheit erlangt, die er zuvor vielleicht nicht gehabt hatte (oder die ich nicht immer zu schätzen wusste). Er hatte gelernt, dass es in Ordnung ist, manchmal einen Schritt zurückzutreten und Atem zu schöpfen oder sein Brot mit etwas anderem zu verdienen, wenn es besser bezahlt oder sinnvoller ist. Zuzugeben, dass man etwas nicht weiß oder sich geirrt hat, ist vollkommen akzeptabel. Diese pragmatische Haltung ist vielleicht das Nützlichste, was mein Vater mir hinterlassen hat. Er und mein Großvater haben nicht alles gemacht, was ich heute mache, weil es zu ihrer Zeit nicht von ihnen erwartet wurde. Ich respektiere ihre Urteilskraft und ihre Arbeit, ohne diese Arbeit in jeder Einzelheit kopieren zu wollen wie eine Art heiliges Gesetz. Sie haben auf ihre Zeit reagiert, in der sie lebten und arbeiteten, und ich muss das Gleiche tun.

~

Ich habe eine Weile gebraucht, bis ich Lucys Pläne zur Renaturierung der Wasserläufe im vollen Umfang angenommen habe. Es war ihre große Vision, das Flüsschen, das durch unsere beste Heuwiese verläuft, in ein natürlicheres Flussbett einige Hundert Meter entfernt umzuleiten, um neue Teiche und Feuchtgebiete zu schaffen. Ich hatte den Eindruck, das würde zu viel Land verschlingen, unsere Wiese ruinieren und zu viel von der Arbeit, die in der Vergangenheit hier investiert worden war, zunichtemachen. Und so lehnte ich diesen Plan erst ab, und wir einigten uns auf ein paar weniger ehrgeizige Veränderungen. Aber im Lauf der Jahre habe ich mehr über natürliche Fließgewässer gelernt, mich mit der umständlicheren Arbeit arrangiert – und meine Meinung geändert. Ich fragte Helen und meine Kinder, und alle meinten, wir sollten den Plan umsetzen, weil er richtig sei.

In diesem Sommer rückten die Maschinen an: drei Männer von einer nahe gelegenen Baufirma mit einem Bagger, einem Kipper und anderen Gerätschaften. Sie sahen es ein wenig skeptisch, dass sie ihre Maschinen dazu einsetzen sollten, eine Wiese zu »verschlechtern«, und hielten den Plan für eine Spinnerei, wie sie nur »Studierten« einfallen könne. Aber dann haben sie begriffen, welche Idee dahintersteckt, und Teiche ausgehoben, Boden abgeschürft und ein gewundenes Bett für den Fluss gegraben, dessen Verlauf anhand eines satellitengestützten Modells der Überschwemmungen festgelegt wurde. Anschließend haben sie den alten, begradigten Flusslauf zugeschüttet. Nachdem das erledigt war, haben sie stolz damit begonnen, Teiche und flach abgeschrägte Uferflächen zu schaffen, die sogar noch ehrgeiziger sind als die ursprünglichen Pläne. Zum Schluss wird alles für eine gelegentliche Beweidung abgezäunt werden. Den Rest der Wiese kann ich nun als Ablammwiese nutzen, denn die neugeborenen Lämmer können nicht mehr in den Bach geraten und ertrinken.

Wir machen gerade Pläne, Streifen von Weidengebüsch und an den Ufern Erlen und Haselnusssträuchern zu pflanzen. Helen meint, ich zöge begeistert »Biberfutter« heran und bevor wir alt seien, hätten die pelzigen Flussingenieure, die jetzt zurückkehren, die Bäumchen weggenagt. Die Zukunft wird es zeigen. Früher hielt ich es für verrückt, solche Tiere wieder einzubürgern, aber da urteile ich inzwischen milder. Je mehr ich lerne, desto mehr Sinn erkenne ich darin, dass sich eines Tages die Biber um die nassesten Gebiete in unserem Tal kümmern werden und nicht mehr ich mit Spaten und Axt. Meine Rinder und Schafe kommen mit dem Uferbereich eines Wildflusses als Weide gut zurecht.

Ich halte mich an den Rat meines Vaters, mich, wo immer machbar, an Veränderungen anzupassen und offen für neue Möglichkeiten zu sein. Es ist nicht meine Aufgabe, gegen jede kleine Veränderung auf der Welt anzukämpfen.

~

Als wir nach dem Abendessen aus dem Haus gehen, hallen die Rufe der Mutterschafe und ihrer Lämmer zwischen den Talhängen hin und her. Ich nehme Tom und Isaac mit und gehe unsere jüngsten Schäferhunde trainieren, zwei Weibchen, Bess und Nell. Bei der Scheune springen sie, sobald ich die Stalltür öffne, aufgeregt hoch und wollen uns ablecken; sie lechzen nach Lob. Isaac muss sie anschreien und ihnen Klapse geben, bis sie ihn respektieren. Tom klammert sich an den Benzintank des Quads, der zwischen seinen Knien hochragt, und beugt sich darüber, als die beiden Hunde hinter ihm aufs Quad springen. Dann fahren wir das Sträßchen entlang. Die Hunde springen bald herunter, jagen uns voraus, balgen miteinander und purzeln die Böschung hinunter zwischen die Disteln.

Isaac ist der freundlichste, gescheiteste und kooperativste Sohn, den sich ein Vater wünschen kann. Er ist ein Bücherwurm, und unterwegs erzählt er mir Geschichten aus einem Buch nordischer Mythen, das er gerade gelesen hat. Seine Träume von einem Bauernleben erfüllen mich mit Stolz, Hoffnung und Angst. Stolz und Hoffnung, weil mir natürlich nichts lieber wäre, als wenn eines oder mehrere meiner Kinder dieses Land, das mein Leben geworden ist, einmal bewirtschaften würden. Mich beglückt die Vorstellung, dass dieser alte Hof weiterexistieren wird, dass eines oder mehrere unserer Kinder eine ähnliche Liebe für dieses Tal empfinden könnten wie ich, dass es ihnen dasselbe Gefühl eines sinnerfüllten Lebens schenken könnte wie mir. Aber ich möchte nicht, dass sie das Gefühl haben, in den Träumen ihres Vaters gefangen zu sein. Ich habe auch Angst um sie, denn das Bauernleben ist manchmal niederschmetternd hart und die finanzielle Bilanz ein Desaster.

Wir trainieren die jungen Hunde an ein paar alten Schafen unten auf der Wiese. Die Hunde werden einzeln am Wiesenrand entlang zu den Schafen geschickt, mit dem Auftrag, sie in den Pferch zu bringen, den wir mit Hürden in der Mitte der Wiese aufgebaut haben. Bess ist kräftig und lernbegierig. Sie liebt die Arbeit. Die Schafe haben bereits gelernt, dass sie ihr nicht entkommen können, und trotten in den Pferch, ohne sich groß zu widersetzen. Bess schaut mich frustriert an, weil ich ihr so lasche Schafe und eine so einfache Aufgabe vorsetze. Ihre Schwester Nell ist ängstlich, und ich kann bestenfalls dafür sorgen, dass sie ruhig bleibt. Aber nach einer Weile bringt sie die Schafe tatsächlich dazu, sich in Richtung Pferch zu bewegen, und zeigt dabei eine sanfte Geschmeidigkeit. Ich bedaure es, dass ich beide Hunde behalten habe, weil Bess eher ein Rowdytyp ist und das Selbstvertrauen ihrer Schwester anscheinend untergraben hat. Ich werde Nell mehr loben und einzeln mit ihr trainieren müssen, wenn ich einen brauchbaren Schäferhund aus ihr machen will. Anstatt uns abzuhetzen und kaputtzuschuften, würde ich den Hof gern in ein ruhigeres Fahrwasser bringen, damit wir aufatmen und die Dinge langsamer angehen können. Dann könnte ich Aufgaben wie dem Training der Schäferhunde mehr Zeit widmen und diesen erstaunlichen Ort, den wir unser Zuhause nennen, mehr genießen.

~

Wir gehen zu meinen jungen Schafböcken, den einjährigen Widdern, die wir für den Verkauf halten. Sie verbringen den Sommer oben auf einer kargen kleinen Wiese, die einem Mann namens Barrie gehört, der, findet Isaac, aussieht wie der Weihnachtsmann. »Barries Wiese« hat irgendwelche Eigenschaften, die dem Vlies unserer Herdwicks zu einem tiefen Schieferblau verhelfen, der idealen Farbe für die Herbstverkäufe. Das mag am sauren, torfigen Boden liegen. Die weißen Köpfe und Beine dagegen sehen aus wie rein gewaschen; sie sind in den letzten Wochen heller geworden. Als Lämmer waren diese Böcke ganz schwarz gewesen; diese Farbe haben sie komplett abgelegt, und jetzt strahlen ihre Köpfe und Beine zu meiner Freude weiß wie Schnee. Während das Testosteron einschießt und sie geschlechtsreif werden, bekommen ihre Nasen Furchen und wölben sich zu dem typischen ramsnasigen Profil. Ihre Beine werden stämmig, die Knochen verdicken sich, und die mähnenartige Wolle im Nacken nimmt einen Silberton an. Die hellen Hörner haben sich in den letzten Wochen zu einem Bogen um die Ohren herum geschwungen, dessen Spitze oft dicht bei den Augen liegt. Es gibt eine Hackordnung unter ihnen, und die Stärksten stolzieren herum wie die Könige.

Ich liebe meine Schafherde, die Herdwicks sind mein Stolz und meine Freude und werden es wohl immer bleiben. Mit Isaac arbeite ich an seiner Fähigkeit, Schafe zu beurteilen, und helfe ihm, die Kleinigkeiten zu erkennen, die ein Prachtschaf von einer Wiese voll guter Schafe unterscheidet. Im Moment lernt er erst die Grundlagen, aber ich glaube, er wird ganz gut darin. Letzten Herbst wuchs mir die Arbeit über den Kopf, und ich konnte nicht zu unserem Schäfertreffen gehen, bei dem wir sonst unsere Schafe zeigen. Isaac ging hin, und als er am Abend zurückkam, schwenkte er stolz einen Silberteller, den er beim Nachwuchswettbewerb gewonnen hatte – der Preis für den jungen Schäfer, der der Jury ein Schaf auf die beste Weise präsentieren konnte. »Aber du hattest doch gar kein Schaf dabei«, platzte ich heraus. »Ach, das war kein Problem«, sagte er. »Jean Wilson hat mir ihren Jährling geliehen, und der hat sich ganz von selber hingestellt, wie es sich gehört – stolz und tipptopp. Da dachte ich mir schon, dass ich gewinnen würde.« Das war ganz nach Jeans Geschmack – mir aufs Brot zu schmieren, dass einem das Edelmetall sicher ist, wenn man eines *ihrer* Schafe präsentiert.

Ich wurde mit einer bestimmten Vorstellung davon aufgezogen, was einen »guten Bauern« ausmacht. Die besten Bauern hatten die besten Rinder, Schafe oder Schweine, waren hervorragende Viehhalter und Züchter. Ihre Felder wuchsen üppig, sie fuhren die erstaunlichsten Ernten ein und arbeiteten hart. Es kam mir nun so vor, als hätte sich dieses Weltbild nie geändert und wäre auch in Zukunft gültig. Aber wenn ich jetzt auf das Bauernleben meines Vaters und meines Großvaters zurückblicke, sehe ich deutlich, dass sich das Bild eines guten Bauern von einer Generation zur nächsten sehr wohl wandelt.

Ich bin in der Gewissheit aufgewachsen, dass ein Bauernhof ein Stück Besitz ist, Privateigentum, das jemandem gehörte, der ganze Reichtum einer Familie – oder auch eine komplizierte

Hinterlassenschaft voller Schulden und Verpflichtungen. Vor allem aber war er ein Arbeitsplatz für Menschen, die aus der Arbeit dort ihre Identität und ihren Lebenssinn bezogen. Er war auch ein Betrieb, ein Wirtschaftsunternehmen, in dem Nahrungsmittel produziert wurden, die andere nährten und dem Bauern seine Rechnungen bezahlten. Menschen zu ernähren ist eine edle Aufgabe, die aber heute trotz ihrer Wichtigkeit oft für selbstverständlich gehalten wird. Menschliche Gesellschaften sind jedoch vielen Risiken ausgesetzt, und wenn es in der Landwirtschaft auch nur ein wenig schiefläuft, werden Menschen, als Erstes die Armen, nicht mehr satt, und wenn etwas Größeres schiefläuft, müssen Millionen verhungern.

Ein Hof war auch ein Zuhause, die Pfahlwurzel einer Familie, tief im Boden verankert. Er blieb auch noch ein Zuhause, wenn er zum Verlustgeschäft wurde, was erklärt, warum so viele Bauern weitermachten, obwohl sie längst hätten aufgeben sollen. Er war ein Ort, auf dem sich viele Schichten von historischen Ereignissen, Geschichten und Erinnerungen ablagerten, gleichsam heiliger Boden. Darüber hinaus war ein Bauernhof Teil eines größeren kulturellen, sozialen und wirtschaftlichen Systems, eines Netzwerks von Familien und Gemeinschaften, die die gleiche Arbeit machten, die sich bestimmten Tierrassen, Pflanzen oder Bewirtschaftungsmethoden verschrieben hatten.

Ein alter Bauer hat mir einmal erzählt, er habe 2001 seine Rinder und Schafe durch die Maul- und Klauenseuche verloren und sich danach eineinhalb Jahre lang so gefühlt, als hätte er aufgehört zu existieren. Nicht nur sein Identitätsgefühl war untrennbar mit seiner Arbeit mit den Tieren verbunden, auch alle seine Freundschaften und Beziehungen hingen an diesen Dingen, an den Märkten für den Tierverkauf, an den Ausstellungen und anderen Versammlungen seines Berufsstands, und als seine Tiere fort waren, waren auch seine Verbindungen zu dieser Gemeinschaft gekappt.

Ein Bauernhof verkörperte stets den Traum eines unabhängigen, freien Lebens auf dem Land, auf dem man Spuren hinterließ, anstatt im breiten Strom all jener unterzugehen, die in die Städte abwanderten. Das alles trifft auch immer noch zu, und doch kommt meinem heutigen Verständnis nach noch etwas anderes hinzu. Für mich ist ein Bauernhof nun ein Fleck Erde, der einmal eine Wildnis war, die für unsere Zwecke gezähmt wurde. Er ist Teil eines Ökosystems, das in vielen Fällen zerstört wurde oder verkümmerte. Unsere Felder und Wiesen sind die Kontaktfläche, wo wir als Spezies der Natur begegnen, wo unsere Politik, unsere Ernährung und unsere Einkaufsentscheidungen das Agrarland, die umgebende Natur und sogar das Klima verändern. Und oft haben wir dabei großen Schaden angerichtet.

Ich bin zu der Erkenntnis gelangt, dass Landwirtschaft, auch wenn sie auf traditionelle Art betrieben wird, immer zulasten der Natur geht – in der Regel bedeutet sie eine Verarmung des Zustands, der ohne Menschen herrschen könnte. Aber wenn wir das einmal akzeptiert haben, können wir auch sehen, dass gute Landwirte mehr tun, als nur Bedarfsgüter zu produzieren: Bei wohlwollender Ineffizienz oder gutem Management kann auf ihren Höfen und in ihrem Umkreis eine große Anzahl wilder Arten gedeihen. Das Land kann Wasser aufnehmen, das sonst abfließen und Dörfer und Städte überfluten könnte. Es kann Kohlendioxid speichern, das sich sonst schädlich auf das globale Klima auswirken würde. Ein gut geführter landwirtschaftlicher Betrieb hat für die Öffentlichkeit einen Wert, der den jämmerlichen Preis, den der Bauer für seine Produkte erhält, weit übersteigt. Bei einem befreundeten Schäfer laufen jährlich über eine Million Menschen durch den Hof, auf der Wanderung hinauf zu dem Berg, auf dem seine Schafe weiden, und wieder zurück. Die Leute kommen aus der ganzen Welt, um eine grandiose, raue, halb wilde Landschaft mit Bergen und Bächen, aber auch Trockenmauern, alte und mit viel handwerklichem Geschick gebaute Steinhäuser und Scheunen zu bewundern.

Inzwischen habe ich begriffen, dass selbst gute Bauern nicht im Alleingang steuern können, was aus ihren Höfen wird. Das wird von unser aller Einkaufs- und Wahlentscheidungen bestimmt und hängt davon ab, ob wir eine naturfreundliche, nachhaltige Landwirtschaft unterstützen und schützen wollen. Die Bauern brauchen eine Haushalts- und Handelspolitik, die berücksichtigt, dass nachhaltige Landwirtschaft ein öffentliches Gut zum Wohle aller ist, welches Förderung und Schutz benötigt.

Die Marginalisierung der Landwirtschaft in unserer nationalen Politik und Kultur ist eine Tragödie, weil es um das Land geht, in dem wir leben möchten: in einem Abklatsch des kaputten amerikanischen Mittelwestens oder in einem Land, das unsere eigenen Werte, unsere Geschichte, unsere Sehnsüchte und unsere Natur widerspiegelt. Wir werden uns nicht zu einem Land mit nachhaltiger Landwirtschaft entwickeln, wenn wir einfach so weiterwursteln wie bisher und zulassen, dass die Großkonzerne immer mächtiger werden und in ihren Supermärkten und Läden immer billigere Nahrungsmittel fordern.

Nahrungsmittel müssen uns wichtiger werden; wir dürfen sie nicht als ein technisches Problem betrachten, das gelöst werden muss, sondern als etwas, was für sich selbst genommen von Bedeutung ist, was das Leben bereichert. Wir müssen darüber nachdenken, wie Nahrungsmittel produziert wurden und wie sich unsere Kaufentscheidung an realen Orten, auf den Feldern und Wiesen niederschlägt. Wir alle waren verantwortlich für die Entstehung der neuen Agrarindustrie. Wir haben diese Entwicklung zugelassen, weil wir dachten, wir wollten die Art von Zukunft, die sie uns versprach. Jetzt wollen wir eine andere Zukunft, und damit sie wahr wird, müssen wir einige schwierige Entscheidungen treffen.

Wir haben zu lange auf die Agrarökonomen gehört. Sie meinten, wir bräuchten uns über regionale Nahrungsmittel keine Gedanken zu machen, weil uns eine zuverlässige globale Lieferkette zur Verfügung stehe. Aber selbst wenn diese zweifelhafte Behauptung wahr wäre (die Verhältnisse weltweit sind viel unbeständiger und anfälliger für menschengemachte Krisen und Naturkatastrophen, als diese Experten zugeben), ist das kein Grund, warum regional erzeugte Lebensmittel unwichtig sein sollten. Wir brauchen die regionale Landwirtschaft, damit wir ein Verständnis für die Zusammenhänge entwickeln können, damit wir uns mit ihr auseinandersetzen und sie nach unseren Wertvorstellungen verändern können. Das heißt, ein beträchtlicher Anteil unserer Nahrung sollte regional produziert werden, damit wir ihre Entstehung vor Augen haben und Anteil daran nehmen können und, wenn nötig, sie hinterfragen und andere Lösungen einfordern können. Die Produktion von Nahrungsmitteln ist zu wichtig, um sie aus unserem Blickfeld und unserem Denken zu verbannen. Lebensmittel aus anonymen, fernen, globalen Quellen sind selten unseren Regeln und Bestimmungen zu Sozial-, Umwelt- oder Hygienestandards unterworfen oder in Einklang mit unseren Wertvorstellungen produziert. Wir sind so daran gewöhnt, keine Verbindung mehr zum Land und zu den Menschen zu haben, die unser Essen erzeugen, dass wir ganz vergessen haben, wie absonderlich dieser fehlende Bezug aus historischer Perspektive ist. Die Felder und Wiesen, die uns ernähren, sollten uns nicht fremd werden. Wir schaden uns selbst, wenn wir die Bodenhaftung verlieren und uns zu weit von den Elementen und den harten Realitäten, denen wir unsere Versorgung verdanken, entfernen. Es gibt Berge von Belegen dafür, dass Menschen körperlich und psychisch gesünder sind, wenn sie körperlich arbeiten und Zeit draußen und im Kontakt mit der Natur verbringen. Der Hang des modernen Menschen, sich von elementaren Belangen und von der Landarbeit abzukoppeln und über diesen Dingen zu schweben, hat sich als das genaue Gegenteil dessen herausgestellt, was wir wirklich brauchen.

Es ist notwendig, nicht nachhaltig produzierten Lebensmitteln den Zugang zu unseren Läden und Märkten zu verwehren; es kann nicht angehen, unsere naturverträgliche, in hohem Maß dem Allgemeinwohl dienende Landwirtschaft zu unterbieten. Wir müssen auf unserem Boden nach wie vor viele Nahrungsmittel produzieren, um Importe aus sterilen, zerstörten Landschaften wie dem amerikanischen Mittelwesten zu vermeiden; auch dürfen keine unberührten Ökosysteme an Orten wie Indonesien und am Amazonas der Landrodung zum Opfer fallen. In solchen Ländern ist die Landwirtschaft weniger reguliert; wir haben dort kaum Einblick und Kontrolle.

Vor allem brauchen wir ein ausgewogenes Verhältnis zwischen landwirtschaftlich genutzten und wilden Flächen, das unseren komplexen Bedürfnissen besser entspricht. Wir sollten den Einsatz mancher technologischer Hilfsmittel, die die Landwirtschaft im letzten halben Jahrhundert so einschneidend verändert haben, schrittweise begrenzen, damit Methoden, die auf einer gemischten Nutzung mit Fruchtfolge beruhen, wieder eingeführt werden können. Dreht man den fossilen Brennstoffen und Chemieerzeugnissen (allmählich) den Hahn zu, braucht man die Bauern nicht extra aufzufordern, auf einen Mischbetrieb umzustellen, sie werden von selbst dazu zurückkehren. Wenn wir eine größere Diversität landwirtschaftlich genutzter Flächen fördern, Rotationsbeweidung und andere Praktiken, die natürliche Vorgänge nachahmen, dann wird in den ländlichen Regionen eine Verwandlung stattfinden. Wir brauchen keine detaillierten Vorgaben vonseiten der Regierung für den einzelnen Hof (eine lange Geschichte führt uns vor, dass so etwas scheitert, zum Beispiel in der alten Sowjetunion); wir müssen lediglich die richtigen Systeme schaffen, damit solche Veränderungen für die Bauern machbar werden.

Der alte Vertrag zwischen den Bauern und der Gesellschaft erlebt heute eine Zerreißprobe. Wir brauchen einen New Deal, ein neues Einvernehmen, ein neues System, um Landwirtschaft und Ökologie wieder zusammenzubringen. Das erfordert einen Dialog, Realismus, Vertrauen und eine Änderung des Verhaltens sowohl bei den Bauern als auch bei den Verbrauchern, dazu die Bereitschaft, in den Läden oder über Steuern den echten Preis von Nahrungsmitteln und einer verträglichen Landwirtschaft zu bezahlen, damit die Dinge wieder ins Lot kommen. Manche Lösungen sind klein und individuell, andere erfordern große politische und strukturelle Veränderungen. Wir müssen unseren politischen Einfluss nutzen, Millionen von uns müssen das tun und eine Politik einfordern, die die ländlichen Regionen und die Entwicklung dort als den zentralen Motor für das Entstehen einer gerechteren, lebenswerteren Welt begreift.

~

Bis wir nach Hause kommen, ist Tom auf mein Knie vornübergekippt und schläft tief und fest; ich habe meinen Arm um ihn geschlungen, um ihn zu halten. Helen kommt aus dem Haus und verdreht die Augen. Sie hilft mir, ihn vom Quad herunterzuheben, und trägt ihn hinein. Vieles läuft unfair in unserem ziemlich altmodischen Haushalt, da ich selten im Haus bin, um mitzuhelfen oder meinen Anteil an der Hausarbeit zu übernehmen, aber jeden Abend bringe ich Tom ins Bett. Er ist wie ein kleiner Stier, eine geballte Ladung Willen und Entschlossenheit, gekoppelt mit unbändiger Energie. Schlaf kommt in seinem Plan nicht vor, meistens wirft er sich in seinem Bett hin und her und kämpft dagegen an. Er liebt es, wenn ich ihm Jane Pilgrims Geschichten über die Tiere vom Brombeerhof vorlese, die einmal mir gehört haben und vor mir meinem Vater. Aber heute Abend ist er von einer Sekunde auf die andere in Tiefschlaf gefallen. Ich streiche ihm übers Haar und frage mich, was er in vielen Jahren von uns halten wird. Ich hoffe, ich habe bis dahin genug getan.

~

Welches Urteil wird man in der Zukunft über uns fällen? Was werden unsere Nachkommen von einem Zeitalter denken, in dem sich die Menschen bewusst wurden, welchen Schaden sie anrichteten, aber zu egoistisch oder zu dumm waren, um auf ihrem Irrweg kehrtzumachen – ein Zeitalter mit dreißig Marmeladen im Supermarktregal, aber Obst, das in den Hecken verrottet, weil kaum noch jemand weiß, wie man es erntet und selbst Marmelade daraus macht? Wird uns die Zukunft als die Generation im Gedächtnis behalten, die den Bogen überspannte, unter deren Augen die Welt zusammenzubrechen begann und die feige und dumm genug war, um sich vor ihrer Verantwortung zu drücken? Oder werden unsere Nachkommen im kühlen, grünen

Licht der Eichen liegen, die wir gepflanzt haben, und stolz auf uns sein, weil wir die Generation waren, die die Welt vor dem Untergang gerettet hat, die Generation, die tapfer genug war, um sich mit den eigenen Fehlern auseinanderzusetzen, souverän genug, um über die Unterschiede zwischen den Menschen hinwegzusehen und zusammenzuarbeiten, und klug genug, um zu erkennen, dass es im Leben um mehr geht als um den Besitz käuflicher Dinge, eine Generation, die über sich selbst hinauswuchs, um eine bessere, gerechtere Welt zu schaffen?

Wir haben die Wahl.

Wir sind an dem Punkt angekommen, an dem sich die Wege trennen.

Ein besonnener Spieler würde sein Haus nicht auf unsere Integrität verwetten, weil die Wahrscheinlichkeit groß ist, dass wir versagen. Millionen Gründe sprechen dafür, dass wir nicht das Format, den Mut oder die Klugheit besitzen, um etwas so Großes und Idealistisches anzupacken wie das Anhalten des Räderwerks unserer Zerstörungen. Wir ersticken an unseren eigenen Freiheiten. Der leiseste Hinweis, dass wir vielleicht weniger kaufen oder auf etwas verzichten sollten, und wir quieken wie die Schweine, die vom Futtertrog gedrängt werden. Die Welt der Menschen ist oft hässlich, selbstsüchtig und schäbig, wir lassen uns leicht in die Irre führen und entzweien. Doch allem Augenschein zum Trotz glaube ich, dass wir, Sie und ich, jeder auf seine eigene Art und Weise, das Notwendige tun können.

~

Vor einigen Wochen haben wir den zwölftausendsten Setzling auf unserem Land gepflanzt. Wahrscheinlich haben wir die

Anzahl der Bäume auf unserem Hof verdreifacht, und wir hoffen, in den kommenden Jahren noch viele weitere zu pflanzen, damit unser Grund von mehr Gebüsch- und Waldstreifen durchkreuzt wird. Ich habe mir vorgenommen, mindestens einen Baum zu pflanzen für jeden Tag, den ich noch lebe. Da wird kein Wald entstehen, aber doch spürbar mehr Gehölz. Ich möchte einen Bauernhof schaffen voller Unterschlupfmöglichkeiten, wo Licht und Schatten sich abwechseln und überall Blattwerk zum Boden zurückkehrt. Ich möchte für unsere überwinternden Vögel noch mehr Beeren und Früchte bereitstellen, damit sie es bei uns noch besser haben. Unser Hof wird nichts im Alleingang lösen, er ist nur ein kleiner Ort, wo wir einen Anfang machen und unser Teil beitragen. Aber wir alle gemeinsam können unsere Landschaft verwandeln, durch eine kleine Veränderung nach der anderen.

Bäume zu pflanzen fühlt sich gut an. Wenn wir es gut gemacht haben, werden uns die Bäume überleben, und die Welt wird durch unser Bemühen ein wenig reicher und schöner werden. Einen Baum zu pflanzen bedeutet, dass man an eine Welt nach dem eigenen Ableben glaubt und sich fürsorglich um sie kümmert. Es bedeutet, dass man an mehr als an sich selbst gedacht hat, dass man sich eine Zukunft jenseits der eigenen Lebensspanne vorstellen kann und dass einem diese Zukunft nicht egal ist. Mein Vater reparierte vor seinem Tod die kaputten Tore und Mauern, weil er daran glaubte, dass die Weiterexistenz dieses Hofs wichtig war und damit auch sein eigenes bescheidenes Leben. Auch ich glaube daran und pflanze Bäume mit dem Gefühl, dass die Sache einen Sinn hat.

Es heißt, die früheren Wagner hätten Apfelbäume in einem Drei-Generationen-Zyklus gepflanzt, gefällt und gelagert, damit die Enkel ausreichend reife Bäume und durchgetrocknetes

Holz zur Verfügung hätten, aus denen sie die benötigten harten Radnaben herstellen könnten. Auch wir müssen wieder so leben, müssen langfristiger und bescheidener denken. Vielleicht werden meine Nachkommen etwas an diesen Bäumen verdienen, die wir jetzt pflanzen. Aber davon einmal abgesehen hoffe ich, dass meine Kinder und Enkelkinder auf Bäume klettern und Verstecke bauen, Fische fangen und frei herumstreifen werden wie wir einmal. Ich hoffe, sie werden unsere Herden und unsere Kultur lieben und die Natur mit ihren Tieren und Pflanzen wertschätzen. Ich habe genug von den Absolutheitsansprüchen, den Extremen und der Wut, die unsere Zeit beherrschen. Wir brauchen mehr Freundlichkeit, Kompromisse und Ausgewogenheit.

Alles Gute, das wir auf unserem Hof in die Wege geleitet haben, kam von Menschen, die es geschafft haben, die alte Feindschaft zwischen Bauern und Ökologen zu überwinden und Brücken zueinander zu schlagen. Die alte Freiheit zu tun, was immer uns passt, als wäre jeder Hof eine Insel und lediglich ein Wirtschaftsbetrieb, der getrennt von allen anderen funktioniert, wird zunehmend fragwürdig. Ein passend gewähltes Feld in der Landschaft, auf dem Mais angepflanzt wird, verursacht vielleicht keine größere Bodenerosion, aber wenn alle Felder mit Mais bepflanzt werden, könnte das zu einem ökologischen Desaster führen. Ökologie umfasst mehr als ein Feld und einen Hof. Unsere Arbeit muss viele Höfe und viele Täler einbeziehen. Wenn wir etwas über Ökosysteme wissen, dann das, dass sie ganze Landschaften vom Meer bis zu Berggipfeln umspannen, vom Norden bis zum Süden, vom Osten bis zum Westen – Bauernhöfe, Täler, Regionen, Länder, sogar Kontinente.

Die Kuckucke, die jeden Frühling zwei Monate lang aus unseren Eichen rufen, kommen aus afrikanischen Ländern südlich der Sahara zu uns. Sie brauchen viele Plätze, die ihnen Schutz bieten, damit sie leben und Futter finden können; sie müssen auf ihren Vogelzügen gefahrlos über weite Landstrecken ziehen können. Dasselbe gilt für die Mauersegler, die Schwarzkehlchen, die Grauschnäpper, die Rotschwänzchen und viele andere. Mein Bauernhof ist auf vielfältige Weise mit fernen Orten verwoben, die ich nie besuchen werde und auf die ich keinen Einfluss habe. Die Wacholderdrosseln und die Rotdrosseln, die ich so liebe und die den ganzen Winter in meinen Hecken verbringen, verschwinden eines Tages im Frühling und fliegen nach Norden in die arktische Tundra, in die skandinavischen Wälder und nach Nordrussland. Es heißt, dass die Rabenvögel, die über unser Land fliegen – und das Fleisch von den toten Schafen auf unseren Fells abfressen –, manchmal nach Nordwesten fliegen, um sich an den Küsten anderer Länder wie Dänemark oder Norwegen zu versammeln, Brutpartner zu finden und Kälteperioden zu entgehen. Aber auch in einem kleineren Radius sind Tiere ständig zwischen Tälern und Regionen unterwegs. Die Brachvögel, Austernfischer und Kiebitze, die die Wiesen und Felder unseres Tals schmücken, fliegen zu den Wattgebieten an Flussmündungen, die Ebbe und Flut ausgesetzt sind, wie dem Solway Firth und Morecambe Bay. Die Otter, die ihre Losung auf den Felsen unterhalb meines Hauses hinterlassen, haben viel größere Territorien und schwimmen nicht nur in den Bachläufen auf unserem Grund, sondern auch stromab- und stromaufwärts und legen in einer Nacht viele Kilometer zurück. Und die Lachse und Meerforellen, die in den Tümpeln unserer Bäche silbern aufblitzen, verbringen einen großen Teil ihres Lebens weit draußen auf dem Meer, wo sie Schwertwalen und Trawlernetzen entkommen müssen. Mein Großvater wusste es, mein Vater auch, und jetzt spüre es auch ich: Unser kleiner Hof ist Teil einer sehr großen Welt.

~

Wir durchqueren auf dem Quad die Wiesen, und vor den Toren springt Bea ab, um sie zu öffnen. Wir sind jetzt fast auf dem Talgrund, und bis in den Nordwesten hinauf strecken die Sonnenstrahlen ihre Finger über Hügel und Berge. Die Schatten werden länger. Ich habe heute unsere Zuchtböcke noch nicht gesehen, die wertvollsten Schafe unseres Hofs. Sie bringen frisches Blut in die Herde, und ich muss mich vor Einbruch der Nacht vergewissern, dass es ihnen gut geht. Isaac ist zu Hause geblieben, weil er vor dem Schlafengehen fernsehen will, aber meine Bea hatte große Lust mitzukommen.

Unser Ziel sind die sumpfigen Wiesen der Talaue, urwüchsige Magerweiden, die von zahllosen kleinen Bachläufen und alten Entwässerungsgräben durchschnitten sind. Im Sommer wird hier hüfthoch das cremefarben blühende Mädesüß stehen. Hier ist der richtige Platz für meine Böcke. Morgens und abends in der Dämmerung fühlt sich der Talgrund ein wenig urzeitlich an, die Kühe und Rehe grasen oft in einem Nebelmeer, während Reiher zwischen den Stellen, wo sie Fische und Frösche fangen, und ihren Brutplätzen hin und herfliegen. Jahrhundertelang wurde das Gelände stark drainiert, um es aus einem Sumpf in nutzbare Wiesen umzuwandeln; riesige, bis zu drei Meter tiefe Entwässerungsgräben waren dazu nötig. Das erforderte übermenschliche Anstrengung und die Arbeit vieler Männer, um die Gräben in Schuss zu halten. Die letzte »Verbesserungsmaßnahme« fand in den 1980er-Jahren statt, als das Wasserwirtschaftsamt den Bach, der unser Land quert, mit Riesenmaschinen begradigen ließ. Der Wasserlauf wurde an beiden Ufern mit Pfosten und Holzplanken befestigt, bis er wie ein winziger Kanal aussah. Es kommt einem surreal vor, dass ein Versorgungsunternehmen das Geld hatte und sich tatsächlich zu der Absicht aufschwang, eine solche Maßnahme in einem entlegenen Tal des Lake District durchzuführen, von wenig mehr motiviert als von technischem Übereifer und der Glaubensdoktrin, dass Flüsse gerade zu sein haben. Aber es gibt in England kaum eine Wiese, die im letzten Jahrhundert nicht auf die eine oder andere Weise »verbessert« worden ist.

Ich habe weder das Personal noch das Geld und schon gar nicht den Willen, das Gelände zu entwässern. Haarige alte Kühe und Herdwick-Schafe brauchen keine schnurgeraden Wasserläufe oder einen perfekten grünen Rasen. Und so verwilderte der Talgrund ohne großen Masterplan oder Herumgedöns von Jahr zu Jahr mehr. Der begradigte Wasserlauf hat es schließlich geschafft, die Holzbefestigung der Ufer anzunagen, deren Planken überdies am Verrotten sind, und droht auszubrechen. Die Entwässerungsgräben sind verschlickt und füllen sich langsam wieder mit Schlamm und Wasserpest, Otter und Reiher stellen dort Fröschen nach.

Als wir weiter in den Talgrund hineinfahren, sehe ich ringsum auf allen Seiten eine alte bäuerliche Landschaft, die immer noch lebt und atmet, auf der sich aber auch zwanzig Jahre Veränderungen deutlich abzeichnen.

Ich sehe über uns alte Eichenwälder, die sich zu regenerieren versuchen. Kleine Ebereschen treiben überall in der Wildnis auf den Hügelhängen aus und versuchen, schneller in die Höhe zu kommen, als das Rotwild sie abnagen kann. Die Vegetation wird dichter und höher, Erlen und dornige Sträucher kriechen die Schluchten hoch. Die Talaue ist halb sich selbst überlassen und halb verwildert. Das Tal ist viel rauer und naturnäher als noch in meiner Kindheit, viel weniger von Schafen getüpfelt. Das irritiert einige meiner Nachbarn, andere passen sich an, halten mehr Kühe oder suchen andere Möglichkeiten, mit ihrem Land etwas zu verdienen.

Ich sehe Bauern, die sich zusammentun, um dieses Gebiet noch besser zu machen, die Wege finden, wie sie das Land in der Umgebung wilderer Fließgewässer nutzen können. Über Meilen hinweg werden wieder Hecken niedergelegt und verjüngt, Trockenmauern wieder aufgebaut, alte Steinscheunen und Häuser restauriert. Ich sehe, wie bei Flüssen Uferbereiche abgezäunt und Teiche ausgehoben werden; das Deckenmoor auf unserem Gemeinland wurde wieder in den alten Zustand versetzt. Auf Wildblumenwiesen, in die kein Kunstdünger und keine Pestizide mehr eingebracht werden, flirren Wolken von Insekten, Schmetterlingen, Motten und darüber Vogelschwärme.

Und ich sehe andere Menschen unserer Gemeinde, die keine Bauern sind, aber ebenfalls Bäume und Hecken pflanzen, Feuchtgebiete schaffen oder uns helfen, unsere Bemühungen zu vernetzen. Diese Dinge bringen getrennte Welten zusammen, und der alte Gegensatz von »wir« und »denen da« verliert an Bedeutung. Die Liebe zu diesem Ort vereint uns alle.

~

Manchmal weiß ich nicht, was ich von all diesen Veränderungen halten soll, deshalb beobachte ich sie einfach und lerne aus dem, was entsteht. Ich bin nicht so überheblich, dass ich glaube, auf alles eine Antwort zu haben. Diese Landschaften werden von vielen Menschen und vielen Ideen geformt – so ist es immer gewesen.

Immer noch verbindet der rote Faden der Kontinuität die Gegenwart mit der Vergangenheit. Die meisten der heimischen Schafherden ziehen noch im selben Rhythmus zwischen Hochland und Talweiden hin und her, so wie sie es immer getan haben. Wir arbeiten immer noch mit unseren Schäferhunden auf dem Gemeinland zusammen und versammeln uns, um bei Schäfertreffen unsere Tiere zu präsentieren. Diese Täler sind voller tatendurstiger junger Männer und Frauen, die unsere Traditionen und die Arbeit auf den alten Fell-Farmen leidenschaftlich lieben. Sie wünschen sich nichts sehnlicher, als ebenfalls zu diesem Leben beizutragen, und möchten darauf ihre Zukunft gründen, genau wie ich früher.

Zwei Typen von Menschen werden dieses Tal vielleicht niemals lieben: die hartgesottenen, ganz auf Produktion fixierten Landwirte (»Ist ja ganz niedlich hier, aber eher ein Lifestyle-Ding«) und die Extremökos, für die nur Wildnis zählt (»Könnten Sie bitte einfach verschwinden, weil wir auf dem Hochland lieber Wald sehen würden«). Für mich entfaltet sich hier die Schönheit eines Kompromisses, und alles wird ständig besser, weil wir Neues lernen und neue Lösungen für die Aufgaben finden, vor die wir hier gestellt sind. Ich bin stolz auf meine Landgemeinschaft, weil sie sowohl die alten Traditionen aufrechterhält als auch versucht, neue Wege zu finden, um die drängenden Probleme unserer Zeit anzugehen.

Ich glaube an diese Landschaft und ihre Menschen.

~

Ich steuere das Quad leise den Grasweg entlang, der neben einem kleinen Bachlauf durch die Sumpf-Kratzdisteln verläuft. Die Böcke stehen am Ufer, mit ihren wuchtigen Schädeln,

Schultern und Hörnern ein Bild geballter Kraft. Ich zähle sie durch und sehe, dass alle strotzen vor Gesundheit. Und immer bleibt mein Blick an dem größten, stolzesten Bock hängen, »The Beast« genannt. Wir haben ihn vor drei Jahren gekauft, und er hat viele großartige Söhne und Töchter gezeugt. Neben ihm steht der »Jedi«, den wir vor zwei Jahren für einen Rekordpreis erworben haben. Diese beiden wolligen Gentlemen prägen unsere Herde und werden sie hoffentlich verbessern. Sie drehen sich um und galoppieren die Wiese hinunter.

Als wir wenden, blitzt hinter dem Graben geisterhaft etwas Weißes auf. Ich mache den Motor aus.

Die Zeit bleibt stehen. Wasser rieselt über die Kiesel zwischen den dunkleren Tümpeln, die in den letzten Sonnenstrahlen des Tages funkeln. Im größten, dunkelsten Tümpel schwärmen Wolken winziger Fische unberechenbar hierhin und dorthin, kleine Forellen, die mit ihren Leibern die Wasseroberfläche kräuseln. Die Luft vibriert vom sanften Summen der Fliegen.

Bea sitzt reglos vor mir. Sie trägt ein pinkes T-Shirt und Shorts, stemmt die kräftigen Beine links und rechts vom Benzintank auf den Boden. Wir warten. Ich lege meinen Arm um sie und drücke sie fest an mich, um sie spüren zu lassen, wie lieb ich sie habe und wie dankbar ich für ihre Hilfe bin. Sie ist wild und stolz, sehr unabhängig und manchmal ganz schön bockig. Ihre Haare kämmt sie aus ihrem breiten, offenen Gesicht zu einem Pferdeschwanz zurück. Wenn sie einen Raum betritt, strömen die Kinder zu ihr hin, weil sie so freundlich und lustig ist. Aber Erwachsenen gegenüber gibt sie sich widerborstig und kann ziemlich patzig werden. Sicherheit und Autorität hat sie schon als kleines Kind immer bei ihrer älteren Schwester Molly gesucht, nicht bei ihren Eltern. Unsere Kinder waren immer ein eigener kleiner Stamm mit eigenen Bindungen und Loyalitäten.

Wenn ich Bea auftrug, etwas zu tun, schaute sie zu ihrer Schwester hinüber, ob sie mir wirklich gehorchen solle. Und wenn sie glaubt, im Recht zu sein, dann bietet sie mir und ihrer Mutter die Stirn. Wie viele der Frauen in meiner Familie hat sie Temperament, Mut und einen starken Sinn für Gerechtigkeit. Nie lässt sie mich näher an sich heran als in den Momenten, wenn sie mir auf dem Hof hilft; nur dann darf ich ihr meine Zuneigung zeigen. Insgeheim möchte sie, dass ich stolz auf sie bin. Das spüre ich und bin es natürlich auch, weiß aber nicht, ob es schon zu ihr vorgedrungen ist.

In der untergehenden Sonne werfen die Eichen lange Schatten auf die Wiesen. Der Tag ist fast zu Ende. Und dann sehen wir ihn, den gespenstischen Vogel, fünfzehn Meter entfernt, direkt über der Wiese neben uns. Eine Schleiereule.

Sie scheint uns nicht zu bemerken. Ein Beben durchläuft meine Tochter wie ein Stromschlag. Wir sitzen mit angehaltenem Atem da und sehen zu, wie die Eule von einer Seite zur anderen fliegt gleich einer weißen Riesenmotte, wie ihre Flügel lautlos die dünne Luft der Dämmerung liebkosen. Sie schwingt in Bögen von links nach rechts wie eine Murmel in einer Schale, von der Schwerkraft am Ende jedes Bogens wieder nach unten gezogen. Nach jedem Aufsteigen wechselt sie die Richtung. Ihr Körper ist so zierlich und zart, dass sie am Wendepunkt des Bogens, wo sie sich umdreht, beinahe unsichtbar wird. Und doch wirkt sie durch ihre Bewegung und ihre Präsenz größer und füllt die ganze Wiese mit ihrer Gegenwart.

Eine pechschwarze Rabenkrähe versucht halbherzig, die Eule zu vergrämen, aber nach einem kurzen Scharmützel fliegen die beiden Vögel wieder ihres Wegs. Stille liegt über dem Tal, nur ein Rehbock bölkt. Ich drücke meine Tochter mit meinen Knien. Sie reagiert nicht, so gebannt ist sie.

Solche Momente sind der Lohn für unsere Versuche, auf unserem Land das Richtige zu tun. Mit Schönheit kann man natürlich keine Rechnungen bezahlen. Sie allein genügt nicht, verleiht dem Leben aber eine andere Qualität. Das haben die Menschen auf dem Land immer gewusst, bevor sie zu Sklaven von Effizienzdenken und einer zügellosen Konsumhaltung wurden. Ich bin dankbar, dass mein Großvater und mein Vater mir beigebracht haben, wie wenig ein gutes Leben mit Geld oder gekauften Gütern zu tun hat. Für ihre Verachtung der vom Mammon besessenen modernen Welt habe ich mehr Respekt denn je. Keiner von uns kann den wirtschaftlichen Realitäten entrinnen, aber wir können versuchen, unsere Gesellschaft umzugestalten, sie fairer, anständiger und menschenfreundlicher zu machen. Von dem Quatsch, den die Volkswirtschaftslehre der Achtzigerjahre verbreitete, will ich jedenfalls nichts mehr hören.

Über der Wiese, auf die sich nun silbrige Schatten legen, kreuzt die Schleiereule immer noch hin und her, vor und zurück. Dann erspäht sie eine Beute, legt die Flügel an und stürzt wie ein Pfeil ins Gras. Ein paar stumme Sekunden lang, die uns wie eine Ewigkeit vorkommen, halten wir die Luft an. Dann erhebt sich die Eule aus dem Gras und fliegt mit einiger Mühe zu einem Pfosten, einen sich windenden braunen Körper in den Krallen. Wir atmen auf.

Besser kann es nicht werden. Nichts lässt mein Herz höherschlagen oder berührt mich tiefer als diese einfachen Dinge, nichts ist mir wichtiger als das Bemühen, unser kleines Leben auf diesem Stück Land zu leben.

Ich hoffe, Bea lebt noch hundert Jahre. Ich hoffe, sie lebt ein gesundes Leben voller Freundlichkeit und Freude. Und wenn sie, in welcher Welt auch immer, eine alte Frau sein wird, dann wird sie sich vielleicht an diesen Moment im Zeitenlauf erinnern, als sie mit ihrem Vater auf einem Quad saß und einer weißen Schleiereule beim Jagen zusah. Oder vielleicht wird sie als Landwirtin auf demselben Fleckchen Erde stehen, nachdem ich längst nicht mehr bin, und sich daran erinnern, dass ich mein Möglichstes versucht habe, um für dieses Land zu sorgen.

Das ist das Erbe, das ich meinen Kindern hinterlasse.

Das ist meine Liebe.

Erzähl ihnen, was auf dem Land passiert. Jemand muss es ihnen erzählen …

Als ich jung war, gab es überall Schlüsselblumen und Kuckuckslichtnelken und Schmetterlinge auf dem Thymian, der oben auf den Fells auf dem felsigen Boden wuchs. Die Bäche waren voller kleiner Fische, die Tümpel zitterten, so viele waren drin, und Ruderwanzen liefen übers Wasser …

Ich bin vielleicht alt und dumm, aber solche Dinge sehe ich gerne. Nur sieht man sie nicht mehr. Und schuld daran ist die Gier. Die Gier. Und es wird immer schlimmer werden, wenn sie nichts ändern.

Sag's ihnen.

Mayson Weir vom Dowthwaite-Head-Hof

Dank

Dieses Buch gibt es nur, weil mich ein starkes Netzwerk aus Familie und Freunden trägt und unterstützt, damit ich mich aufs Schreiben konzentrieren kann, obwohl zahllose andere Dinge zu erledigen wären. Ein ganzer Trupp großartiger Menschen ermöglicht mir mein Autorenleben. Dafür danke ich euch von ganzem Herzen.

Ein Dankeschön an Jim Gill und alle anderen in meinem Team bei United Agents.

Ein Dankeschön an Helen Conford, dass sie dieses Buch in Auftrag gegeben und als Erste mit kritischem Lektorenblick gelesen hat. Sie hat mir in den ersten Monaten seiner Entstehung geholfen, es in eine vernünftige Form zu bringen. Dank an Stefan McGrath, Ingrid Matts, Penelope Vogler, Jane Robertson, Helen Evans und allen anderen bei Penguin, die sich weit mehr als üblich für das Buch engagiert haben.

Meiner Lektorin Chloe Currens werde ich immer dafür dankbar sein, dass sie dieses Buch zu dem gemacht hat, was es jetzt ist. Es ist ein großes Glück für mich, eine so brillante Fachfrau zur Seite zu haben. Ich weiß, dass Chloe sich immer für mich einsetzen und mich anspornen wird, es noch besser zu machen. Und ich freue mich sehr, ein Teil der Penguin-Familie zu sein, da ist ein Traum wahr geworden, den ich als Teenager nicht für möglich gehalten hätte, als ich die Penguin-Klassiker auf den Bücherregalen meiner Mutter bestaunte.

Dank an alle, die mir durch unzählige kleine Beiträge in den Social Media (@herdyshepherd1) geholfen haben, dieses Buch zu schreiben.

Dank an alle Buchhändler, Journalisten und alle, die bei ländlichen Veranstaltungen mein Buch unterstützt und es einzeln unter die Leute gebracht haben.

Dank an Hunderte Leser und Autoren, die mich so freundlich unterstützt haben, entweder im persönlichen Gespräch oder durch ihre Briefe. Ich hatte keine Zeit, auf jeden Brief zu antworten, aber eure aufmerksamen Feedbacks haben mir viel bedeutet.

~

Ein Bauernleben ist voller Menschen, die einander helfen und ihr Wissen miteinander teilen, und ich bin euch allen dankbar, dass ihr das für mich getan habt. Dank an meine Freunde für ihre Unterstützung. Danke, dass ihr dafür gesorgt habt, dass ich bei dem ganzen Rummel den Boden unter den Füßen nicht verliere, danke, dass ihr ungebetene Gäste in die falsche Richtung schickt, wenn sie mein Haus suchen.

Dank an Alan Bennet, ein guter Nachbar und Kollege, wie ein Bauer ihn braucht, mit dem ich gern über alle diese Dinge am Straßenrand bei unseren Wiesen diskutiere. Dank an den Gentleman David Cannon – du hast mir Freundschaft versprochen und das Versprechen gehalten. Dank an Joe Weir; du warst mir ein guter Freund – und Komplize in Sachen Herdwick-Böcke. Dank an Richard Woof für die große Hilfe und dafür, dass du den verdammten Hecken mit der Kettensäge zu Leibe gerückt bist. Dank an Chris Davidson, Derek Wilson, Scott Wilson, Tom Blease und Hannah Jackson, dass ihr einspringt, wenn ich weg bin.

Dank an Ken Smith, dass du mich im Mittelwesten der USA endlos lange, schnurgerade Straßen entlangchauffiert hast. Und dank an Renae und Kevin Dietzel, dass ihr mir Einblick in ein Farmerleben in Iowa gegeben habt. Obwohl ich über die Missstände in diesem Agrarsystem geschrieben habe, darf nicht unerwähnt bleiben, dass ich zum Glück auch vielen großartigen und fortschrittlichen amerikanischen Landwirten begegnet bin, die sich gegen dieses System zur Wehr setzen. Ein Gutteil der besten Gedanken zu einer »regenerativen Landwirtschaft« kommt aus den USA. Bei Greg Judy von den Green Pasture Farms stehe ich in der Schuld, weil er mir auf seinem YouTube-Kanal so viel über den Boden und über Beweidung beigebracht hat.

Unser Hof hat in den letzten zehn Jahren einen solchen Wandel erlebt, weil viele Menschen mit ökologischen Kenntnissen Zeit mit uns verbracht und uns geholfen haben, bei der Nutzung und Bewirtschaftung unseres Landes umzudenken. Vor vielen Jahren kamen Lucy Butler und Will Cleasby vom Eden Rivers Trust zu uns und haben die Umwandlung in Gang gebracht. Danke an alle, die heute beim Eden Rivers Trust arbeiten und die gute Arbeit fortsetzen, unter anderem Elizabeth, Lev, Tania und Jenny.

Rob Dixon hat uns geholfen, unser Land zu verstehen, vor allem unsere Wildpflanzen. Er hat sich die Hände sehr schmutzig gemacht beim Bau von Trockenmauern und beim Pflanzen von Setzlingen fehlender Arten, die in den nächsten zwei, drei Jahren in unseren Wiesen zu blühen beginnen werden.

Caroline Grindrod hatte in den letzten Jahren vielleicht den größten Einfluss auf unseren Betrieb, weil sie uns so viel über den Boden und über Graslandnutzung beigebracht hat. Sie verdient aufrichtigen Dank.

Lee Schofield und andere Kollegen von der RSPB (Royal Society for the Protection of Birds – Königliche Gesellschaft für Vogelschutz) waren interessante Gesprächspartner, mit denen wir uns ausgetauscht haben; auch sie haben unser Denken beeinflusst. Charlie Burrell und Isabella Tree waren freundliche Gastgeber auf Knepp Castle, haben uns durch ihr Land geführt und gezeigt, wie sie es renaturiert haben – das hat auch das Bild beeinflusst, das ich von unserem eigenen Hof habe. Cain Scrimgeour und Heather-Louise Devey haben uns zu einem besseren Verständnis unserer Motten und Fledermäuse verholfen und durch ihren frischen Blick dafür gesorgt, dass uns unsere Naturbeobachtungen nun noch mehr Spaß machen. Dank an Becky Wilson für unsere CO_2-Bilanz und viele Untersuchungen unseres Bodens, den sie mit ihrer Begeisterung zu neuem Leben erweckt hat. Dank an den Woodland Trust, der uns mit Bäumen unterstützt hat. Dank an alle, die im ganzen Tal Mitmachprojekte initiiert haben, besonders der Familie Bray. Dank an die Regierungsbehörde Natural England und an die Mitarbeiter des Umweltamts, die hinter den Kulissen viel Gutes bewirkt haben. Dank an Paul Arkle, der uns über bürokratische Hürden hinweggeholfen hat, sodass unser Hof in die besten Umweltförderpläne aufgenommen wurde – danke auch für deine Begeisterung für unsere Bemühungen. Dank an James Robinson, der sein Wissen über Milchwirtschaft mit mir geteilt und mir ganz praktisch gezeigt hat, wie wir einen Mittelweg zwischen größerer Produktivität und einer naturfreundlichen Bewirtschaftung finden können, die dem Wohl aller dient.

Ein ganz großes Dankeschön an meinen Freund Danny Teasdale, der uns sowohl zu einem besseren Verständnis von Fließgewässern verholfen als auch das Geld und die Bagger aufgetrieben hat, damit alles gleich in die Tat umgesetzt werden konnte. Danny ist ein pragmatischer Umweltschützer von der Sorte, die wir überall brauchen – wenn Sie ihm bei weiteren Schutzmaßnahmen in unserem Tal helfen möchten, dann unterstützen Sie seine Arbeit mit einer Spende (www.ucmcic.com). Ich bin stolz auf unsere Partnerschaft für eine naturfreundliche Landwirtschaft und hoffe auf eine Lawine immer größerer Erfolge.

Dank an alle, die als Freiwillige oder im Rahmen eines Schul- oder Universitätsprojekts zu uns gekommen sind und Bäume und Hecken gepflanzt haben. Dank an alle Partnerschulen, die uns immer daran erinnern, wie viel Glück wir haben, dass wir hier leben können, und wie viel Freude es macht, dieses Glück zu teilen.

Meine Leserinnen und Leser sollten auch wissen, dass wir kein Einzel- oder Sonderfall sind: In diesem Tal und im nächsten gibt es viele nachhaltig wirtschaftende Bauern, die neue Wege finden, um auf ihrem Land sowohl die Produktivität zu steigern als auch die Natur zu schützen. Es gibt viele sehr gute Landwirte, denen das Land wirklich am Herzen liegt, und sie machen mir Hoffnung.

~

Folgende Freunde haben sich die Mühe gemacht, das Manuskript dieses Buches zu lesen und mir hilfreiche Rückmeldung zu geben: Nicola Wilding, Adam Bedford, Rob Dixon, Caroline Grindrod und Patrick Holden. Dank auch an Jane Clarke fürs Manuskriptlesen und ihre treffenden Kommentare.

Alle Fehler und Irrtümer, die in diesem Buch noch enthalten sind, gehen allein zu meinen Lasten.

Dank an Malcolm Maclean, der mir sein Sommerhäuschen in Uig zur Verfügung stellte, wenn ich den Kopf freibekommen wollte.

Dank an Maggie Learmonth und Ozman Zafar für eure Freundschaft – ihr wart immer da, wenn ich euch brauchte. Dank an meinen polnischen Bruder Lukasz, dass du in einem schlimmen Frühling hergekommen bist und ohne Wenn und Aber einfach mit angepackt hast. Du hast mich wieder aufgerichtet. Und Dank an meinen amerikanischen Bruder Nick Offerman, dass du solchen Respekt für meine Arbeit gezeigt und mich zum Lachen gebracht hast – du bist einfach spitze!

Dank an Ian und Liz für euren Einsatz, wenn alles aus dem Ruder läuft – in Richtung Wahnsinn.

Dank an meine Mum, dass du immer für uns da gewesen bist und uns unterstützt hast.

Dank an meine Kinder Molly (völlig desinteressiert), Bea (leicht desinteressiert), Isaac (stolzer Anfeuerer) und Tom (den alleinigen Verantwortlichen für ungefähr ein Jahr Verspätung bei der Manuskriptabgabe, was allerdings völlig an ihm vorbeigeht). Und Dank an meine schöne und sehr kluge Frau Helen, die sich von nichts umwerfen lässt. Ich danke dir aus tiefstem Herzen. Ich habe solches Glück, dass du hinter mir stehst und den ganzen Alltagskram übernimmst. Niemand feiert dich dafür, aber ohne deinen Einsatz würde unser Leben im Chaos versinken. Und ich würde nichts schaffen, wenn du mir nicht immer wieder Rückhalt und Rückenwind geben würdest, sobald die Arbeit in Schinderei ausartet. Ich liebe dich.

Zum Schluss muss ich meine zwei Heldinnen nennen, die dieses Buch inspiriert haben: Rachel Carson und Jane Jacobs.

Beide haben es gewagt, das gängige Weltbild ihrer Zeit infrage zu stellen und sich gegen Dogmen zu wehren, unter denen alle und besonders die kleinen Leute zu leiden haben. Tiefe Dankbarkeit und Respekt empfinde ich für meinen lieben Freund Wendell Berry, der schon vor Langem im Dunkel ein Licht anzündete, dem wir alle folgen können.

Zitierte Werke und Übersetzungen

S. 15 und S. 43: Vergil, *Georgica.* Deutsche Ausgabe: *Landleben,* herausgegeben und übersetzt von Johannes und Maria Götte. Zürich, Artemis und Winkler, 6. Auflage 1995. Verse 1,50–53 und 1,155–159

S. 15: J. A. Baker, *The Peregrine,* London, Harper and Collins, 1967. Deutsche Ausgabe: *Der Wanderfalke,* aus dem Englischen übersetzt von Andreas Jandl und Frank Sievers. Berlin, Matthes und Seitz, 2014

S. 15: Wendell Berry, »The Agricultural Crisis as a Crisis of Culture«, in: *The Unsettling of America,* San Francisco, Sierra Club Books, 1977

S. 103: *Harakiri,* im Original *Seppuku,* japanischer Spielfilm des Regisseurs Masaki Kobayashi, 1962

S. 103: Rachel Carson, *Silent Spring,* Boston, Houghton Mifflin Company, 1962. Deutsche Ausgabe: *Der stumme Frühling,* aus dem Amerikanischen übertragen von Margaret Auer. München, Biederstein Verlag, 1962

S. 207: Wendell Berry, »A Native Hill«, in: *The Long-Legged House*, New York, Harcourt, Brace, Jovanovich, 1969

S. 207: Jane Jacobs in einem Interview von James Howard Kunstler, März 2001, in: *Jane Jacobs: The Last Interview and Other Conversations*. Brooklyn/London, Melville House, 2016